JN062096

Pythonではじめる
オープンエンドな
進化的アルゴリズム

発散型の機械学習による多様な解の探索

岡 瑞起

齊藤 拓己　著

嶋田 健志

O'REILLY®
オライリー・ジャパン

本文中の製品名は、一般に各社の登録商標、商標、または商品名です。
本文中では™、®、©マークは省略しています。

本書の内容について、株式会社オライリー・ジャパンは最大限の努力をもって正確を期していますが、本書の内容に基づく運用結果については責任を負いかねますので、ご了承ください。

まえがき

　人工生命（Artificial Life、略してALIFE）という言葉を聞いたことがありますか？ それは「人工的に作られた生命」を意味します。自然界の生命は絶えず進化し、環境に適応しています。ALIFEの目的は、この進化を人工的に再現することです。この絶え間ない進化は「Open-Ended Evolution」と呼ばれ、日本語では「オープンエンドな進化」と訳されます。この進化は一定の方向性を持たず、まるで自然の中の無限の可能性を探るかのように、思いもよらないような結果を生み出すことが特徴です。この性質はALIFEの多様性と複雑性の増加を促します。それが現実の生命の進化と似た動きを再現し、ALIFEの実現に大きく寄与するのです。

　では、コンピュータでこのオープンエンドな進化を実現するためには、どのようにアプローチすればいいのでしょうか？ どのようなアルゴリズムが必要でしょうか？ それはどのように実装できるのでしょうか？

　このオープンエンドな進化の実現を探るキーワードが、「オープンエンドな探索」です。それは生命の進化の仕組みに着想を得て、強化学習や遺伝的アルゴリズムを組み合わせ、発展させたアルゴリズムのことを指します。

　従来のアルゴリズムでは、問題を解決するための「目的」を設定していましたが、「オープンエンドな探索」では、「新しさ」や「多様性」に着目して問題を解決する方法を探します。これにより、従来のアルゴリズムでは発見できなかった解を見つけることができます。また、自ら新たな問題を生み出すことで、より複雑な問題を解決することができます。本書では、そんな広がりのある探索である「オープンエンドな探索」を通じて、より効果的な機械学習アルゴリズムについて、その概要と実装を学んでいきます。

　また、近年開発されたプラットフォーム、Evolution Gymを活用して、コンピュータ上で動くロボットの設計やタスク設定、進化の実験が手軽に行えることを紹介します。本書で提供しているEvolution Gymのサンプルプログラムを実際に動かしながら、オープンエンドな探索の実現方法について学び、一緒に考えていきましょう。

本書の構成

　本書は4部から構成されています。まずI部の1章と2章では、オープンエンドな探索に至るまでの基礎的な事前知識について説明します。そしてII部の3章と4章、III部の5章と6章で、本書の核心テーマであるオープンエンドな探索とそのアルゴリズムについて説明します。各章ごとに特定のアルゴリズムを取り上げ、その理論を説明し、具体的な実装方法を確認します。そして基礎となるアルゴリズムを実装したコードを動かして具体的な問題を解決する実験を行います。実験として、2次元の迷路を解く実験や、コンピュータ上のロボットを進化させる実験を行います。これらの実験を通して、オープンエンドな探索の可能性を感じていただけるでしょう。IV部の7章では、これまで学んだすべてを踏まえ、よりオープンエンドなアルゴリズムの実現とその未来の可能性について考えます。

I部　基礎知識

1章　創造し続けるAIへ：オープンエンドな探索

　従来の目的型探索アルゴリズムの課題と、それを解決するための発散的な探索を用いた新しい方法である「オープンエンドな探索」について、代表的なアルゴリズムと共に説明します。

2章　進化的アルゴリズムの基礎

　2章では、適応的な探索アルゴリズムである「NEAT (NeuroEvolution of Augmenting Topologies)」を紹介します。NEATは遺伝的アルゴリズムを用い、ニューラルネットワークのトポロジー（接続構造）を最適化する手法です。NEATの理論と、NEAT-Pythonを使用した実装方法について解説します。NEATを用いて迷路を解く実験や、ロボットを進化させる実験を行う方法を紹介します。NEATの理解は、3章以降で紹介する、オープンエンドな探索の基盤となります。さらに、本章ではCPPN (Compositional Pattern Producing Network) についても詳しく解説します。CPPNは大規模かつ複雑なパターンや形状を生成するニューラルネットワークの一種で、NEATの発展形として開発されました。NEATとCPPNの関連性を理解することは、後続の章で紹介するより高度な探索アルゴリズムの理解に役立ちます。既にNEATやCPPNについて十分な知識を持っている読者は、本章を飛ばして3章から読み進めることも可能です。最後に、ロボットの進化と可視化のためのプラットフォーム、Evolution Gymについても本章で詳しく説明します。

II部　発散的な探索

3章　新規性探索アルゴリズム

　3章からはオープンエンドなアルゴリズムを詳しく見ていきます。まず目的型探索の問題点を確認し、その代替として「新しさ」に焦点を当てた「新規性探索アルゴリズム」の

仕組みを説明します。具体的な実装方法もサンプルプログラムを通じて示し、実験を通してその強みを確認します。NEATアルゴリズムだけでは時間がかかる迷路問題の解決や、ロボットを進化させる実験を行います。

4章 品質多様性アルゴリズム

4章では、「品質多様性アルゴリズム」を確認していきます。新規性探索アルゴリズムとは異なり、このアルゴリズムは探索空間を分割し、それぞれの空間で最適化を行いながら多様な解を見つけることが可能です。この章では、品質多様性アルゴリズムの理論、生態学的ニッチの概念、探索空間の分割方法などを、自然界の例を踏まえて解説します。また、CPPNによる形態生成やMap-Elitesアルゴリズムによるエリート選出について解説します。さらに迷路とロボットを用いて、より複雑な問題を解決する実験を行います。

III部　共進化による探索

5章　共進化アルゴリズム

ここからは環境とエージェントの両方が変化することで、それらが共に進化していく「共進化」のアルゴリズムに焦点を当てます。5章では、必要最低限の基準を満たせば次世代に生き残れる権利を得るという「最小基準共進化アルゴリズム」について詳しく解説します。実験としては、迷路とエージェントが共進化していく様子を観察します。

6章　POETアルゴリズム

6章では共進化の理解をさらに深めていきます。まず、最小基準共進化アルゴリズムの問題点を明らかにし、それに対処する「POETアルゴリズム」について詳しく解説します。ロボットを使用した実験で、環境の難易度を制御しつつ集団の多様性を保ちながらロボットの最適化を行います。そのロボットを他の環境に移すことで、さまざまな問題に対応可能なロボットが進化する様子を実際に確認します。

IV部　オープンエンドな探索のこれから

7章　おわりに

7章ではこれまで確認してきた「オープンエンドな探索」と、現在注目されている生成AIである大規模モデルの組み合わせによる創造的な解生成について説明します。さらに、よりオープンエンドなアルゴリズムが可能か、その実現に向けて必要な要素について解説します。

付録　Evolution Gym入門

II部とIII部では、Evolution Gymというプラットフォームを使ってアルゴリズムの実験を行います。この付録では、Evolution Gymとはどんなツールであるか、何ができるかを概観することができます。また、サンプルコードを示して、基本的なEvolution Gymの使い方も紹介します。

オンライン付録

各章で使われるサンプルコードのコマンドのオプション引数の一覧や、使用ツールのより詳細な説明、高度な手法など、本書では説明しきれなかった事項を、オンライン付録として提供しています（https://oreilly-japan.github.io/OpenEndedCodebook/）。オンライン付録の内容は次の通りです。

- 付録1　NEAT-Pythonの使い方の理解を深める（app1）
- 付録2　サンプルコードのコマンドの使い方（app2）
- 付録3　ロボットタスクを新規性探索アルゴリズムで解く（app3）
- 付録4　迷路のエンコーディング方法（app4）
- 付録5　Evolution Gymのタスク（app5）

対象読者

　本書は、幅広い「オープンエンドな探索」に対する理解を深めたい読者を対象にしています。具体的なサンプルプログラムを通じて、その概念と可能性を体験いただければと思います。以下に、本書がどのように読者のニーズに応えることができるか具体例を挙げます。

効果的な学習方法を模索している機械学習の研究者や、強化学習のさらなる発展に関心がある方

機械学習のアルゴリズムやその実装について学ぶ中で、より効果的な学習方法を模索している場合、本書のテーマである「オープンエンドな探索」が役に立つかもしれません。収束的な学習と発散的な学習を組み合わせることで、より複雑な問題を解決できるかもしれません。

目的を設定しない探索方法を学びたい方

本書の3章以降では目的を設定しない探索とそのアルゴリズムについて詳しく説明しています。この内容を通じて、さまざまな状況に対してアルゴリズムがどのように動作するかを知ることができます。

人工生命やロボットに興味がある、機械で迷路を解いたりロボットの設計をしたいと考えている方、または実装に興味がある方

本書には、迷路を解く実験やロボットを進化させる実験のサンプルプログラムが含まれています。実装方法も詳しく説明しているので、ぜひ試してみてください。もし気に入るものがあれば、アルゴリズムの詳細を読んで理解を深めることができます。

　本書の内容が読者ニーズと一致しないこともあるでしょう。そういったミスマッチを防ぐために、本書が満たすことが難しいニーズについて、その一部を以下に記載します。

Pythonの基礎説明

本書のサンプルプログラムはPythonで実装していますが、Python自体の説明は本書では行っていません。

機械学習の基礎説明

本書の前半部分で強化学習や遺伝的アルゴリズムについて触れていますが、詳細な説明はしていません。機械学習とは何か、強化学習以外にどのような方法があるのか、ディープラーニングとは何かなどについても本書では解説していません。

データの収集方法やオープンデータについての説明

本書では学習に使用するデータは事前にサンプルプログラムとして用意しています。もちろん、それらを書き換えて応用していくことは可能ですが、本書では使用するデータをどのように収集するかというデータの収集や管理の方法、またはオープンデータなどのリソースについては、説明していません。

環境とインストール方法

オープンエンドなアルゴリズムを実装済みのサンプルプログラムを用意しました。このサンプルプログラムには、いくつかの実験を用意しています。それらを動作させながら、アルゴリズムを学んでいただけます。ここではサンプルプログラムと、その実行環境のインストール方法を説明します。

PythonとAnaconda

サンプルプログラムはPythonで実装されています。また本書で使用しているEvolution Gym 1.0はPython 3.8をサポートしています。そのため本書でも、Python 3.8を使用します。Python 3.8のインストール方法については割愛します。またAnacondaを使用しますが、Anacondaのインストール方法については割愛します。

- Python：https://www.python.org/downloads/
- Anaconda：https://docs.anaconda.com/

Evolution Gym

サンプルプログラムではEvolution Gymを使います。Evolution Gymはシミュレーションの結果を表示するためにOpenGLを使用し、インストール時にシミュレータをビルドします。ビルドには追加のライブラリが必要になります。

Windows

Windowsでは事前にGitとVisual Studioをインストールする必要があります。依存ライブラリをインストールするにはwingetコマンドを用います。

```
$ winget install cmake
```

その後、condaコマンドでEvolution Gymをインストールします。

```
$ git clone --recurse-submodules https://github.com/EvolutionGym/evogym.git
$ cd evogym
$ conda env create -f environment.yml
```

GNU/Linux（例としてUbuntu）

GNU/Linuxの例としてUbuntuでの環境の構築方法を説明します。UbuntuではaptコマンドをUbuntuでは用いて依存ライブラリをインストールします。

```
$ apt install cmake glfw
```

その後、condaコマンドでEvolution Gymをインストールします。

```
$ git clone --recurse-submodules https://github.com/EvolutionGym/evogym.git
$ cd evogym
$ conda env create -f environment.yml
```

macOS

macOSの例としてHomebrewを使った環境の構築方法を説明します。

```
$ brew install cmake glfw
```

その後、condaコマンドでEvolution Gymをインストールします。

```
$ git clone --recurse-submodules https://github.com/EvolutionGym/evogym.git
$ cd evogym
$ conda env create -f environment.yml
```

サンプルプログラム

サンプルプログラムはGitHubからダウンロードできます。

https://github.com/oreilly-japan/OpenEndedCodebook

Gitを用いるか、ZIPファイルとしてダウンロードし展開することができます。ここではGitを用いた例を記載します。

```
$ git clone https://github.com/oreilly-japan/OpenEndedCodebook.git
```

ソースコードを取得したら、READMEに従いインストールを行います。
まず、ディレクトリを移動し、依存パッケージをインストールします。

```
$ cd OpenendedEvolution
$ pip install -r requirements.txt
```

本書の表記法

本書では次の表記法を使います。

ゴシック (サンプル)
新しい用語を示す。

等幅 (sample)
プログラムリストに使うほか、本文中でも変数、関数、データ型、環境変数、文、キーワードなどのプログラムの要素を表すために使う。

太字の等幅 (sample)
ユーザがその通りに入力すべきコマンドやテキストを表す。

斜体の等幅 (*sample*)
ユーザ入力の値やコンテキストによって置き換えられるテキストを表す。

ヒントや一般的な注釈を表す。

実装のヒントを表す。

警告や注意を表す。

連絡先

本書に関するコメントや質問については下記にお送りください。

　株式会社オライリー・ジャパン
　電子メール japan@oreilly.co.jp

本書には、正誤表、追加情報等が掲載されたWebページが用意されています。

　https://www.oreilly.co.jp/books/9784814400003/

サンプルコードやインストールについての補足情報はサポートページを参照してください。

　https://oreilly-japan.github.io/OpenEndedCodebook/
　https://github.com/oreilly-japan/OpenEndedCodebook/

オライリー学習プラットフォーム

オライリーはフォーチュン100のうち60社以上から信頼されています。オライリー学習プラットフォームには、6万冊以上の書籍と3万時間以上の動画が用意されています。さらに、業界エキスパートによるライブイベント、インタラクティブなシナリオとサンドボックスを使った実践的な学習、公式認定試験対策資料など、多様なコンテンツを提供しています。

https://www.oreilly.co.jp/online-learning/

また以下のページでは、オライリー学習プラットフォームに関するよくある質問とその回答を紹介しています。

https://www.oreilly.co.jp/online-learning/learning-platform-faq.html

謝辞

まずはじめに、オープンエンドなアルゴリズムに関わる技術の研究を推し進めてきた研究者や技術者、特にケン・スタンリー（Kenneth O. Stanley）をはじめとする研究グループに心からの感謝を述べます。本書で紹介する多くのアルゴリズムは、彼らの先駆的な研究と貢献に基づいています [29]。彼らの日々の努力と成果が、本書の執筆につながりました。また、論文や書籍、Webなど通じて、有用な情報を公開してくださっている方々にもお礼申し上げます。中でも、『*Hands-On Neuroevolution with Python*』（ヤロスラフ・オメリャネンコ著）[15] という書籍では、有用なコードや説明を提供しており、多くのことを学び参考とさせていただきました。

そして、本書の出版に向けて多くの方からのサポートをいただきました。まず最初に株式会社オライリー・ジャパンおよびそのスタッフの皆様、特に編集者の赤池涼子さんへ深く感謝申し上げます。彼女の尽力と献身的な努力により、本プロジェクトは完成に至りました。2021年の10月に、オープンエンドな進化を目指したアルゴリズムという企画を提案し、その理念に共感をいただき、すぐに執筆が始まりました。

次に、文章とコードのレビューをしていただいた橋本康弘さん、小島大樹さん、佐藤寛紀さん、朝倉卓人さん、鈴木駿さん、藤村行俊さん、新井翔太さんに感謝申し上げます。また、本書の推敲作業に際して多大なる協力をいただいた赤池飛雄さんにも特別な感謝の意を表します。

さらに、Evolution Gymの開発者であるJagdeep Singh Bhatiaさん、Holly Jacksonさん、Yunsheng Tianさん、Jie Xuさん、そしてWojciech Matusikさんに特別な謝意を表します。彼らは私たちのリクエストに応えてEvolution Gym自体を修正し、本書の完成に大いに貢献してくださいました。

また、筑波大学の学生の皆様がEvolution Gymのインストールに関して行った試行錯誤

が、インストール問題の解明とそれに続く修正につながった事実を特記させていただきます。彼らの努力と協力に対して心から感謝申し上げます。

　本書の執筆に際して、推敲作業のサポートや、遺伝的アルゴリズムの説明における遺伝子の解釈などについてChatGPTを活用しました。

　そして、この本を手に取ってくださったすべての読者の皆様へ心から感謝申し上げます。ここで紹介するオープンエンドを目指したアルゴリズムの考え方や技術が、皆様のクリエイティブな活動に何らかの形でお役に立てば、それが私たちの最大の喜びとなります。

目　次

I部
基礎知識

1章
創造し続けるAIへ：
オープンエンドな探索

1.1　人工知能の学習と目的関数の役割

　人工知能（AI）は、オンラインショッピングでおすすめの商品を選び出したり、自動車の運転支援機能を通じて安全運転を実現したり、さらには医療分野で病状の診断を助けたりと、日常生活のさまざまな場面で私たちの身近に存在しています。これらのAIシステムは、特定の目的を達成するために設計されています。たとえば、オンラインショッピングのAIは、ユーザの過去の購入履歴や閲覧パターンに基づいて、おすすめの商品を提案する「目的」を果たすために動作します。

　これらのAIシステムの設計には一般的に機械学習のフレームワークが用いられています。このフレームワークは、事前に与えられた正解データに近づくように、AI（具体的には機械学習モデル）を訓練する方法を定義しています。そのため、天気の予測から画像内の物体認識、映画の推薦、英語から日本語への翻訳といった幅広いタスクに適用することができます。AIは、与えられたデータから正解を予測し、予測値と正解の差が小さくなるように学習を進めていきます。

　これらのアプリケーションやサービスがAI技術を用いて大きな成功を収めていることからもわかるように、このフレームワークは非常に強力です。そして、このフレームワークの中心にあるのが「目的関数」という概念です。目的関数は、AIが学習する際の目標を示し、それがモデルの性能を評価する基準となります。

1.2　目的型探索の限界

　しかし、この方法には1つの大きな課題が存在します。それは「目的」をどのように設定するかという問題です。目的を適切に設定しないと、AIの学習は滞り、理想的なゴールに達することが難しくなります。

　ここでロボットを例に挙げてみましょう。このロボットの目標は迷路のゴールに到達することとします。そして、このロボットが学習しているかどうかを評価するための指標となるのが目的関数です。たとえば、ロボットの位置とゴールとの直線距離が近いほど、性能を

高く評価する（報酬を与える）ような目的関数を考えることができます。

　機械学習を適用することで、ロボットが独自に試行錯誤を繰り返し、報酬を最大化する方向へ学習を進めます。このような学習方法は強化学習と呼ばれており、ゲームのプレイや自動運転車の制御、株価の予測などといった多くのタスクにも用いられています。

　しかし、このアプローチがすべての環境や問題に対して効果的なわけではありません。

　たとえば、迷路が複雑になるとどうでしょうか。いくつかの袋小路があり、ゴールに近づいていると思って進んでいるだけで、実際にはうまくいかないことがあります。難しい迷路では、ロボットがゴールに近づいていると思って進んでいる途中で、実は壁にぶつかり迂回しなければならない状況が発生します。

　現実世界の問題でも、目標に向かっていると思っていたけれど、実際はまったく目標に近づいていなかったということがよくあります。たとえば、売上目標を立て、売上の数値だけを指標に、クライアントとのやり取りをできるだけ短くするなど、行動を最適化していく場合です。短期的には目標に近づいているように見えても、どこかで壁にぶつかり、売上が伸びなくなることがあります。

　機械学習の分野では、迷路の袋小路にはまってしまって抜け出せない状況を「局所最適解」と呼びます。多くの局所最適解がある問題ほど解くのが難しくなります。そこで、より適切な報酬設計をすればいいのではないか、と思うかもしれません。

　たとえば、壁にぶつかるとマイナスの報酬を与えるといった変更です。確かに、迷路の問題においてはそれが有効に働くかもしれません。ですが、それは迷路を解くという問題の全体像が見えているからです。しかし、実際の問題では、どのような目標設定が局所最適解を回避できるのか事前にはわからないことが多いのです。

　強化学習のような目的型探索では、目標に向かって行動を最適化していくため、どうしても収束的になります。そして、一度袋小路に陥ってしまうと、そこから脱出することは非常に難しくなります。これは、目標やKPIのような成果指標に囚われすぎて、新しいことを試せなくなってしまうビジネスパーソンに似ています。成果指標に囚われすぎると、その数値が悪くなることを恐れて新しいことを試せなくなってしまいがちです。そもそも成果指標が間違っているかもしれないのですが、成果指標そのものを疑ってみるという考えを持てなくなってしまうのです。ここで必要なことは、指標に囚われず、クライアントとの関係を深めるために時間を増やすなど、一見遠回りに見える方法を試すことです。

　私たちが直面する実世界の課題は、たくさんの袋小路がある迷路のように予測できない要素や複雑な問題を含んでおり、目的型探索では対処が難しいことがあります。

1.3　終わりなき探索：オープンエンドな探索の可能性

　では、どのようにすれば袋小路を抜け出し、新たな探索を始めることができるでしょうか？

　本書では、解決策として無限に広がる探索を行うオープンエンドなアルゴリズムを紹介します。目標に向かって解を絞り込む方法ではなく、終わりのない探索を通じて新たな解

を次々と発見するアプローチです。

たとえば、自然界ではこのようなオープンエンドな探索が行われています。地球は数十億年にわたり、多様な生命を生み出し続けています。生物は1つの種だけが生き残ることなく、多種多様な種が共存しているのです。単純な構造を持つアメーバから、クジラのような大きく複雑な構造を持つ哺乳類まで、地球には約870万種の生物が存在すると言われています [12]。

人間が作り出してきた文化や科学技術もオープンエンドな探索の賜物です。たとえば、料理の世界では新しい食材や調理法が次々に生まれ、従来のものと共存しながら美味しく斬新な料理が作られてきました。フードプリンターを使った料理のように、料理の可能性を広げる新技法も日々開発されており、その発展は止まることがありません。このような発展は、音楽、絵画、文学などの芸術分野でも見られ、新しいスタイルや技法が生まれ、従来のスタイルと共存しながら多様な作品が生み出されています。

さらに、科学技術の分野では、新しい発見や発明によって人類の知識や技術が発展し続けています。インターネット上のニュースは、こうしたオープンエンドな探索を通じたイノベーションで毎日溢れており、私たちの生活や社会が変わっていくのを目の当たりにしています。特に、AI技術の進展は目覚ましく、それがオープンエンドな探索にどう影響するのかが注目されています。たとえば、ChatGPTのような大規模言語モデルがオープンエンドなアルゴリズムと組み合わさることで、企業の意思決定プロセスやマーケティング戦略が大きく変革される可能性があります。大規模言語モデルは膨大なデータからリアルタイムでの情報生成や問題解決の提案が可能となり、それをオープンエンドなアルゴリズムがさらに未知の領域へと導いていくでしょう。これにより、企業は市場の変動や消費者の動向を即座に理解し、未知の可能性を探求して革新的な提案を行うことが可能となるかもしれません。

このように、オープンエンドな探索を人工的に実現する技術は、私たちのビジネス環境や社会全体のイノベーションの形を大きく変える可能性を秘めています。

1.4　コンピュータを用いたオープンエンドな探索の実現方法

自然界や文化、科学技術の絶え間ない発展は、一見、ただの進化や変化のように思えるかもしれません。しかし、これらの背後には、「生命」とその固有の「自律性」があります。生物であれ人間であれ、この自律性が終わりのない探求と発展を駆動しているのです。オープンエンド性を持つシステムは基本的には破綻しやすく、一貫性を失いやすいのですが、この脆さを巧みに管理し、維持する能力を持ったシステムこそが生命であり、それがオープンエンドな探索の真の原動力と言えるでしょう。言い換えれば、生命が自らの生存や繁殖のために環境と相互作用しながら新しい可能性を探るこの姿勢こそが、オープンエンドな探索の基盤です。本書の目的は、このような生命のようなオープンエンドな探索をコンピュータで再現することです。この挑戦は、予想以上に複雑であり、新しい視点とアプローチが求められます。

　そもそも目的型探索が必要なのは、コンピュータには生命のような自律性やモチベーションがないためです。自律性を持たないため、外部から具体的な目標や指針を与えなければ、コンピュータは発散的でオープンエンドな探索を行うことが困難です。その結果、問題領域は事前に予想可能な範囲に限定されてしまいます。コンピュータは、設定されたルールやアルゴリズムに従って処理を行うため、その範囲内での発見や創造には優れていますが、未知の領域への探索や新しいアイデアの創出には限界があります。そのため、コンピュータがオープンエンドな探索を行うためには、新たなアプローチや学習モデルを開発が必要となります。

　では、どうすれば、コンピュータにオープンエンドな探索を実現させることができるのでしょうか？　そのヒントは、生命が行っているオープンエンドな探索の仕組みを観察することで得ることができます。具体的には、「集団で探索する」「目的に囚われすぎない」「多様性を維持する」「環境を変える」という4つの要素をアルゴリズムに取り入れることが重要です。本書ではこれらの要素を取り入れたオープンエンドな探索に向けたアルゴリズムを紹介します。

　それでは、それぞれの要素についてもう少し詳しく見ていきましょう。

1.4.1　集団的探索の力：共同での解決策探求

　重要な要素の1つは「集団で探索すること」です。

　たとえば、アリは集団で探索することで生き延びるために必要な行動を実現しています。フェロモンを使って仲間と情報を共有することで、巣の周辺にある最も近いエサを見つけたり、迷わずに巣に戻ったり、天敵から逃げることができるのです。フェロモンは腹部から分泌される匂い物質で、エサの場所を知らせるためには「道しるべフェロモン」を分泌しながら巣に戻ります。一方、天敵を見つけた場合は「警戒フェロモン」を分泌して、危機を仲間に伝えるのです。アリが分泌するフェロモンは揮発性が高く1分程度で気化してしまいますが、次々とフェロモンを辿る仲間たちによって新たなフェロモンが分泌されることで濃度が高まり、エサまでの道しるべとなります [26]。

　このように、集団で探索することで、より広い範囲を探索することができます。1つの鉱脈が枯渇したとしても、別の鉱脈を探し続けているアリがいるのです。全体的に見て、いくつかの鉱脈がうまくいっていれば、アリの集団は死滅のリスクを避けられます。収束的な探索は大きなリスクとなり得ます。

　もし、個々のアリが餌場への経路を探さなければならない場合、非常に高度な認知能力が必要になります。アリは主に明暗の差を感知する程度の視力を持つと言われています。また、一部のアリは太陽の位置や偏光を利用して方向を検出する能力を有しています。それでも、アリ単体の能力で経路を見つけるのは困難です。ところが、集団で探索する場合、「フェロモンを分泌し、最も濃度の高いフェロモンを辿る」という単純なメカニズムで済みます。フェロモンを通じた情報交換の相互作用によって、集団として高度な動きやパターンが創発されるのです。

　アリだけでなく、人間も集団で探索することで次々と独自のイノベーションを生み出し続

けています。特にインターネットの登場により、物理的に近くにいなくても協力することが容易になりました。空間的な距離を超えてつながれるようになったのです。さらに、時間的な制約も超えることができます。クラウド型のサービスを利用することで、同じ時間に集まって同期的に仕事をしなくても非同期的な共同作業が可能です。

ウィキペディアは、人々が集団で情報を共有しながら作成しているサービスの一例です。これは世界で最も多く閲覧されるウェブサイトの1つで、誰でも編集可能なオンライン百科事典です。従来の百科事典では、専門家によってチェックされた説明が、本の形で出版されていました。しかし、ウィキペディアでは誰でも編集が可能です。これにより、さまざまな視点が取り入れられ、バイアスが減る傾向にあります。また、多くの人が編集に関わることで、記事の内容が豊かになり、信頼性も高まります。多くの人の手が加わることで記事の範囲が広がり、信頼性も向上するのです。

ウィキペディアは、1つのコンテンツが新しいコンテンツを次々と生む好例です。この本のテーマである「オープンエンドなアルゴリズム」という言葉の記事は、ウィキペディアにはまだありません。しかし、それが新しく作成される可能性はあります。ウィキペディアは、人間による終わりのない発散的な探索の集積と言えるでしょう。

このアリやウィキペディアの例からもわかる通り、「情報を共有しながら集団で探索する」アプローチは、探索の収束を防ぐ効果的な方法です。その代表例として遺伝的アルゴリズムがあります。これは進化アルゴリズムの一種で、集団が世代を重ねながら探索を行い、遺伝子の突然変異や交叉といった進化のプロセスを模倣して最適化を進めます。遺伝的アルゴリズムの詳細や関連する重要なアルゴリズムについては、本書の2章で詳しく説明しています。

1.4.2　未知の開拓：目的に囚われすぎない探索

2つ目の重要な要素は、「目的に囚われすぎない」ことです。

目的型探索は、常に目的関数を参照しながら、より良い結果を目指して進化や改善を行う方法です。私たちの日常生活でも、試行錯誤を通じた改善方法はよく用いられます——目的を設定し、それを達成するための方法を考えて試してみる。その結果、良い方法を残し、改善を続ける——目的と照らし合わせながら、前進していることを確認でき、安心感も得られるアプローチです。しかし、この方法ではときには袋小路から抜け出せなくなってしまうことがあることは既に述べた通りです。

そこで考えられたのが、目的に囚われすぎないアルゴリズムです。これは、必ずしも目的を達成する手段を模索するのではなく、現在の状態から新しいステップや方向を探すことを重視するアプローチです。

目的の達成を常に気にするのではなく、現在の状態から新しいステップや方向を探すことが重視します。目的はまだ達成されていない未来のことです。現在と未来を比較し、目的にどれだけ近づいているかを判断するのは困難です。しかし、現在と過去を比較することは比較的簡単にできます。そこで、目的に近づいているかを判断する代わりに、既に起こった過去と現在の状況を比較するのです。もちろん、過去は未来については何も教えて

はくれません。けれど、過去の状況と比較することで、今の状況が「新しい」ものであるかを判断することは可能です。そして、過去には到達していない「新しい地点」にいるのであれば、それは新たなフロンティアへの一歩になると考えられます。新しいものは、さらに新しいものを生み、未来に向かって枝分かれし、発散的な探索を可能にします。新たなフロンティアが何かはわからないし、目的に向かっているのかどうかもわからないけれど、それでよいのです。これを、「新規性探索アルゴリズム（Novelty Search）」と呼びます [10]。

新規性探索アルゴリズムは、特定の目的を持たず、「新しい行動をとる」ことに焦点を当てたアルゴリズムです。このアルゴリズムでは、新しい行動をひたすら追求するだけで、単純な行動から複雑な行動へと進化し、結果的に目的が達成されることがあります。たとえば、目的型探索では解けないような複数の袋小路がある迷路の問題も、新規性探索アルゴリズムでは解けることが示されています。

もちろん、新規性探索アルゴリズムがすべての問題を解けるわけではなく、目的型探索の方が良い解を見つける場合もあります。しかし、目的に囚われずに新しいことを試す、ただそれだけでうまくいくことがあること自体が面白く、ゴールに辿り着くための明確な目的がわからない状況の心強い手段になり得ます。

新規性探索アルゴリズムの実装方法や具体的なタスクへの応用方法は本書の3章で詳しく解説しています。

1.4.3 多様性の確保：多角的な視点からの探索

3つ目のポイントは、「多様性を確保する」ことです。

どの世界においても、何らかの形での競争が存在します。たとえば、大学では研究活動の資金を得るため、研究費の募集に応募する必要がありますが、数多くの応募の中から選ばれるためには競争に勝たなければなりません。ただし、予算を獲得するためにすべての研究と競い合うわけではなく、自分の研究分野内での競争が行われます。それぞれの分野での価値基準に基づいて研究が評価されるため、多種多様な価値を持った研究が採択されます。もし、すべての研究を同じ基準で評価すると、多様性が失われ、結果的には研究の衰退につながるでしょう。

集団で探索する際にも、全体で競争するとどうなるでしょうか。たとえば、迷路を解くロボットを進化させるタスクを考えます。集団内には、まっすぐ歩くのが得意な個体、壁を避けるのが得意な個体、少ないステップで遠くに到達できる個体など、異なる特性を持つ個体が存在するでしょう。けれども、これらすべての個体を同じ基準で競争させると、その時点で目的に近い特性を持つ個体が勝利し、次世代に残ることになります。一方で、成長の初期では力を発揮できなかったけれど、後にポテンシャルを発揮するかもしれない個体は、早々と集団から排除されてしまいます。結果として、世代が進むごとに集団内の多様性がどんどん失われていくことになります。

この問題を解決するために、集団を分けることが重要です。研究活動を同じ基準で競争させないことで多様性が保たれるように、アルゴリズムにも同じアプローチを適用します。個体の構造や行動特性に基づいて集団を分け、競争を局所化することで多様性を促すので

す。

　この考え方を具現化したのが、「品質多様性アルゴリズム（Quality Diversity）」です [16]。たとえば、コンピュータ上で動く仮想生物を見つけるタスクを考えてみましょう。これらの仮想生物は、LEGO のようなブロックの組み合わせでさまざまな形を持つことができます。目的は、速く進むことができる仮想生物の構造を見つけることです。最初はランダムに組み合わせた仮想生物の集団からスタートし、徐々に進化させていきます。

　品質多様性アルゴリズムは、集団全体で競争するのではなく、仮想生物の構造によって特定の環境や条件に特化した生存空間、いわゆる「ニッチ（生態学的ニッチとも呼ばれます）」を形成するように設計されています [13]。たとえば、仮想生物の身長と体重に基づきニッチに分け、局所的な競争が行われるようにします。このニッチの考え方は、スポーツの階級分け、たとえばボクシングや柔道の階級にも似ています。階級を分けることで、軽い選手は軽いなりに、重い選手は重いなりに、それぞれの特性や良さを最大限に活かして競技を行うことができます。同じニッチに属する仮想生物同士が競争し、より速く進むことができる個体が生き残ります。結果、各ニッチで最も優れた性能を持つ仮想生物が見つかります。

　このアルゴリズムの考え方は、自然界での多様な生物が共存する様子を模倣しています。生物の究極の目的は、生き延び、子孫を残すことであり、そのために、他の種と競争しない特定の生存空間や条件、すなわちニッチを見つける「棲み分け」が行われます。生物は、他の種と共存できるよう、そのニッチに適応した形態や行動を持つように進化してきました。このようなニッチによる棲み分けの考え方をアルゴリズムに取り入れることで、目的を持ちながらも発散的な探索を実現しているのが「品質多様性アルゴリズム」の特長です。

　品質多様性アルゴリズムの実装方法やロボットを用いた応用例については、本書の4章で詳しく説明しています。

1.4.4　環境の活用：探索空間の拡張

　これまでに挙げた3つのポイント、「集団で探索する」、「目的に囚われすぎない」、そして「多様性を確保する」を考慮してみると、オープンエンドな探索を実現するためのもうひとつの方法が見えてくるかもしれません。それは「環境を変えること」です。

　自然界では、生物がその環境に適応する過程で、環境自体も変化していきます。一方、新規性探索アルゴリズムや品質多様性アルゴリズムは、初めに与えられた固定された環境内で行動を模索します。しかし、環境は変化しないため、探索はいずれ尽きてしまいます。一方、自然界や人間社会がオープンエンドであるのは、新しい状況や課題が常に生まれ、それに伴い新しい環境の中で探索が続けられるからです。別の言い方をすると、生物や人間は新しい解決策を見つけ続けないと生きていけず、それが多様性を生み出すのです。

　そこで必要となるのは、新しい環境を作り出す能力をアルゴリズムに組み込むことです。新しい環境を構築し、同時に解決策を見つけるアルゴリズムをデザインすることができれば、オープンエンドな探索に一歩近づきます。では、どのようにこの継続的なプロセスを実現できるでしょうか？

　ここでも、自然界のメカニズムからヒントを得ることができます。それが「共進化」です。たとえば、キリンは頭頂部が6メートルにも達する長い首を持っていますが、もともとは首が長くなかったとされています [1]。キリンの首が長く進化した理由の1つとして、競合する生物から独占的にエサとなるアカシアの葉を食べることができるようになったからだと言われています。アカシアも、葉が食べられないように背が高くなったり、苦味の成分を作り出す進化を遂げました。このように、環境の変化が生物同士の進化の機会を生み出すのです。

　この「共進化」の概念を取り入れたアルゴリズムとして、最小基準共進化（Minimal Criterion Coevolution：MCC）アルゴリズム [4] [5] や、POET（Paired Open-Ended Trailblazer）アルゴリズム [24] [25] があります。

1.4.4.1　最低条件設定：環境と個体の共進化の促進

　最小基準共進化アルゴリズムは、環境と個体が共に進化するためのアルゴリズムで、進化を促す最低条件を設定することが特徴です。自然界の生物は、次世代に遺伝子を残すことを目的としています。これまでの遺伝的アルゴリズムや新規性探索アルゴリズム、品質多様性アルゴリズムなどでは、他の個体と競争して勝つことが重要でした。

　しかし、自然界では競争を避ける特別な場所、すなわち「ニッチ」を見つけ、適応することができれば、その場所で生き残ることができます。最小基準共進化アルゴリズムでは、このニッチを見つけ、そのニッチに適応することを進化の条件として採用しています。つまり、最小限の条件を満たすことで個体が環境に適応し、共に進化していくというアルゴリズムです。

　たとえば、迷路を解くロボットのタスクにおいては、最低条件は迷路を1つでも解くことです。5つの迷路と10体のロボットが初期集団として用意された場合、ロボットが5つの迷路のうち1つでも解ければ、次世代に子孫を残すことができます（解かれた環境も同様に次世代に残ります）。この条件の下で、環境とロボットを進化させていくと、ロボットと迷路の共進化が起こることが示されています。

　しかし、ただ最低条件を設定するだけでは、複雑な環境は進化しにくいのです。なぜなら、集団の中にたった1つでも簡単な環境が存在すれば、大半のロボットがその問題に取り組んで、最低条件を簡単にクリアできるからです。これは、学校の試験で5つの問題が出され、そのうち1つでも解ければ満点がもらえるとすれば、多くの人が簡単な問題を選ぶのと同じです。

　そこで、複雑な環境が進化するように、1つの環境を解くことができるロボットの数に制限を設けます。簡単な環境が解かれ、制限に達すると、他の個体は新たな地を開拓する必要が出てきます。結果として複雑な迷路とロボットが共に進化します。このように、ただ最低条件を設定するだけのシンプルな仕組みであっても、環境がどんどんと進化し、個体も進化していくという、よりオープンエンドな探索が可能となるのです。

　最小基準共進化アルゴリズムの実装方法や応用例については、本書の5章で詳しく説明しています。

1.4.4.2 学習とクロストレーニング：より効果的な環境と個体の共進化

　最小基準共進化アルゴリズムでは、環境の複雑化に対応して個体も進化するものの、いくつかの課題も存在します。たとえば、一度環境が解かれると、その解決方法を改善するための動機が失われ、最適解に到達するために多くの進化の段階が必要となります。

　一方、自然界では、生物は世代を超えた進化だけでなく、その生涯を通じて成長し、学習することができます。学習を通じて、特定の環境で速やかに良い解決策を見つけることができます。さらに、異なる環境で学習することで、新たな能力が開発されることもあります。これはスポーツ選手が行うクロストレーニングに似ています。クロストレーニングとは、異なる種類のトレーニングを組み合わせることで、異なる能力を向上させる訓練方法です。たとえば、サッカー選手が陸上トレーニングを取り入れることで、スピードや持久力を向上させることができます。

　このような考え方を取り入れたアルゴリズムがPOETです。POETでは、環境と個体がペアを組み、それぞれの個体が環境に適応するよう最適化が行われます。また、異なる環境で個体を学習させることで、同じ進化段階における環境と個体でクロストレーニングが行われます。これにより、異なる環境で学習させた個体が、もとの環境で解決できなかった問題を解決できるようになります。

　POETアルゴリズムにより、環境と個体の多様性が増し、オープンエンドな探索が実現されます。これは、個体が異なる環境で学習することで、従来環境では獲得できなかった能力を開花させ、結果として全体としてより多様で創造的な解決策が生まれるためです。

　POETアルゴリズムの実装方法や応用例については、本書の6章で詳しく説明しています。

　以上、「集団で探索する」、「目的に囚われすぎない」、「多様性を確保する」、そして「環境を変える」、これら4つの要素をアルゴリズムに取り込むことで、局所最適解に陥る問題を解消し、多様性と創造性を追求するオープンエンドな探索をコンピュータで実現することができます。

　それでは、次の章からはいよいよ具体的なアルゴリズムの実装をプログラムと共に解説していきます。各章では、それぞれのアルゴリズムがどのように応用されるかも紹介していきます。

　本書を読み終わるころには、読者のみなさんもオープンエンドな探索を目指す発散的探索アルゴリズムを使いこなせるようになることでしょう。

「進化」という言葉の意味

　「進化」という言葉は本書内で頻繁に用いられますが、使用する文脈により、その意味は異なります。以下の2つの文脈に注意してください。

進化アルゴリズムとしての「進化」

　この文脈での「進化」は、特定の問題を解決するために設計され、コンピュータ上

で実行されるアルゴリズムの進行を指します。この場合、進化は計算や設計の結果として導かれます。例として、遺伝的アルゴリズムでは、エージェントの「遺伝子」が「突然変異」することや「交叉」することで、最適な解を見つけ出すための進化が行われます。

生物進化としての「進化」

この文脈での「進化」は、生物が環境に自然に適応する過程を指します。この適応は、外的な環境の変化に対する生物の反応として生じるものであり、特定の方向性や目的を持って行われるものではありません。環境の変化に応じて、ある特定の生物が生存しやすくなる現象、すなわち「自然選択」は、この文脈での「進化」の一例です。

読者の皆様には、本書を読み進める際、これらの「進化」の文脈の違いを常に意識し、混同しないように注意してください。

1.5　まとめ

本章では、これまでの多くのAI技術が目的を設定し、その目的に近づけるようにモデルを学習させる方法（収束的探索）をとってきたことを紹介しました。これに対し、本書で扱うアルゴリズムは、発散的探索を目指します。発散的探索とは、新しい解を発明し続ける探索で、新たな解が継続的に生成される様子は地球の進化に例えられます。地球がその誕生から46億年間、絶えず新たな生物種を生み出して進化してきたように、発散的探索では常に新たな解が生成されます。

この発散的な探索を行うアルゴリズムを「オープンエンドなアルゴリズム」と呼びます。そして、オープンエンドな探索と呼ばれるこの発散的な探索を実現するためには、以下の4つのアプローチが重要です。(1) 集団で探索すること、(2) 目的に囚われすぎないこと、(3) 多様性を確保すること、そして (4) 環境を変えること。これらの方針を取り入れることで、アルゴリズムは発散的な探索へと向かうことができます。

「遺伝的アルゴリズム」は、集団で探索するアプローチの一例です。これは、集団中の個体間で情報を交換することにより新たな解を生み出すアルゴリズムで、この基本的な概念を拡張してさらに高度なオープンエンドなアルゴリズムが開発されています。具体的には、「新規性探索アルゴリズム」は新たな解を生成し続けることを目指します。また、「品質多様性アルゴリズム」は良質な解の多様性を維持し、「MCCアルゴリズム」と「POETアルゴリズム」は探索の過程で環境を変化させます。これらのアルゴリズムについては次章以降で詳しく説明します。

> ### この章で学んだこと
>
> - 新しい解を発明し続ける発散的探索の重要性と収束的探索との違い
> - 発散的探索を行うアルゴリズムの名称としての「オープンエンドなアルゴリズム」
> - 集団で探索するという概念を具体化した「遺伝的アルゴリズム」をベースにしたオープンエンドなアルゴリズム（新規性探索アルゴリズム、品質多様性アルゴリズム、MCCアルゴリズム、そしてPOETアルゴリズム）の紹介

次章からはこれらの具体的なアルゴリズムについて、その実装と共に深掘りしていきましょう！

2章
進化的アルゴリズムの基礎

　本章では、オープンエンドなアルゴリズムの基本となる遺伝的アルゴリズム、NEATア
ルゴリズム、CPPNアルゴリズム、そしてそれらを組み合わせたCPPN-NEATアルゴリズ
ムを紹介します。さらに、「Evolution Gym」というベンチマークプラットフォームを用いて、
NEATアルゴリズムでロボットの動きを進化させる実験を紹介します。既にこれらの内容
を知っている方は、この章をスキップし、3章から読み始めていただいても構いません。

ゲノムや遺伝子に関連する用語

　本書では、「ゲノム」や「遺伝子」といった用語を用います。これらの言葉は遺
伝的アルゴリズムの文脈で使われるもので、生物学的な用語とは少し異なる意
味合いで使われることがあります。また遺伝子型と表現型という2つのデータ
の表現方法を表す用語も使用します。これらの用語は混乱しやすいため、本書
でのこれらの言葉の使い方を整理します。

遺伝子とゲノム

　遺伝子：遺伝的アルゴリズムの文脈での「遺伝子」は、ノードやそのつながり（コ
ネクション）の情報を指します。この遺伝子の情報を基にして、ニューラルネット
ワークが構築されます。
　ゲノム：「ゲノム」とは、これらの遺伝子の情報を管理・保持するリストやデータ
構造を指します。具体的には、ノードとコネクションの遺伝子情報を保持してい
ます。このゲノムを用いてニューラルネットワークの構築が行われます。

遺伝子型と表現型

　遺伝子型は、1つのゲノム（遺伝子のセット）を指しています。ただし遺伝子型は
実際の計算を行えません。ゲノムを元にニューラルネットワークを生成すること
で、ニューラルネットワークが計算を行います。
　表現型は、そのゲノムがどのようにネットワークとして「表現」されるかを指して
います。生成されたニューラルネットワークは、そのゲノムを遺伝子型としたと

きの表現型と言えます。

個体

個体は、個別のゲノムや、それから生成したニューラルネットワークを指します。つまり遺伝子型と表現型の両方を含みます。

2.1 NEATアルゴリズム

本書で紹介するアルゴリズムのベースとなる遺伝的アルゴリズムとNEAT (NeuroEvolution of Augmenting Topologies)アルゴリズムについて解説します。遺伝的アルゴリズム (Genetic Algorithm：GA)は、自然界の遺伝と進化の原理を模倣して提案された、最適解を探索する進化アルゴリズムです。また、NEATアルゴリズムは、遺伝的アルゴリズムを使ってニューラルネットワークの構造と重みを最適化するための進化アルゴリズムです。本章では、まず遺伝的アルゴリズムの基本概念を解説し、その後、NEATアルゴリズムの概要を説明します。

2.1.1 遺伝的アルゴリズムの概要

遺伝的アルゴリズムは、生物の進化を模した最適化手法の1つです。さまざまな環境の変化に対応して生き延びてきた、生物の自然進化の過程を模倣し、試行錯誤によってより良い解を見つけるアルゴリズムです。個体を遺伝子として表現し、適応度関数（ここでは「評価関数」とも呼びます）によって評価しながら遺伝子を進化させることで、問題に対する最適解を集団で探索します。この適応度関数、または評価関数は、機械学習の文脈における目的関数に相当します。

アルゴリズムの流れは**図2-1**に示す通りです。

まず、初期集団として解の候補となる個体群を生成します。この集団の中から、それぞれの個体の適応度を評価します。評価基準は問題ごとに異なるものの、適応度によって個体の優劣が決まります。その結果、適応度が高いものが次世代に残る権利を手にします。

高い適応度を誇る個体たちは「親」として選ばれ、新たな個体、新しい解の候補を生み出す役目を担います。この親たちの情報を交叉させることで、新しい解の多様性が生まれるのです。さらに、子どもたちには確率的に突然変異が起こることがあります。この突然変異が、新しい情報の導入や多様性の保持に寄与しています。

このサイクルは1世代として数えられ、毎回の更新でより適切な解に近づいていきます。そして、所定の終了条件に達したとき、アルゴリズムは終了します。

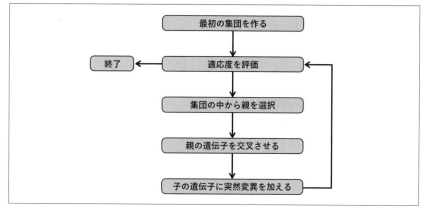

図2-1 遺伝的アルゴリズムの概要

　最適解を探索するため、遺伝的アルゴリズムでまず考えないといけないことは、問題の解を遺伝子として表現することです。これを遺伝子エンコーディングと呼びます。遺伝子として表現された解に、選択（Selection）、交叉（Crossover）、突然変異（Mutation）の操作を加えることで、新たな解を機械的に作成します。そして、新たな解を適応度関数によって評価し、高い適応度を持つ個体を、次世代に引き継ぐというのが、遺伝的アルゴリズムの基本的なプロセスです。世代が進むごとに、最適解に近づく個体が見つかる確率も上がり、効率的な最適化が期待できます。

　遺伝子エンコーディング、適応度関数、選択、交叉、突然変異についてそれぞれ詳しく説明します。

2.1.1.1　遺伝子エンコーディング

　遺伝的アルゴリズムで解を探索するためには、問題の解を遺伝子として表現する遺伝子エンコーディングを行う必要があります。たとえば、美味しいコーヒーを淹れるための手順（解）を遺伝的アルゴリズムで探索することを考えてみましょう。ここでは簡易的に次の6つの主要な要素に絞って遺伝子エンコーディングを行います。もちろん、コーヒーの味に影響を与える要因にはこれらの要素だけでなく、豆の焙煎度合いや保存方法、水質なども考慮すべきですが、今回はこれらを含めていません。

要素	意味	取り得る値
コーヒー豆の種類	豆の種類を決められた値で表す	1：キリマンジャロ、2：ブルーマウンテン、3：モカ
コーヒー豆の量	豆の重さをグラムで表す	0以上の実数
粉の粗さ	豆を挽いた粉の粗さを10段階で表す	1から10の整数。1が最も粗く、10が最も細かい
水の温度	抽出に使用した水の温度を摂氏で表す	実数
抽出方法	抽出の方法を決められた値で表す	1：ドリップ、2：フレンチプレス、3：エスプレッソ
抽出時間	抽出にかかった時間を秒で表す	0以上の実数

さて、これらの要素は遺伝子として配列で表現できます。たとえば、コーヒー豆の種類キリマンジャロ、豆の量18g、粉の粗さレベル7、水の温度100℃、ドリップ抽出、抽出時間180秒のコーヒーの淹れ方（解）は、次のように遺伝子エンコーディングされます。

[1, 18, 7, 100, 1, 180]

2.1.1.2　適応度関数（評価関数）

遺伝子エンコーディングで表現された解（上記の例ではコーヒーの淹れ方）を、遺伝的アルゴリズムで最適化するには、適応度関数（評価関数）を定義する必要があります。

たとえば、次の要素を考慮して、コーヒーの味を基に評価を行い、100点満点で試飲者が評価することにしましょう。

- コーヒーの味のバランス（酸味、苦味、甘みのバランス）—25点満点
- 香りと強さ—25点満点
- 口当たり—25点満点
- ボディ感—25点満点

適度な酸味と甘みがあり、香りが強く、口当たりのよい軽いボディを好む評価者を想定すると、次の3つのコーヒー遺伝子に対して適応度95（高い）、適応度75、適応度25（低い）としてコーヒーの淹れ方を表すことができます（遺伝子の評価は人の好みによって実際とは異なる可能性があるので、これはあくまで創作です）。

個体A: [1, 20g, 7, 93℃, 1, 45s]（適応度95）

個体Aは、キリマンジャロ豆を使用し、20gの豆を粗さレベル7で挽くことで、酸味と苦味のバランスの良い味わいを実現しています。93℃の水でドリップ抽出することで、豆本来の香りが強く引き出されます。この挽き具合は滑らかな口当たりをもたらし、ドリップ抽出によって軽いボディ感が生まれます。これらの組み合わせで95点という高い適応度を獲得しています。

個体B: [2, 18g, 5, 90℃, 2, 50s]（適応度75）

個体Bは、ブルーマウンテン豆を使用し、18gの豆を粗さレベル5で挽くことで、酸味と苦味のバランスが整っています。90℃の水でフレンチプレス抽出すると、香りが際立ちます。粗さレベル5の挽き具合は滑らかな口当たりをもたらし、フレンチプレス抽出がミディアムボディ感を生み出します。豆の量も適切でボディ感が良好です。これらの要素の組み合わせで75点の適応度を獲得しています。

個体C: [3, 10g, 2, 80℃, 3, 10s]（適応度25）

個体Cは、モカ豆を使用しています。10gの豆を粗さレベル2で挽くと、苦味が非常に強く、味のバランスが崩れます。80℃の水でエスプレッソ抽出すると香りが強まりますが、水温が低いため香りの質は落ちます。挽き具合が粗く、口当たりは荒いです。エスプレッ

ソ抽出は重いボディ感をもたらすはずですが、豆の量と水温の低さでボディ感が薄れます。適応度は25点という低い値となっています。

2.1.1.3 主な操作

遺伝子エンコーディングで表現された解に、遺伝的アルゴリズムの選択、交叉、突然変異を加えることで最適な解を見つけます。

選択：Selection

適応度関数を基に、次世代に引き継がれる個体を選択します。たとえば、先ほどの3つの個体を初期値とする集団があるとします。高い適応度を持つ個体が選ばれる確率を高くすることで、良い解が次世代に引き継がれるようにします。

個体A: [1, 20g, 7, 93℃, 1, 45s]（適応度95）
個体B: [2, 18g, 5, 90℃, 2, 50s]（適応度75）
個体C: [3, 10g, 2, 80℃, 3, 10s]（適応度25）

この集団の場合、適応度が高い個体Aと個体Bが次世代に引き継がれる確率が高いです。

交叉：Crossover

交叉は、選択された個体同士の遺伝子情報を組み合わせ、新しい個体を生成します。これにより、選択された個体の特徴を引き継いだ新たな解が探索されます。たとえば、個体Aと個体Bが交叉すると次のような新しい個体Dが生成されることが考えられます。

個体A: [1, 20g, 7, 93℃, 1, 45s]（適応度95）
個体B: [2, 18g, 5, 90℃, 2, 50s]（適応度75）
↓
個体D: [1, 20g, 5, 90℃, 2, 50s]

新たに作成された個体Dは、個体Aのコーヒー豆の情報と個体Bの抽出情報を組み合わせて生成されました。これにより、個体Aと個体Bを「親」とし、親の遺伝子情報を組み合わせた新たな個体が生成されました。

具体的には、交叉ポイント（この例では、3つ目の要素）で遺伝子情報を切り替えています。交叉ポイントより前の部分（1〜2番目の要素）は個体A、後ろの部分（3〜6番目の要素）は個体Bの遺伝子情報を引き継ぎます。

交叉ポイントは、1つだけでなく複数設定も可能で、多様な組み合わせ方法があります（より詳細に知りたい方は、たとえば文献『実践 遺伝的アルゴリズム』（オライリー・ジャパン）を参照してください）。

突然変異：Mutation

新しい個体を作成する方法は、交叉の他に突然変異があります。突然変異は、個体の遺伝子を一定確率でランダムに変更することで、新たな個体を生成します。たとえば、個体Dに突然変異を加えると、次のような個体Eを作成することができます。

個体D: [1, 20g, 5, 90℃, 2, 50s]
　↓
個体E: [1, 22g, 4, 92℃, 3, 45s]

　ここでは、個体Dの遺伝子にランダムな変化が生じ、個体Eとして新しい特徴を持つ個体が生まれました。コーヒー豆の種類は変わっていませんが、豆の量が＋2g増え、粉の粗さレベルは1つ粗くなり、水の温度は2℃高くなり、抽出方法はフレンチプレスから、エスプレッソに変わりました。また抽出時間も5秒だけ短くなっています。

　このように、問題に対する解を表現するために遺伝子エンコーディングを行い、選択、交叉、突然変異といった操作を通じて、次世代の個体集団を作ります。各個体の性能は適応度関数によって評価し、より適応度の高い個体が次世代に引き継がれる個体を決定していきます。これらの操作を繰り返すことで、集団全体の適応度を向上させ、最適解に近づけていくのです。さらに、多様な遺伝子の組み合わせを探索することで、局所解に陥るリスクを減らすことができます。

　遺伝的アルゴリズムは、多くの分野でさまざまな問題解決に応用されており、本章の本題であるNEATアルゴリズムも遺伝的アルゴリズムを用いています。

　それでは、次からNEATアルゴリズムの詳細について見ていきましょう。

2.1.2　NEATアルゴリズムの概要

　NEATアルゴリズムは、遺伝的アルゴリズムを使って、ニューラルネットワークの構造と重みを進化させます。これにより、人間の手を加えずに効果的なニューラルネットワークを自動的に生成することができます。

　通常のニューラルネットワークの学習では、構造（層の数やノード数など）を事前に与える必要があります。この構造の決定には、多くの試行錯誤が伴い、手作業で最適な構造を見つけることは困難です。NEATアルゴリズムは、この課題を解決するために開発されました。構造と重みを自動的に進化させ、タスクに適したニューラルネットワークを生成します。

　それでは、NEATアルゴリズムの説明を行う前に、ニューラルネットワークとはそもそも何か、そして、ニューラルネットワークの学習とは何を意味するかを簡単におさらいします（詳しくは『ゼロから作るDeep Learning —Pythonで学ぶディープラーニングの理論と実装』などを参照してください）。

2.1.2.1　ニューラルネットワークとは

　ニューラルネットワークは、入力層、隠れ層、出力層から構成されています。入力層は外部からの入力を受け取り、出力層は最終的な結果を出力します。層と層の間にはノード同士のつながりの強さを表す重みが割り当てられています。各ノードは、入力を受け取り、それに対して重みをかけて出力を計算し、この出力は次のノードへの入力として供給されます。

　たとえば、次のような単純なニューラルネットワークを考えてみましょう。各ノード間の

つながり（コネクション）は矢印で表され、それぞれ重みが割り当てられています。

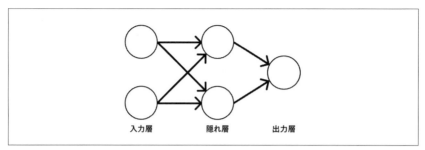

図2-2 2つの入力層、2つの隠れ層、1つの出力層からなるニューラルネットワーク

　各ノードは、複数の入力に対してそれぞれの重みをかけ、それらの和にバイアスを加えたものを関数に通すことで出力を計算します。具体的には、あるノードへの入力がx_i（iは入力のインデックス）で、それぞれの重みをw_iとすると、そのノードからの出力yは次の式で計算されます。

$$y = f(\Sigma_i w_i x_i + b)$$

　ここで、fは活性化関数と呼ばれる関数で、シグモイド関数やReLUなどが用いられます。多くの活性化関数は単調増加の性質を持っているため、一般的に重みが大きいほど、入力に対する出力も大きくなることが期待されます。重みやバイアスはニューラルネットワークの挙動を決定するとても重要なパラメータです。

2.1.2.2　ニューラルネットワークの学習

　ニューラルネットワークを「学習する」といった場合、この重みを調整することを指します。入力に対して適切な出力を計算できるように重みを学習するのです。

　これまでのニューラルネットワークの歴史を振り返ると、最もポピュラーなニューラルネットワークの学習方法は「誤差逆伝搬法」と呼ばれる方法です。簡単に言えば、予想される出力と実際の出力の誤差が少なくなるように、出力ノードから入力ノードに向かって重みを修正する方法です。誤差逆伝搬法は深層学習にも用いられ、画像認識など多くのタスクに対して優れた性能を発揮することが報告されています。

　しかし、誤差逆伝搬法でニューラルネットワークを学習する場合には、ニューラルネットワークの構造（ノード数、コネクション数、そしてそのつながり方）を事前に決めておく必要があります。そのため、学習に貢献しないノードも出てきてしまいます。これは、何かのプロジェクトを始める際に、完璧な組織構想を事前に想定するようなものです。プロジェクトが進むと実際には必要ないポジションが生まれることもあるでしょう。これでは非効率です。最初に構造を決めるのではなく、最初は最低限の人材とその配置から始めて、必要に応じて人を増やしていく方が理想的です。同じようにニューラルネットワークの構

造も、少しずつ必要に応じて大きくしていくことができたら、効率的なネットワーク構造を
作り出すことができるはずです。

　自然の生物を考えてみても、その神経ネットワークは固定されておらず、進化と共に変
化しています。人類の脳を例にとってみても、化石人類（人類の進化の過程におけるさま
ざまなグループ）の初期の代表であるホモ・ハビリスの脳は $600\,cm^3$ から $700\,cm^3$ 程度でし
たが、原人（ホモ・エレクトス）になると $800\,cm^3$ から $1200\,cm^3$、そして旧人（ネアンデル
タール人やホモ・ハイデルベルゲンシス）は $1300\,cm^3$ から $1400\,cm^3$ と、どんどん脳の容量
が大きくなっていきました。大きさの変化に伴って、神経細胞の数やネットワークの構造
も変化していったと考えられます [32]。

　このような自然進化のアイデアを取り入れ、ニューラルネットワークの構造を進化させる
方法として提案されたのがNEATアルゴリズムです。

2.1.2.3　NEATアルゴリズムによるニューラルネットワークの進化

　NEATアルゴリズムは、ニューラルネットワークを進化させ、より効率的で強力なネッ
トワークを自動生成する手法です。NEATは遺伝的アルゴリズムの基本的な概念を継承し、
ニューラルネットワークの遺伝子エンコーディングや、局所解の問題を克服するための「種
分化」という独自の工夫を取り入れています。

　ニューラルネットワークのノードやコネクションは、NEATではニューラルネットワーク
のノードやコネクションは遺伝子にエンコードされます。初期段階では、入力、出力、バ
イアスのノードのみからなる単純なネットワークとしてスタートします。そして、世代を重
ねることでその複雑さが増していきます。新しいノードの追加を通して、解の探索空間が
拡大されるように設計されています。

　このようにはじめはシンプルな探索空間からスタートし、進化の過程で必要に応じて新
しい次元を増やしていきます。この段階的なアプローチは、あらかじめ決められたネット
ワークの形状や接続構造（「トポロジー」と呼びます）での固定されたネットワーク構造での
解探索よりも、効率的に複雑な接続パターンの解を見つけるのに有効です。このアプロー
チは、生物が新しい遺伝子を取り入れて表現型が複雑化する自然界の進化と似ています。

ニューラルネットワークの遺伝子エンコーディング

　NEATアルゴリズムでニューラルネットワークの構造を進化させる際に最初に考えるべ
き点は、「ニューラルネットワークをどのように遺伝子として表現するか」です。

　NEATアルゴリズムでは、ニューラルネットワークの構造を「ゲノム（Genome）」として
表現します。ゲノムは、ニューラルネットワークの構造を表すノード遺伝子（Node Gene）
とコネクション遺伝子（Connection Gene）から構成されます。ノード遺伝子は、ネット
ワークの各ノードの情報を表し、コネクション遺伝子は、ノード間のコネクションとその重
みを表します。

　たとえば**図2-3**はノード遺伝子とコネクション遺伝子を用いて構築されたニューラルネッ
トワークの例を示しています。

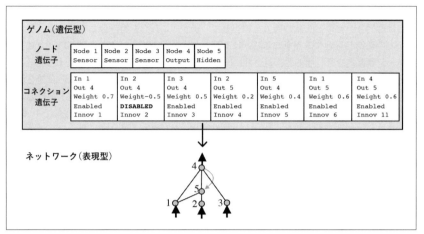

図2-3 ゲノムのノード遺伝子とコネクション遺伝子

　ノード遺伝子は、入力ノード（Sensor）、隠れノード（Hidden）、出力ノード（Output）の3つのタイプのいずれかに分類されます。例では5個のノード遺伝子を持ち、入力ノードを3つ、そして隠れノードと出力ノードを1つずつ持っています。

　一方、コネクション遺伝子は、ノード間のコネクション情報を示します。どのノードから（In）どのノードへ（Out）つながっているか、コネクションの重みはいくつか、コネクションが有効か無効か、そしてイノベーション番号から構成されています。イノベーション番号は、遺伝子が追加されるたびに一意に振り当てられる番号で、遺伝子の特定や比較を容易にします。例の図では、合計7つのコネクション遺伝子が示されています。たとえば、イノベーション番号1のコネクション遺伝子は、ノード1からノード4へのコネクションを持ち、重みは0.7、有効なコネクションであることを示しています。一方、イノベーション番号2は、ノード2からノード4へのコネクションであること、重みは−0.5で、コネクションが無効となっています。この無効なコネクションは、ニューラルネットワークを構築するときには用いられません。

イノベーション番号

　新しいネットワークを生成するためには、異なるネットワークのコネクションがどのように対応するか知る必要があります。

　もしコネクションの対応関係がわからない場合、2つのニューラルネットワークを有効に組み合わせることが難しくなります。このときに使われるのがイノベーション番号です。コネクション遺伝子に一意に振り当てられた番号を用いることで、異なる構造のニューラルネットワークでも、どのコネクションがどのコネクションに対応しているかを明確に識別できます。

　イノベーション番号を理解するための考え方の一例として、2つの異なる会社を合併させ

る場面を想像してみてください。会社Aは部門Xで営業、部門Yで開発を担当。一方、会社Bは部門Zが営業と開発の両方を担当しています。これらを組み合わせる場合、どの部門がどの部門と対応するかを知ることは不可欠です。誤って会社Aの営業部門と会社Bの開発・営業部門を合併すると、新会社には開発部門がなくなってしまうかもしれません。

一方、部門間の対応関係がはっきりしていると、適切な機能を持った新しい会社を作成できます。たとえば、会社Aの部門X（営業）と会社Bの部門Z（営業・開発）が対応していると仮定し、会社Aの部門Y（開発）が会社Bには存在しない独自の部門であるとします。こうした対応関係がわかっていれば、部門Xと部門Zを組み合わせて、新しい営業部門を作成し、会社Aの部門Y（開発）をそのまま新しい会社に組み込むことができます。新しい会社は適切な営業部門と開発部門を持ち、両方の機能がバランス良く維持されることになります。

異なる構造のニューラルネットワーク同士でも、イノベーション番号によってどのコネクション遺伝子がどのコネクション遺伝子に対応しているかを識別できるため、適切な交叉操作が可能になり、効果的な進化が実現されます。

それでは、NEATアルゴリズムにおいて突然変異と交叉が具体的にどのように行われるのか見ていきましょう。

突然変異：Mutation

NEATにおける突然変異は、コネクションの重みとネットワークの構造に対して行われます。コネクションの重みの突然変異はシンプルで、重みの値が変化します。一方、構造への突然変異は、ノード間のコネクションを追加したり、ノードを追加したりすることによって実現されています。

コネクションの追加では、既存のノード間に新しいコネクションを追加します。たとえば、**図2-4**では、ノード3とノード5の間に新しいコネクション（イノベーション番号7）が追加されています。

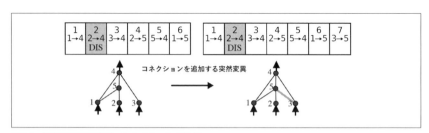

図2-4　遺伝子の突然変異：コネクションの追加

既存のコネクション上に新しいノードを追加します。たとえば、**図2-5**では、新しいノード6がノード3とノード4の間に挿入され、元のコネクションは無効化されています。その代わり、2つの新しいコネクション、すなわちノード3からノード6（イノベーション番号8）と、ノード6からノード4（イノベーション番号9）が追加されています。ここで、イノベー

ション番号8の重みは1として、イノベーション番号9の重みは、無効化されたイノベーショ
ン番号3の重みを引き継ぐ形となっています。このように重みを引き継ぐことで、突然変異
の効果を最小限にしています。

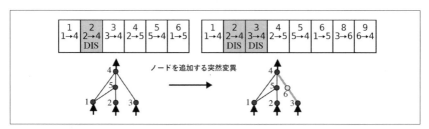

図2-5 遺伝子の突然変異：ノードの追加

交叉：Crossover

　イノベーション番号のおかげで、2つの異なるニューラルネットワーク間で、コネクショ
ン遺伝子の対応関係を明確に特定できます。このイノベーション番号を使用することで、
親の遺伝子から子への遺伝もスムーズに行われます。**図2-6**は、異なるトポロジーを持つ2
つの親の遺伝子が交叉され、新しいゲノムのニューラルネットワークが生成される例を示
しています。

　親1は、イノベーション番号1, 2, 3, 4, 5, 8という6つの遺伝子を持ち、親2は、イノベー
ション番号1, 2, 3, 4, 5, 6, 7, 9, 10の9つの遺伝子を持っています。これらのイノベーション
番号は、遺伝子のユニークな識別子として機能し、親間でのニューラルネットワークのト
ポロジーが異なっていても、共通するコネクションや一方にしか存在しないコネクションを
識別できます。

　親1と親2に共通するコネクション遺伝子は、イノベーション番号1, 2, 3, 4, 5の5つです。
このイノベーション番号が等しい遺伝子は、どちらの親から遺伝子を受け継ぐかはランダ
ムに決まります。

　一方、親1と親2で異なる遺伝子 (6, 7, 8, 9, 10) については、一方の親の適応度が他方よ
り高ければ、その親の遺伝子が継承されます。もし適応度が等しい場合には、子がその遺
伝子を継承するかどうかがランダムに選択されます。**図2-6**は、親1と親2の適応度が等し
い場合の例を示しており、ランダムに遺伝子が継承された結果、すべての遺伝子が継承さ
れています。

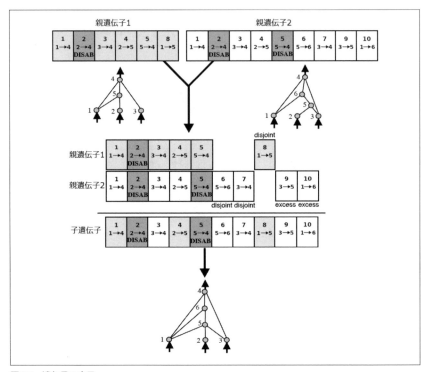

図2-6 遺伝子の交叉

　このように、NEATアルゴリズムは、ニューラルネットワークの構造を進化させることができ、世代を重ねるごとにさまざまな構造のニューラルネットワークを生成します。

　ただし、ネットワークのトポロジーが複雑になるほど、そのネットワークが次の世代に引き継がれる確率が低くなってしまいます。小さなネットワークは大きく複雑なネットワークよりも速くそのトポロジーや重みが最適化されるため、複雑なトポロジーのネットワークの生存確率が低くなってしまいます。大きな複雑なネットワークの最適化には時間がかかり、その過程で一時的に性能が下がり、次世代に遺伝子を継承する機会が減少するからです。これでは、ネットワークも複雑化していきません。

　この課題を解決するために、NEATアルゴリズムは「種分化 (speciation)」という操作を導入しています。これは、複雑な構造を持つニューラルネットワークが、その真の能力を示す前に集団から排除されないようにするための方法です。

種分化：Speciation

　種分化は、構造的に似たネットワークを同じグループにまとめ、全体の集団を複数のグループに分割することを言います。そうすると、個体は集団全体ではなく、同じグループ内の他の個体とのみ競争することになります。その結果、大きなネットワークが次の世代

にも生き延びやすくなります。さらに、同じグループ内の個体同士だけが交叉するように
制限します。この種分化のおかげで、競争は各グループ内で行われ、集団全体の多様性を
維持・向上させることができます。

　種分化のコンセプトを理解しやすくするための例として、大きなパーティーを企画する
ことを考えてみましょう。多種多様な趣味や嗜好を持つゲストが参加する場合、全員が
楽しめる環境を作る1つの方法は、趣味や嗜好に基づいてグループ分けすることです。同
じ趣味を持つ人たちとの会話は、自然と盛り上がります。NEATアルゴリズムの種分化は、
このゲストのグループ分けに似ています。音楽の好みや趣味、年齢などのゲストの特徴に
基づいてグループを作れば、それぞれのグループが楽しみながらパーティーを過ごすこと
ができます。

　さて、種分化を実現するためには、2つのニューラルネットワークの間の距離を計算し、
近いネットワーク同士を一緒のグループにまとめます。この距離の計算にはイノベーション
番号が使われます。

　具体的には、2つのニューラルネットワーク間の距離 δ は、共通するコネクション遺伝子
の数（W、無効な遺伝子を含む）、マッチしない中間部分の遺伝子の数（E）、およびマッチ
しない終端部分の遺伝子の数（D）を使用して定義されます。

$$\delta = \frac{c_1 E}{N} + \frac{c_2 D}{N} + c_3 \cdot \overline{W}$$

$\overline{W}$ は、共通する遺伝子（W）の持つ重みの差の平均値（それぞれの共通する遺伝子にお
ける重みの差を計算し、その平均を取った値）です。$\overline{W}$ の値が小さいほど、2つのネット
ワーク間での重みの違いは小さく、ネットワーク間の類似度は高いとされます。また、Nは
2つのネットワークのうち、コネクション遺伝子が多い方のネットワークのコネクション遺
伝子の数を表します。c_1, c_2, c_3 は実験者が与える定数です。これらの値を変化させ、どこ
に重きを置くかを調整します。

　この式で2つのニューラルネットワーク間の距離を測ります。閾値よりも距離 δ が小さけ
れば、それらを同じグループに分類します。もし遺伝子がどの既存のどのグループにも属
さない場合は、新しいグループを作成します。

競合緩和：Competition Mitigation

　パーティーの例で考えてみましょう。最初に開催したパーティーで100人のゲストを招
待したとしましょう。ゲストは好みや特徴に基づいて3つのグループに分かれているとしま
す。グループ1が50人、グループ2が30人、そしてグループ3が20人です。

　NEATアルゴリズムは、現在の集団に基づいて次世代の集団を作っていきます。パー
ティーの例でいうと、次のパーティーを開くときにどのグループの人を何人呼ぶかを決定
する必要があるということです。それぞれのグループと同じ数だけ、次のパーティーに呼
んでしまうと、最初に呼んだゲストによって各グループの人数が決まってしまうことになり
ます。ですが、最も人数の多いグループ1の人たちがパーティーを一番楽しんだとは限り
ません。楽しいパーティーを企画するためには、パーティーを楽しんだグループの特徴や

嗜好を持つゲストを次回のパーティーでより多く招待した方が良さそうです。

そこで、NEATアルゴリズムでは、それぞれのグループでゲストがどれほど楽しんだかの平均評価を基に、次回のパーティーに招待する人数を決定します。

たとえば、グループ1の評価が0.4、グループ2が0.8、グループ3が0.4だったとしましょう。グループ1は50人と最もゲスト数が多いものの、評価はそれほど高くありません。反対に、グループ2は30人とグループ1よりも少ないですが、評価はグループ1の倍となり、ゲストの満足度が高いことがわかります。この評価に基づいて次回のパーティーの各グループの招待人数を調整します。その結果、グループ1は25人（50人から減少）、グループ2は50人（30人から増加）、グループ3は25人（20人から少し増加）を招待することになります。このような方法で、楽しんでいるグループの特性や好みを反映したゲストを招待することができます。

同様に、NEATアルゴリズムは各グループ内の遺伝子の適応度の平均を基に、次世代のグループの大きさを決定します。初めにランダムな遺伝子からなるニューラルネットワークの集団が形成されます。これが種分化を経て複数のグループに分かれると、適応度の高い遺伝子が次世代の親として選出されます。こうしてグループ間の競合が緩和されるのです。

ニューラルネットワークの遺伝子エンコーディング、イノベーション番号の導入、そして種分化などの工夫を重ねることで、その構造と重みを進化させることがNEATアルゴリズムによって可能となりました。その有効性は、強化学習からゲームのキャラクターの制御など、さまざまなタスクで優れた性能を示し、現在では最も使われているニューラルネットワークの進化アルゴリズムとなっています。

2.2　NEATアルゴリズムの実装

NEATアルゴリズムの実装を詳しく見ていきましょう。

本章ではNEAT-Pythonを使用して、アルゴリズムを実装していきます。そのために主に以下のような実装を行います。

- 各種パラメータの設定を行う
- 個体を評価する処理を実装する
- 母集団を生成し、操作できるようにする

それでは遺伝的アルゴリズムを用いたニューラルネットワークを変化させる手法であるNEATアルゴリズムの実装を、コードと共に確認していきます。

2.2.1　アルゴリズムの流れ

NEATアルゴリズムは、アルゴリズムの概念図（**図2-7**）に示すように、次のような順序で処理を行い性能の良い個体を探します。

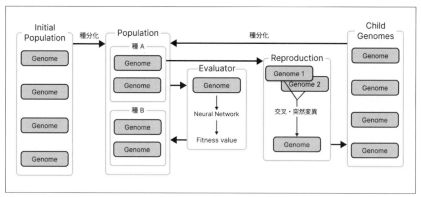

図2-7 NEATアルゴリズムの概念図

1. 初期集団を生成する（Population）
2. 種分化を行う
3. 集団の個体を評価する（Evaluator）
4. 選択、交叉、突然変異により新たに集団を生成する（Reproduction）
5. 2〜4を繰り返す

　これらの処理を通して、ニューラルネットワークの構造と重みを変化させていきます。また、基準に従って分ける種分化を行います。種分化された集団の中で競争させることで、局所解への陥りを避けることができます。

2.2.1.1　NEAT-Python入門

　NEATアルゴリズムをゼロから実装することもできますが、既に実装されたライブラリとしてNEAT-Pythonが公開されています。本書のサンプルプログラムはNEAT-Pythonにインターフェイスを合わせる形で実装しています。ここではNEAT-Pythonを利用したNEATアルゴリズムの実装を解説します。いくつかの例を基に、NEAT-Pythonの使い方を説明します。

AND回路

　簡単な例から出発するために、AND回路の学習を実装してみましょう。NEAT-PythonではNEATアルゴリズムにとって重要な概念である、Population、Reproduction、Speciationなどがクラスとして実装されています。これらを使い、オブジェクトを相互に作用させることで、NEATアルゴリズムを実現します。

　まず設定ファイルを作成します。この設定ファイルを変更することで、NEATアルゴリズムの挙動を細かく変更できます。設定は公式のドキュメント（https://neat-python.readthedocs.io/en/latest/）を参考にすることもできます。

```
[NEAT]
pop_size = 10
fitness_threshold = 1
fitness_criterion = max
reset_on_extinction = 1

[DefaultGenome]
num_inputs = 1
num_outputs = 1
num_hidden = 1
feed_forward = true
〜省略〜

[DefaultSpeciesSet]
compatibility_threshold = 0

[DefaultStagnation]

[DefaultReproduction]
```

設定ファイルをneat.config.Configで読み込みます。Configは設定を管理し、アルゴリズムの実行を通して使用されます。

```
from neat.config import Config
from neat.genome import DefaultGenome
from neat.reproduction import DefaultReproduction
from neat.species import DefaultSpeciesSet
from neat.stagnation import DefaultStagnation

c = Config(DefaultGenome, DefaultReproduction, DefaultSpeciesSet,
           DefaultStagnation, "simple.conf")
```

この設定を利用して母集団を生成します。母集団はneat.population.Populationクラスで実装されています。インスタンス化するときに、母集団となる個体や、初回の種分化も行われます。

```
from neat.population import Population

p = Population(c)
```

そして評価関数を定義します。評価関数は世代ごとに呼び出され、設定とその世代の個体の一覧が渡されます。渡された個体すべてを評価します。今回はAND回路の挙動になったら適応度が高くなるようにします。

```
from neat.nn import FeedForwardNetwork

circuit_inputs = [(0.0, 0.0), (0.0, 1.0), (1.0, 0.0), (1.0, 1.0)]
circuit_outputs = [(0.0,), (0.0,), (0.0,), (1.0,)]

def eval_genomes(genomes, config, *args, **kwargs):
    for genome_id, genome in genomes:
        genome.fitness = 4.0

        # net はニューラルネットワーク
        net = FeedForwardNetwork.create(genome, config)
        for xi, xo in zip(circuit_inputs, circuit_outputs):
            # ニューラルネットワークに入力を渡し
            # 設定値で設定した長さの numpy.ndarray を
            # 出力として得る。
            output = net.activate(xi)

            # 出力を使い何かしらの処理を行い、適応度を算出し設定する。
            # 例：期待する値と実際の出力の差の 2 乗を初期の適応度から引く。
            genome.fitness -= (output[0] - xo[0]) ** 2
```

AND回路の場合、入力と出力のパターンがあらかじめ決まっていて、またパターンが少ないので、ここでは入力を circuit_inputs、期待する出力を circuit_outputs として定義しました。eval_genomes() 関数内では、この入力と出力を使い、各個体を評価します。neat.nn.FeedForwardNetwork は個体と設定を渡すことで、ニューラルネットワークを生成します。

Population クラスのインスタンスに評価関数を渡し、アルゴリズムを開始します。

```
best_genome = p.run(eval_genomes)
```

run メソッドは処理が正常に終了すると、最も成績の良い個体を返します。評価関数は、個体がどれほど環境に適応しているかを計算し、各個体にその値を設定します。次世代の集団の生成には、高い適応度を持つ個体が選択されやすくなります。評価関数は問題の特性に応じて設計する必要があります。NEAT-Python では自由に評価関数を実装することができます。これにより、母集団が問題に適応しながら、進化し、最適なニューラルネットワークが見つかることが期待されます。

評価関数内で使用している neat.nn.FeedForwardNetwork はデコード関数です。デコード関数はゲノムを遺伝子型から表現型 (phenome) へ翻訳し、ニューラルネットワークとして扱えるようにします。デコード関数を用いることで、ニューラルネットワークの構造と重みをエンコードした遺伝子型がニューラルネットワークとして扱える形式に変換され、評価関数によって適応度を取得できるようになります。この例では、デコードされたニューラルネットワーク (net) は、その後、入力データ (xi) を受け取って出力 (output) を生成されるために使用されています。デコードされたニューラルネットワー

クの出力と期待される出力（xor_outputs）との誤差を計算し、その誤差に基づいて適応
度（genome.fitness）を更新しています。

　NEAT-Pythonの使い方については、本書のオンライン付録1（https://oreilly-japan.
github.io/OpenEndedCodebook/app1/）でもさらに例を挙げて解説しています。そちら
も参考にすると、より理解を深めることができます。

主なクラス

　NEATアルゴリズムの重要な部分は、ライブラリ（NEAT-Python）側で実装されている
ため、これらを利用するだけでNEATを組み込むことができます。NEAT-Pythonの主な
クラスと、その役割を示します。

設定：Configクラス

　neat.config.ConfigクラスはNEATアルゴリズムの挙動を制御するためのパラメー
タを管理します。NEATに関連する個体や、遺伝的操作、種分化を実装するための
クラスを指定し、またそれらの挙動を設定ファイルで変化させます。ここでは例とし
て標準的な実装であるDefaultGenome、DefaultReproduction、DefaultSpeciesSet、
DefaultStagnationを使います。ini形式の設定ファイルには、NEATセクションが
必ず必要です。またneat.config.Configクラスに渡す各クラス名のセクションも必
要です。Configクラスの引数として渡すクラス名の設定が設定ファイルに必要になり
ます。先ほど使用した例では、DefaultGenomeを指定しているため、設定ファイルに
DefaultGenomeセクションが必要ですが、もし仮にFooGenomeのような名前のクラスを
渡す場合はFooGenomeセクションが必要になります。細かな項目を設定可能になって
おり、各種パラメータの意味については公式ドキュメントを読むと良いでしょう[1]。

集団の保持：Populationクラス

　neat.config.Configクラスのインスタンスを使用し、neat.population.Population ク
ラスをインスタンス化します。このクラスはNEATアルゴリズムで進化させる集団を
保持し、全体的な処理を行います。処理を実行するためのrunメソッドがあり、設定
を元にNEATアルゴリズムを進行します。またneat.population.Populationクラスは
計算に必要な初期値の取得や、計算後の結果を出力するオブジェクトの管理も行いま
す。NEATアルゴリズムにおける「Population」という言葉は母集団を表します。

ゲノム：DefaultGenomeクラス

　neat.genomes.DefaultGenomeはゲノムの情報を保持します。このクラスのインスタ
ンスは遺伝子情報をニューラルネットワークとして表現します。NEATでは2種類
の遺伝子に分けニューラルネットワークを表現しています。1つ目はニューラルネッ
トワークのノードの役割を持つノード遺伝子です。NEAT-Pythonではneat.genes.
DefaultNodeGeneで実装されています。2つ目はノードの遺伝子同士のコネクショ

[1] https://neat-python.readthedocs.io/en/latest/installation.html

ンの情報を持つコネクション遺伝子です。これはNEAT-Pythonではneat.genes.
DefaultConnectionGeneで実装されています。DefaultGenomeはこれらのノード用の遺
伝子のリストとコネクション用の遺伝子のリストを、それぞれに保持し管理します。

生成：Reproductionクラス

neat.reproduction.DefaultReproductionはゲノムの集団を生成します。NEATでは
世代によって個体の遺伝子が変化していきますが、DefaultReproductionはその世代
の個体のリストを生成します。

個体のグルーピング：DefaultSpeciesSetクラス

neat.species.DefaultSpeciesSetは、その世代から次の世代を生成する際の個体の分
割方法を提供します。進化を元に考えると、海に残った生き物（海のグループ）と陸に
進出した生き物（陸のグループ）がいるように、個体をグルーピングすることで、グルー
プ間での相互作用をさせないようにすることが目的です。

進化停滞の管理：DefaultStagnationクラス

neat.stagnation.DefaultStagnationは種を追跡し進歩しているかどうかを調べ、進
歩していないものを取り除きます。進化が停滞している個体や、完全に同じ遺伝子情
報を持つ冗長な個体を特定し、取り除きます。

表現型へのエンコード：FeedForwardNetworkクラス・RecurrentNetworkクラス

neat.nn.FeedForwardNetworkやneat.nn.RecurrentNetworkなど、neat.nnパッケージ
の配下にあるクラスは、個体と設定からニューラルネットワークを生成するためのク
ラスです。評価関数内で、このクラスのインスタンスのactivate()を実行することで、
ニューラルネットワークでの処理を行うことができます。

拡張方法

NEAT-Pythonでは、これらのクラスを用いて、NEATアルゴリズムを実装しています。
それぞれのクラスを置き換えたり、そのクラスが持つパラメータを設定で変更し、細かく
挙動を変更できるようになっています。本書のサンプルコードではNEAT-Pythonのコード
をベースにし、さらに扱いやすいよう拡張しています。

Populationクラス

コンストラクタでは設定から必要な値を取得し初期集団を生成します。config引数に
はConfigクラスのインスタンスを渡します。initial_state引数には初期状態を指定
したい場合のみ、population、species、generationのタプルまたはリストを指定し
ます。このクラスのpopulation属性には、NEATの集団として生成された個体の辞書
が保持されます。個体の識別番号が辞書のキーとして用いられます。

libs/neat_cppn/population.pyからの抜粋
```
class Population:
    def __init__(self, config, initial_state=None, constraint_function=None):
        self.reporters = ReporterSet()
        # 設定インスタンス
```

```python
self.config = config

# スタグネーションの機能を提供するインスタンス
stagnation = config.stagnation_type(
    config.stagnation_config, self.reporters)

# NEAT の集団を生成するインスタンス
self.reproduction = config.reproduction_type(
    config.reproduction_config,
    self.reporters,
    stagnation)

# 適応度を判定する基準
if config.fitness_criterion == 'max':
    self.fitness_criterion = max
elif config.fitness_criterion == 'min':
    self.fitness_criterion = min
elif config.fitness_criterion == 'mean':
    self.fitness_criterion = mean
elif not config.no_fitness_termination:
    raise RuntimeError(
        "Unexpected fitness_criterion: {0!r}".format(
            config.fitness_criterion))

if initial_state is None:
    # 初期状態が指定されていない場合、個体群を生成する
    self.population = self.reproduction.create_new(
        config.genome_type,
        config.genome_config,
        config.pop_size,
        constraint_function=constraint_function)

    # 種の分割を提供するインスタンス
    self.species = config.species_set_type(
        config.species_set_config, self.reporters)

    # 経過世代
    self.generation = 0

    # 種を分割する
    self.species.speciate(config, self.population, self.generation)
else:
    # 初期状態が指定されている場合は、その状態を引き継ぐ
    self.population, self.species, self.generation = initial_state
```

```
            # 最も優秀な個体を初期化する
            self.best_genome = None
```

評価クラス

本書では取り扱う実験ごとに、評価関数およびデコード関数が異なります。評価クラスはPopulationクラスのrunメソッド内で、その世代の各個体を評価するために呼び出されます。この2つの処理は、各実験によって処理が異なります。そこで評価クラスの設定をあらかじめ行い、評価関数とデコード関数は外部から渡すことができるように、評価クラスを実装します。

評価クラスの実装

```
class EvaluatorSerial:
    def __init__(self, decode_function, evaluate_function, revaluate=False):
        self.decode_function = decode_function
        self.evaluate_function = evaluate_function
        self.revaluate = revaluate

    def evaluate(self, genomes, config, generation):
        for i, (key, genome) in enumerate(genomes.items()):
            # 既に評価済みの個体であればスキップ
            if not self.revaluate and \
               getattr(genomes[key], 'fitness', None) is not None:
                continue
            # 遺伝子型から表現型へ変換
            phenome = self.decode_function(genome, config.genome_config)

            args = (key, phenome, generation)
            results = self.evaluate_function(*args)
            for attr, data in results.items():
                setattr(genome, attr, data)
```

EvaluatorSerialはdecode_function、evaluate_function、revaluateの引数を取ります。decode_functionにはデコード関数を、evaluate_functionには評価関数を渡します。各実験では渡す関数が変わります。評価関数では、1世代ごとに、そのときの集団を受け取り、集団の各個体ごとに評価を行い、その結果を個体に保存します。evaluateメソッドで、その世代の各個体の評価を行いますが、前の世代で評価した個体が親として次の世代の集団に残る場合があります。revaluateをFalseに指定することで、その個体を再評価しないようにします。本書で扱う実験では、再評価を必要とするものはないので使用はしませんが、通常のNEAT系の実装では評価済みかどうかに関わらず毎回集団内のすべての個体を評価しています。これは無駄な処理となるため、省略できるようにオプション指定できる余地を残した実装になっています。

集団内の個体を評価する処理は計算量が多くなります。NEAT-Pythonでは、その計算を並列処理するために、neat.parallel.ParallelEvaluatorやneat.threaded.ThreadedEvaluatorといった機能を提供しています。本書のサンプルコードでは、これらを参考に実験をさらに扱いやすくするEvaluatorParallelクラスを実提供していますが、本書のコード説明では、処理の流れを追いやすくするために並列処理を省いたEvaluatorSerialを用います。

2.3　XOR回路の実験

　NEATアルゴリズムとNEAT-Pythonがわかったところで、具体的な実験を通してアルゴリズムがニューラルネットワークの構造と重みを進化させるプロセスを詳しく見ていきましょう。今回は、XOR回路の実現を目標として、ニューラルネットワークを進化させます。

　XOR回路は、2つの入力が等しい場合に0を出力し、異なる場合に1を出力する論理回路です。XORは「exclusive OR」（排他的論理和）の略で、2つの入力が一致しない場合にのみ1を出力する論理演算子です。この演算子はXOR演算子とも呼ばれます。

　2つの入力に対するXOR演算子の出力を表にまとめると次のようになります。

入力1	入力2	出力
1	1	0
1	0	1
0	1	1
0	0	0

　XOR回路は、入力を線形関数で分離することができないことが知られています。そのため、XOR回路を実現するには、適切な隠れ層を設け、非線形性を導入したニューラルネットワークを設計する必要があります。

　そこでNEATアルゴリズムを用いて、単純なニューラルネットワークを遺伝子として表現した初期集団から始め、XOR回路の動作を模倣するニューラルネットワークを進化させます。この過程で、ネットワークの構造と重みが徐々に進化し、最終的にXOR回路を実現するニューラルネットワークが得られます。

2.3.1　ニューラルネットワーク（表現型）の初期構造

　表現型の初期構造には、入力層に2つのノード、出力層に1つのノード、1つのバイアスノードから構成されているニューラルネットワークを用意します。ここでバイアスノードとは、発火のしやすさを調整するパラメータとして機能するノードです。**図2-8**は3つのノード、1つのバイアスノードと2つのコネクションから構成されたニューラルネットワークです。

　この初期構造のニューラルネットワークから、2つの入力を与えるとXOR演算子の出力を返すようにNEATアルゴリズムでノードやコネクションの数を徐々に進化させていきます。各ニューラルネットワークの適応度は、4つの入力パターンに対するニューラルネット

ワークの出力の値と、正解値との平均二乗誤差（mse：Mean Squared Error）や平均絶対誤差（mae：Mean Absolute Error）を1から引いた値で計算されます。

そして、適応度が0.99以上の個体が見つかる（すべての入力パターンに対する出力の平均二乗誤差の平均が0.01以下になる）、あるいは、設定した世代数の実行が終わるとプログラムを終了するようにします。

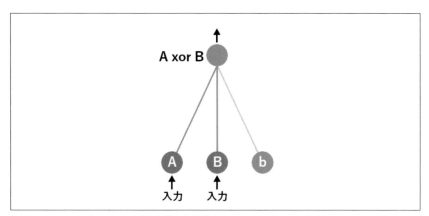

図2-8　ニューラルネットワーク（表現型）の初期構造

2.3.2　サンプルプログラムの実装

それでは実装を確認していきます。プログラムはGitHubリポジトリ（https://github.com/oreilly-japan/OpenEndedCodebook）のexperiments/Chapter2ディレクトリにあります。

まず、XOR回路の入力と出力の組み合わせを設定ファイルで与えます。そして、入力に対して出力が正解にどれだけ一致しているかを計測し、その結果を適応度として評価する関数とデコード関数を実装します。ここでは、EvaluatorSerialクラスのevalutate_circuit関数として実装しています。また、デコード関数は、遺伝子からニューラルネットワークを生成するneat_cppn.FeedForwardNetwork.create関数としています。評価関数とデコード関数を、EvaluatorSerialに渡し、Populationクラスのrunメソッド内で、その世代の各個体を評価するために呼び出します。これにより、設定された世代数が終了するまでの間、適応度が最も高い個体を探索するプロセスが繰り返されます。

各要素について詳しく見ていきましょう。

2.3.2.1　設定ファイル

XOR回路は2つの値を入力として取り、1つの値を出力する回路です。そしてXOR回路の入力と出力の組み合わせは事前にわかっています。そこで、4通りの「入力×2、出力×1」の正解データを準備します。以下の設定ファイルでは、1行目が入力数、2行目が出力数、

4行目以降が正解データとなっています。

設定ファイル

```
2
1

0.0 0.0 0.0
0.0 1.0 1.0
1.0 0.0 1.0
1.0 1.0 0.0
```

このファイルを学習前に読み込みます。

experiments/Chapter2/run_circuit_neat.py からの抜粋

```python
from evaluator import load_circuit

input_data, output_data = load_circuit(ROOT_DIR, args.task)
```

load_circuit関数は設定ファイルをパースするために用意した関数です。詳しい実装はサンプルコードのenvs/circuit/evaluator.pyを参照してください。この関数を使って設定ファイルを読み込むと、input_dataとoutput_dataにはnumpy.ndarrayのインスタンスが設定されます。

```python
>>> input_data
array([[0., 0.],
       [0., 1.],
       [1., 0.],
       [1., 1.]])

>>> output_data
array([[0.],
       [1.],
       [1.],
       [0.]])
```

2.3.2.2　評価クラス

設定ファイルから読み込んだオブジェクトを扱う評価クラスCircuitEvaluatorを実装します。このクラスの評価用メソッドをEvaluatorSerialにセットする関数として使用し、ニューラルネットワークの出力結果と正解がどれだけ一致しているかで適応度を評価します。評価の指標として、mse（平均二乗誤差）とmsa（平均絶対誤差）を実装することにします。今回の場合、mseの方が良さそうです。というのも、mseは誤差が大きい場合、それを二乗することでその誤差をより大きく評価します。XORタスクでは、小さな誤差よりも大きな誤差が問題となるため、mseがより適しています。

評価クラスのコンストラクタでは、設定ファイルを読み取り生成したintput_dataとoutput_dataを引数として受け取り、メンバ変数として保持します。また評価指標の値をerror_typeとして受け取ります。

envs/circuit/evaluator.py からの抜粋

```
class CircuitEvaluator:
    def __init__(self, input_data, output_data, error_type='mse'):

        self.input_data = input_data
        self.output_data = output_data
        self.error_type = error_type
```

評価を実施する処理は、evaluate_circuit()メソッドで実装します。まず各入力に対する結果を集計します。そして設定した評価指標で集計した結果と正解との誤差を計算します。最後に、1.0と集計結果との差を適応度として辞書に設定し返します。

envs/circuit/evaluator.py からの抜粋

```
    def evaluate_circuit(self, key, circuit, generation):
        # 各入力に対する結果の一覧を作る
        output_pred = []
        for inp in self.input_data:
            pred = circuit.activate(inp)
            output_pred.append(pred)

        # 結果と正解とを集計（mae の場合は 2 つの値の差の絶対値の平均）する
        output_pred = np.vstack(output_pred)
        if self.error_type == 'mae':
            error = np.mean(np.abs(self.output_data - output_pred))
        else:
            error = np.mean(np.square(self.output_data - output_pred))

        # 1.0 と集計結果との差を適応度とする
        results = {
            'fitness': 1.0 - error
        }
        return results
```

2.3.2.3 アルゴリズムの開始

まず引数を解析し、設定ファイルを読み込みinput_dataとoutput_dataを取得します。次に、先述のCircuitEvaluatorクラスをインスタンス化し、評価基準と共にinput_dataとoutput_dataを渡します。EvaluatorSerialに評価関数としてCircuitEvaluatorインスタンスのevaluate_circuitメソッドと、デコード関数としてneat_cppn.FeedForwardNetwork.createメソッドを渡します。なお、この節で示すコードはすべて

experiments/Chapter2/run_circuit_neat.py からの抜粋です。

```python
from arguments.circuit_neat import get_args


def main():
    args = get_args()

    save_path = os.path.join(CURR_DIR, 'out', 'circuit_neat', args.name)

    initialize_experiment(args.name, save_path, args)


    decode_function = neat_cppn.FeedForwardNetwork.create

    input_data, output_data = load_circuit(ROOT_DIR, args.task)
    evaludator = CircuitEvaluator(
        input_data, output_data, error_type=args.error)
    evaluate_function = evaluator.evaluate_circuit

    serial = EvaluatorSerial(
        num_workers=args.num_cores,
        evaluate_function=evaluate_function,
        decode_function=decode_function
    )
```

　次に設定ファイルを読み込み、引数で渡された設定を上書きします。ここでは、input_data や output_data の数、pop_size を上書きしています。

```python
    config_file = os.path.join(CURR_DIR, 'config', 'circuit_neat.cfg')
    custom_config = [
        ('NEAT', 'pop_size', args.pop_size),
        ('DefaultGenome', 'num_inputs', input_data.shape[1]),
        ('DefaultGenome', 'num_outputs', output_data.shape[1]),
    ]
    config = neat_cppn.make_config(config_file, custom_config=custom_config)
    config_out_file = os.path.join(save_path, 'circuit_neat.cfg')
    config.save(config_out_file)


    pop = neat_cppn.Population(config)

    figure_path = os.path.join(save_path, 'figure')
    reporters = [
        neat_cppn.SaveResultReporter(save_path),
```

```
            neat_cppn.StdOutReporter(True),
    ]
    for reporter in reporters:
        pop.add_reporter(reporter)
```

最後にアルゴリズムを実行します。Populationクラスをインスタンス化し、runメソッドに評価関数を渡します。

```
    try:
        best_genome = pop.run(
            fitness_function=serial.evaluate, n=args.generation)

        print('\nbest circuit result:')
        evaluator.print_result(
            decode_function(best_genome, config.genome_config))

    finally:
        neat_cppn.figure.make_species(save_path)
```

引数に指定された世代数に達した時点で、runメソッドは終了します。最も適応度の高い個体がbest_genomeとして返されます。

2.3.3 サンプルプログラムの実行

プログラムの実行方法

まずexperiments/Chapter2ディレクトリに移動します。そこでrun_circuit_neat.pyを実行し、XOR演算子を実現するニューラルネットワークをNEATアルゴリズムで進化させましょう。

以下のコマンドを実行します。

```
$ cd experiments/Chapter2
$ python run_circuit_neat.py -p 50
```

-pオプションでは、集団内の個体（ニューラルネットワーク）数を指定します。この例では集団サイズを50としています。また、-gオプションを使って進化させる世代数を設定します。ここではデフォルトの300世代になっています。

-nオプションで実験名を指定し、実行結果がout/circuit_neatディレクトリに実験名で保存されます。-nオプションを指定しない場合、-tオプションで指定されたタスク名が実験名として使用されます。-tオプションはデフォルトでxorが設定されているため、上記コマンドの実行結果はout/circuit_neat/xorに保存されます。また、-n sampleとして実行した結果のサンプルをout/circuit_neat/sampleで提供しています。

その他のオプションについてはオンライン付録2（https://oreilly-japan.github.io/OpenEndedCodebook/app2/）を参照してください。

　プログラムを実行すると1世代の計算が終わるごとに集団内のすべての個体を評価した結果がコンソールに出力されます。

```
****** Running generation 0 ******

Population's average fitness: 0.54531 stdev: 0.06266
Best fitness: 0.71236 - size: (2, 2) - species 1 - id 4
Average adjusted fitness: 0.073
Mean genetic distance 2.216, standard deviation 0.732
Population of 50 members in 2 species:
   ID   age  size  fitness  adj fit  stag
  ====  ===  ====  =======  =======  ====
    1    0    7      0.7     0.090     0
    2    0    43     0.5     0.056     0
Total extinctions: 0
Generation time: 2.395 sec
```

　Population's average fitnessは、集団内すべての個体の適応度の平均値です。適応度は1に近いほどより正解に近いことを示しています。1世代だけ進化させた結果は、平均適応度が0.54531（標準偏差stdev: 0.06266）とまだまだ精度が悪いニューラルネットワークです。

```
Population's average fitness: 0.54531 stdev: 0.06266
```

　続いて、最大適応度（Best fitness: 0.71236）とその個体の情報（種番号1と個体識別番号4）が表示されます。

```
Best fitness: 0.71236 - size: (2, 2) - species 1 - id 4
```

　size: (2, 2)は、ニューラルネットワークのノード数とコネクション数を示しています。これは2つのノードと2つのコネクションから構成されているニューラルネットワークであることを示しています。ノード数は、隠れノードと出力ノードの合計数のみを表しており、入力ノード数とバイアスノードの数は含まれません。出力ノードは1つで固定されているため、隠れノード1つと2つのコネクションから構成されるニューラルネットということを表しています。

```
Average adjusted fitness: 0.073
```

　adjusted fitnessは、それぞれの種に属する遺伝子の適応度の平均値を0〜1の間で正規化した値です。adjusted fitnessの値に基づいて、その種の次世代のサイズが決定します。Average adjusted fitnessはすべての種におけるadjusted fitnessの平均です。
　Mean genetic distanceは、ニューラルネットワーク間の距離の平均と標準偏差を表しています。この距離が大きいほど、構造的に異なるニューラルネットワークからの個体で集団が構成されていることを示します。

```
Mean genetic distance 2.216, standard deviation 0.732
```

次に、種ごとの結果も出力されます。ここでは2つの種に集団が分割されたことがわかります。

```
Population of 50 members in 2 species:
   ID   age  size  fitness  adj fit  stag
  ====  ===  ====  =======  =======  ====
    1    0    7     0.7     0.090     0
    2    0   43     0.5     0.056     0
```

IDは種の識別番号、ageは種が存続している世代数、sizeは種の属する世代数、fitnessは種の中の最大適応度、adj fitはadjusted fitnessの略です。adjusted fitnessは種に属する遺伝子の適応度の平均を0〜1の間に正規化した値です。第1種のサイズは7、第2種のサイズは43と第1種のサイズの方が小さいですが、adjusted fitnessは第1種の方が大きくなっています。次世代における各種のサイズはadjusted fitnessの値によって決定するため、第1種に属する個体から作られる子孫の数が次世代では増えることになります。

stagは種の最大適応度が更新されていない世代数です。事前に設定された最大stag値（max_stagnation）を超えると、その種は絶滅します。初期値では100に設定されていて、種の最大適応度が100世代連続で更新されなかった場合、その種は絶滅します。ただし、すべての種が絶命してしまわないように、species_elitism数で設定した数の種は必ず残るようになっています。各種の最大適応度が高い順にspecies_elitism数だけ種を残します。max_stagnationの値や、species_elitismの数は、circuit_neat.cfgファイルで設定できます。

次の世代を実行した結果を見てみましょう。

```
****** Running generation 1 ******

Population's average fitness: 0.54834 stdev: 0.06863
Best fitness: 0.71686 - size: (2, 2) - species 1 - id 87
Average adjusted fitness: 0.076
Mean genetic distance 1.708, standard deviation 0.579
Population of 50 members in 2 species:
   ID   age  size  fitness  adj fit  stag
  ====  ===  ====  =======  =======  ====
    1    1    23    0.7     0.115     0
    2    1    27    0.7     0.038     0
Total extinctions: 0
Generation time: 0.011 sec (1.203 average)
```

最大適応度の個体を持つ第1種のサイズが、7から23に増えていることが確認できます。このように世代を経るごとに種のサイズが変化したり、新しい種が生成されたりしなが

ら、個体の突然変異と交叉を通してニューラルネットワークが進化していきます。そして適応度が0.99以上の個体が見つかると、次のような出力がコンソールに表示されます。

```
****** Running generation 83 ******

Population's average fitness: 0.61600 stdev: 0.13998
Best fitness: 0.99165 - size: (2, 5) - species 3 - id 3745

Best individual in generation 83 meets fitness threshold - complexity: (2, 5)

best circuit result:
input: [0. 0.]  label: [0.]  predict: [0.02]
input: [0. 1.]  label: [1.]  predict: [0.98]
input: [1. 0.]  label: [1.]  predict: [0.83]
input: [1. 1.]  label: [0.]  predict: [0.07]
error: 0.00835
```

83世代目で、適応度が0.99を超える個体が見つかりました。第3種に属する識別番号3745の個体です。

```
Best fitness: 0.99165 - size: (2, 5) - species 3 - id 3745
```

ノードは3つ、コネクションは6つから構成されるニューラルネットワークです。ノード数は、隠れノードと出力ノードの合計数を表しているので、1つの出力ノードと2つの隠れノード、そして6つのコネクションからなるネットワークということになります。

```
Best individual in generation 200 meets fitness threshold - complexity: (3, 6)
```

また、このニューラルネットワークに4つの入力をそれぞれ与えた場合の出力結果も表示されます。

```
best circuit result:
input: [0. 0.]  label: [0.]  predict: [0.02]
input: [0. 1.]  label: [1.]  predict: [0.98]
input: [1. 0.]  label: [1.]  predict: [0.83]
input: [1. 1.]  label: [0.]  predict: [0.07]
error: 0.00835
```

(0, 0)の入力 (input) に対する出力 (predict) は0.02となり、正解ラベル (label) の0に近い値が出力されています。同様に、(0, 1)の入力に対する出力は0.98、(1, 0)に対する出力は0.83、(1, 1)に対する出力は0.07とそれぞれ正解に近い値が出力されています。すべての入力パターンに対する出力の正解との平均二乗誤差 (error) が0.00835と非常に小さい値となる、XOR回路に近いニューラルネットワークを見つけることに成功しています。

図2-9は、集団内のすべての個体の適応度の平均 (mean)、標準偏差 (std)、そして最大

値（best）の変化の様子をプロットしたものです。

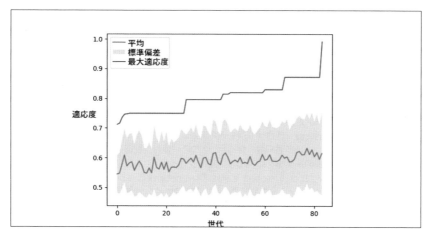

図2-9　各世代における適応度の変化

　集団の平均適応度はわずかに向上するに留まっていますが、最大の適応度は向上し続けています。これは、NEATアルゴリズムの種分化の機能により、優れた性能を発揮する個体群からなるグループが段階的に生成されたと考えることができます。

　種がどのように分岐していったかを示した種分化のグラフが出力ディレクトリにspeices.jpgファイルとして保存されています。

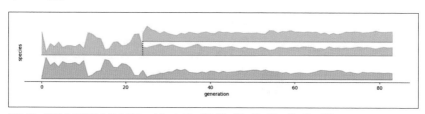

図2-10　種分化の過程を示すグラフ（オレンジ：第1種、青：第2種、緑：第3種）

　種分化のグラフは、種の進化と個体数の変遷を表すもので、横軸には「generation（世代）」、縦軸には「population（個体数）」を取ります。このグラフを見ることで、集団内の種の進化の様子や、新しい種がどのタイミングで出現したのかを一目で把握することができます。各種はグラフ上で異なる色で区別されています。この例では、進化のスタート時点でオレンジの第1種と青の第2種の2つの集団が存在します。23世代目にオレンジの第1種から緑の第3種が分岐して出現しました。そして、この第3種から最も適応力の高い個体が生まれました。

2.3.3.1　実行結果ファイル

　実行結果は、out/circuit_neat/以下の、-nオプションで指定した実験名のディレクトリに保存されます。

　結果のファイル構成は次の通りです。

- arguments.json：プログラム実行時の設定が保存される
- circuit_neat.cfg：NEAT アルゴリズムのパラメータ設定ファイル
- genome/：各世代で最大の適応度となった個体の遺伝子情報が保存される
- history_pop.csv：全世代のすべての個体の世代番号と識別番号、適応度、種番号、
  2 つの親番号が記録される
- history_fitness.csv：各世代で最も適応度が高かった個体の世代番号と個体識別番号、
  適応度、種番号、2 つの親番号が記録される
- species.jpg：種の系統樹を可視化した画像ファイル
- network/：draw_circuit_neat.pyを実行するとnetworkディレクトリが作成されニューラルネットワークを可視化した JPG ファイルが保存される

2.3.3.2　ニューラルネットワークの可視化

　作成されたニューラルネットワークをdraw_cicuit_neat.pyプログラムで可視化することもできます。次のコマンドでhistory_fitness.csvファイルに保存されている個体のニューラルネットワーク図がnetwork/fitnessディレクトリに作成されます。

　第1引数には-nオプションで指定した実験名を与えます。ここでは、サンプルとして提供しているsampleの結果を可視化してみましょう。

```
$ python draw_circuit_neat.py sample
```

　たとえば、**図2-11**は最大の適応度を示したニューラルネットワーク（識別番号3745）の可視化結果です。

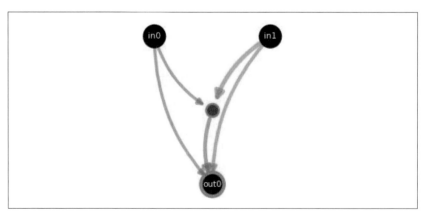

図2-11　最大適応度を有するニューラルネットワーク

　黒い丸は入力と出力ノード、灰色の丸は隠れノードを示しています。コネクションの太さは重みを反映しており、青いコネクションはマイナスの重み、赤いコネクションはプラスの重みを表しています。ノード枠線の太さはノードのバイアスを反映しており、オレンジ色はプラス、青色はマイナスのバイアスを表しています。

　出力コンソールに表示されるsize:（ノード数，コネクション数）は、使われなくなった（disabledされた）ノード数やコネクション数も含まれていますが、可視化する際はdisabledされたノードやコネクションは除外しています。そのため、可視化されたニューラルネットワークと数字は異なる場合があります。

　どのようなニューラルネットワークが進化してきたのか、その詳細を見ることもできます。次のように詳細を表示したい個体の識別番号を-sオプションで指定してください。

```
$ python draw_circuit_neat.py sample -s 3745
```

　指定した識別番号のニューラルネットワークがnetwork/specifiedディレクトリに保存されると共に、次のようなニューラルネットワークの詳細がコンソールに出力されます。

```
input nodes:  [-1, -2]
output node      0:  bias +1.710
hidden node     86:  bias +0.389
connection -     2 ->     86:  weight +4.503
connection      86 ->      0:  weight -2.845
connection -     1 ->     86:  weight -1.228
connection -     2 ->      0:  weight +1.969
connection -     1 ->      0:  weight -1.345
```

　NEATアルゴリズムで進化させて得られたニューラルネットワークの構造はシンプルです。ですが、詳細を観察すると、XOR演算子を実現するニューラルネットワークの構造や重みを試行錯誤で作り出そうとするとなかなか大変な作業になることを感じ取っていただけるかと思います。

2.4　迷路の実験

　次に、XOR回路の実験よりもさらに複雑な「迷路の実験」を例に、NEATアルゴリズムを実装していきましょう。迷路の実験は、迷路を解くロボットを学習させることが目的です。迷路は難易度を制御するのが容易なため、強化学習の枠組みでよく用いられる実験設定です。

　プログラムはGitHubリポジトリのexperiments/Chapter2ディレクトリにあります。

2.4.1　迷路

　迷路タスクでは、ロボットが解くべき迷路の環境を作成する必要があります。解く対象の迷路は初期値としてプログラムに与えます。

たとえば、**図2-12**は難易度の異なる2つの迷路を示しています。

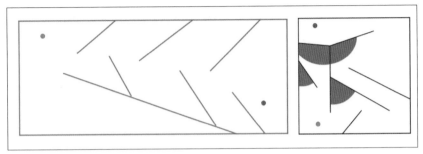

図2-12　難易度mediumの迷路（左）と難易度hardの迷路（右）

　緑の点が出発点、赤い点がゴールです。左の迷路よりも右の迷路の方が難易度が高くなっています。左の迷路は、現在地とゴールとの距離が短くなる方向に進んでいけば、ゴールに辿り着くことができます。一方、難易度の高い右の迷路ではそうはいきません。ピンクに塗られている箇所が袋小路になっています。一見、ゴールに近づいていると思って進んでいっても、実は行き止まりになっているからです。このような局所解がいくつも用意されている迷路ほど難易度が高くなります。

　本書のサンプルプログラムでは、難易度の高い迷路（hard）に加えて、少し難易度の低い迷路（medium）を提供しています。

2.4.2　ロボット

　迷路タスクの目的は、ロボットが迷路内を移動し、出発地点からゴールに辿り着くように動きを学習することです。ロボットには近くの障害物を検知するセンサーと、移動するための2つの駆動装置が付いています。センサーからの入力を使ってロボットに搭載されたニューラルネットワークが2つの駆動装置を制御します。

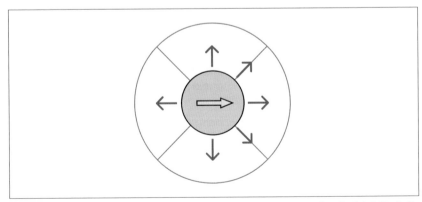

図2-13　迷路タスクのロボット：壁までの距離を感知する6つの入力センサーを持つ（[15]を参考に作成）

　ニューラルネットワークは異なる方向の距離を感知する6つのセンサーから入力を受け取り、角速度と速度の変化量を制御信号として生成します。これら2つの制御信号で2つの駆動装置を制御し、ロボットは移動することができます。**図2-13**の青い矢印で示しているのが6つの入力センサーです。加えて、ゴールの方向を感知する4つのレーダーを持っています（赤い外側の円で4つ）。このレーダーでゴールまでの距離を測ることができます。黄色い矢印が示しているのがロボットの進行方向です。

　10個の入力ノードと2つの出力ノードのみから構成され、重みがランダムに与えられたニューラルネットワークが初期集団として作成され、NEATアルゴリズムで徐々に進化していきます。

　各個体の適応度は、実行時間内（ステップ数）にロボットが到達した地点とゴールとの直線距離を1から引いた値で計算されます。ゴールとの距離が0となる、つまり適応度が1になると成功です。

2.4.3　設定ファイル

　設定ファイルでは、迷路を解くロボットの出発点の座標、ゴールの座標、そして迷路内に存在する壁の座標を設定します。1行目がロボットの出発点の座標、2行目がゴールの座標、それ以降は壁の座標となります。

設定ファイル

```
30 113
270 35

5 130 295 130
295 130 295 0
295 0 5 0

5 0 5 130
241 0 58 70
114 130 73 93
130 44 107 89
196 130 139 84
219 10 182 72
267 130 214 72
271 0 237 47
```

　この例では、ロボットは (30, 113) の座標からスタートし、(270, 35) の座標を目指します。ただしロボットは壁のある箇所を通れません。壁のデータは、壁の両端の座標として表現されています。たとえば、5 130 295 130の場合、座標 (5, 130) から座標 (295, 130) までの直線が壁となります。

2.4.4 評価クラス

評価クラスでは、ロボットに迷路を解かせるシミュレーションを行います。指定した回数だけロボットを行動させ、最後にロボットの現在の座標とゴールの座標との距離を計測します。距離が近いほど適応度が高くなります。

2.4.4.1 コンストラクタ

コンストラクタでは迷路環境である maze と、シミュレーション時間である timesteps を渡し、メンバ変数として保持します。

envs/maze/evaluator.py からの抜粋

```python
class MazeControllerEvaluator:
    def __init__(self, maze, timesteps):
        self.maze = maze
        self.timesteps = timesteps
```

迷路環境はサンプルコードの envs/maze/maze_environment_numpy.py で実装している MazeEnvironment のインスタンスです。シミュレーション時間は正の整数を指定します。

2.4.5 評価関数

ロボットを評価するには、ロボットを迷路内で動かす必要があります。コンストラクタで渡された timesteps の分だけロボットを動かします。途中でゴールに到達した場合 self.maze.update(action) が真を返します。ロボットがゴールに到達した（正確にはゴールとロボットの距離が閾値以下になった）場合は、移動を終了します。

envs/maze/evaluator.py からの抜粋

```python
def evaluate_agent(self, key, controller, generation):
    self.maze.reset()

    # ロボットを動かす
    done = False
    for i in range(self.timesteps):
        obs = self.maze.get_observation()
        action = controller.activate(obs)
        done = self.maze.update(action)
        if done:
            break

    # 適応度を算出する
    if done:
        score = 1.0
    else:
        distance = self.maze.get_distance_to_exit()
        score = (self.maze.initial_distance - distance) \
```

```
            / self.maze.initial_distance

    results = {
        'fitness': score,
    }
    return results
```

ここで、「score」はロボットが迷路内で行動を行った結果として得られるフィードバック
を表しています。この値を、ゲノムの適応度を表すfitnessとして返します。ロボットが
ゴールに到達すれば評価値は1.0となります。ゴールに到達しない場合は、評価値はスター
ト地点からゴールまでの直線距離と現在地からゴールまでの距離の差を、スタート地点か
らゴールまでの距離で割ったものになります。これにより評価値は、スタート地点を0（最
小値）、ゴールを1（最大値）とする、ゴールまでの距離を反映した値になります。

たとえばスタート地点からゴールまでの距離が10だったとして、ロボットが動いてゴー
ルのまでの距離が9までの地点まで移動したとします。その場合(10 − 9) / 10となり、評
価値は0.1となります。この値が適応度としてロボットの評価に使用されます。

2.4.6 実行

迷路の実験を実行します。まず、引数を解析し、MazeEnvironment.read_environmentを
使って迷路環境を生成します。このとき、迷路用の設定ファイルも読み込まれます。次に、
迷路用評価クラスMazeControllerEvaluatorをインスタンス化します。そしてevaluate_
agentメソッドを評価関数として、neat_cppn.FeedForwardNetwork.createをデコード関
数として一般評価クラスに渡します。なお、この節で示すコードはすべてexperiments/
Chapter2/run_maze_neat.pyからの抜粋です。

```
    args = get_args()

    maze_env = MazeEnvironment.read_environment(ROOT_DIR, args.task)

    decode_function = neat_cppn.FeedForwardNetwork.create

    evaluator = MazeControllerEvaluator(maze_env, args.timesteps)
    evaluate_function = evaluator.evaluate_agent

    serial = EvaluatorSerial(
        evaluate_function=evaluate_function,
        decode_function=decode_function
    )
```

NEAT-Pythonの設定を読み込み、引数で渡された設定を上書きします。ここでは、
pop_sizeのみ上書きしています。

```
config_file = 'maze_neat.cfg'
custom_config = [
    ('NEAT', 'pop_size', args.pop_size),
]
config = neat_cppn.make_config(config_file, custom_config=custom_config)
```

最後にPopulationクラスをインスタンス化しアルゴリズムを実行します。

```
pop = neat_cppn.Population(config)
best_genome = pop.run(fitness_function=serial.evaluate, n=args.generation)
```

迷路のゴールに最も近づいたロボットを返します。

2.4.7　サンプルプログラムの実行

さて、それでは早速プログラムを実行してみましょう。

2.4.7.1　迷路プログラムを実行する：難易度medium

experiments/Chapter2ディレクトリに移動して、run_maze_neat.pyを実行してください。

```
$ cd experiments/Chapter2
$ python run_maze_neat.py -p 200
```

ここで、-pオプションで集団内の個体数を指定します。この例では集団サイズを200と設定しています。また、-gオプションを使って進化させる世代数を設定します。デフォルトの500世代に設定しています。1回の実行でロボットが進むステップ数は--timestepsオプションで指定できます。ここではデフォルトの400ステップ数に設定しています。さらに、-tオプションでタスクを指定します。デフォルト設定の「中（medium）」難易度の迷路を使用します。

-nオプションで実験名を指定し、実行結果がout/maze_neatディレクトリに実験名で保存されます。-nオプションを指定しない場合、-tオプションで指定したタスク名が実験名として使用されます。-tオプションはデフォルトでmediumが設定されているため、上記コマンドの実行結果はout/maze_neat/mediumに保存されます。また、-n sample1として実行した結果のサンプルをout/maze_neat/sample1で提供しています。

その他のオプションについてはオンライン付録2（https://oreilly-japan.github.io/OpenEndedCodebook/app2/）を参照してください。

プログラムを実行すると1世代の計算が終わるごとに集団内のすべての個体を評価した結果がコンソールに出力されます。

```
****** Running generation 0 ******

Population's average fitness: 0.16544 stdev: 0.11308
Best fitness: 0.68567 - size: (3, 18) - species 1 - id 82
Average adjusted fitness: 0.234
Mean genetic distance 2.366, standard deviation 0.491
```

```
Population of 199 members in 3 species:
  ID  age  size  fitness  adj fit  stag
 ====  ===  ====  =======  =======  ====
   1    0    80     0.7     0.238     0
   2    0    61     0.5     0.244     0
   3    0    58     0.2     0.220     0
Total extinctions: 0
Generation time: 5.162 sec
```

　世代の計算が終わるたびに、その集団で最も適応度が高かった個体が辿った軌跡が迷路上に表示されます。スタート地点（緑色の■）から、ゴール（赤色の★）まで辿り着いた個体の軌跡が表示されています。青い線は、それまでの全世代で最も適応度が高かったロボットの軌跡、他のロボットが到達した地点が赤色で示されています。それ以前の世代のロボットが辿り着いた点は灰色の点で表示されます。ただし、0世代目の結果には過去の軌跡が存在しないため、灰色の点は表示されません。

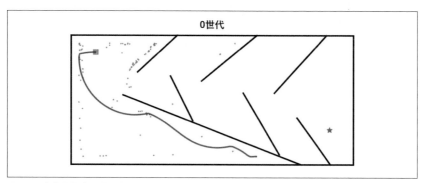

図2-14　初期世代（0世代目）の結果

　この世代で最も適応度が高かった個体は、第1種に属する識別番号82の個体です。

```
Best fitness: 0.68567 - size: (3, 18) - species 1 - id 82
```

　ニューラルネットワークは、size: (3, 18)、つまり、ノードが3つとコネクションが18から構成されています。出力ノードは2つで固定されています。そのため隠れノード数が1、コネクション数が18のニューラルネットワークです。

　200の個体から3つの種が作られました。

```
Population of 199 members in 3 species:
  ID  age  size  fitness  adj fit  stag
 ====  ===  ====  =======  =======  ====
   1    0    80     0.7     0.238     0
   2    0    61     0.5     0.244     0
   3    0    58     0.2     0.220     0
```

　ゴールに辿り着く個体が見つかり、コンソールに次のように表示されます。ここでは、491世代走らせた結果、迷路を解くロボットが進化してきました。size: (4, 17)、つまり出力ノード2つ、隠れノード2つ、そして17個のコネクションから構成されるニューラルネットワークです。

```
****** Running generation 491 ******

Population's average fitness: 0.38135 stdev: 0.30183
Best fitness: 1.00000 - size: (4, 17) - species 4 - id 94945

Best individual in generation 491 meets fitness threshold - complexity: (4, 17)
```

個体が辿った軌跡は次の通りです。

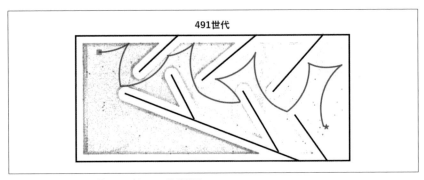

図2-15　ゴールに辿り着いたロボットの移動軌跡

　図2-16はそれぞれ、集団内のすべての個体の適応度の平均（mean）、標準偏差（std）、そして最大値（best）の変化の様子、種分化の様子をプロットしています。

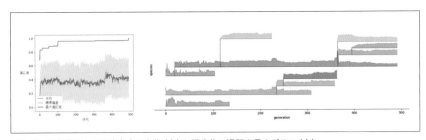

図2-16　各世代における適応度の変化（左）と種分化の過程を示すグラフ（右）

　おおよそ100世代目以降、最大適応度が更新されない期間が長く続き、絶滅する種も出ていていますが、新たな種も作成され、多様性を保ちながら進化を続け、491世代目に第4種（茶色）からゴールに辿り着く個体が進化してくる結果となりました。

実行結果ファイル

実行結果は、out/maze_neat/以下の、-nオプションで指定した実験名のディレクトリに保存されます。

結果のファイル構成は次の通りです。

- arguments.json：プログラム実行時の設定が保存される
- maze_neat.cfg：NEATアルゴリズムのパラメータ設定ファイル
- genome/：各世代で最大の適応度となった個体の遺伝子情報が保存される
- history_pop.csv：全世代のすべての個体の世代番号と識別番号、適応度、種番号、
  2つの親番号が記録される
- history_fitness.csv：全世代で最も適応度が高かった個体の世代番号と個体識別番号、
  適応度、種番号、2つの親番号が記録される
- species.jpg：種の系統樹を可視化した画像ファイル
- progress/：各世代の迷路の結果がJPGファイルで保存される

2.4.7.2　迷路プログラムを実行する：難易度hard

では、次に迷路の難易度が「高(hard)」を指定して実行してみましょう。-tオプションで-t hardと指定することで難易度の高い迷路を実行させることができます。デフォルトの設定で、集団サイズは500、進化させる世代数は500で実行しています。実験名は-nオプションで指定します。

```
$ python run_maze_neat.py -t hard
```

実行結果は、out/maze_neat/hardに保存されます。また、-n sample2として実行した結果のサンプルをout/maze_neat/sample2で提供しています。

図2-17が、500世代進化させた結果です。残念ながらゴールに辿り着く個体は現れませんでした。

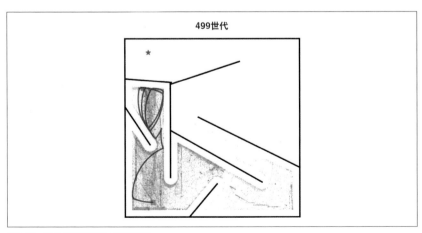

図2-17　500世代経過後の進化結果

　コンソールに表示される最大の適応度（Best fitness）も0.76283でした。種ごとの最大の適応度もどの種においても1.0には到達しておらず、迷路のゴールに辿り着けるような適応度を持った個体は生まれてこないことが伺えます。

```
****** Running generation 499 ******

Population's average fitness: 0.50009 stdev: 0.28192
Best fitness: 0.76283 - size: (2, 10) - species 15 - id 224337
Average adjusted fitness: 0.770
Mean genetic distance 2.993, standard deviation 1.011
Population of 500 members in 6 species:
   ID   age  size  fitness  adj fit  stag
  ====  ===  ====  =======  =======  ====
   11   268   78     0.8     0.670    43
   14   152   73     0.8     0.794    99
   15   101   98     0.8     0.731    40
   16    93   97     0.8     0.874    10
   17    88   71     0.8     0.743    85
   18    35   83     0.8     0.807    32
Total extinctions: 0
Generation time: 11.924 sec (11.829 average)
```

　集団内のすべての個体の適応度の平均（mean）、標準偏差（std）、そして最大値（best）の変化の様子をプロットした図と種分化を可視化した図はそれぞれ次の通りです。

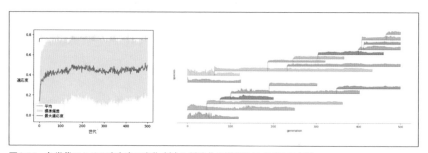

図2-18　各世代における適応度の変化（左）と種分化の過程を示すグラフ（右）

　最大適応度を更新できない世代数がmax_stagnation値を超え、絶滅する種が多く存在したことがわかります。種分化により新たな種が生まれていますが、それらの種からもゴールに辿り着く個体は生まれてきませんでした。難易度の高い迷路には、ゴールに近づいたと思っても実は行き止まりになっている箇所がいくつも用意されています。この迷路を解くためには、NEATアルゴリズムにさらに工夫を加える必要がありそうです。それについては3章以降で紹介します。

2.5 ロボットの実験

Evolution Gymを用いて、ロボットの動きをNEATで進化させる実装を確認しましょう。Evolution GymではOpenAI Gymの形式でタスクが実行されます。ここで進化させるのはロボットの動きのみです。ロボットの構造は初期設定で与えます。

プログラムはGitHubリポジトリのexperiments/Chapter2ディレクトリにあります。

2.5.1 ロボットの構造

ロボットの構造は、envs/evogym/robot_filesディレクトリにファイルを保存することで指定できるようになります。デフォルトでは、「猫のような形」を持つ構造が与えられます。

2.5.2 評価クラスと実行方法

評価クラスのコンストラクタでは、env_id、robot、num_evalを指定します。

envs/evogym/evaluator.pyからの抜粋

```
from gym_utils import make_vec_envs

class EvogymControllerEvaluator:
    def __init__(self, env_id, robot, num_eval=1):
        self.env_id = env_id
        self.robot = robot
        self.num_eval = num_eval
```

env_idはタスクの識別子です。robotは{"body": BODY, "connections": CONNECTIONS}のような形式の辞書を指定します。BODYはロボットの定義ファイルから作成したnumpy.ndarrayのインスタンスです。CONNECTIONSはevogym.get_full_connectivity関数にBODYを渡して取得したnumpy.ndarrayのインスタンスです。

ロボットを作成する例

```
>>> from pprint import pprint
>>>
>>> import numpy as np
>>> from evogym import get_full_connectivity
>>>
>>> robot_file = "cat.txt"
>>> f = open(robot_file)
>>> BODY = np.loadtxt(robot_file)
>>> type(BODY)
<class 'numpy.ndarray'>
>>> BODY
array([[2., 0., 0., 0., 0.],
       [1., 0., 0., 1., 1.],
       [4., 3., 3., 3., 4.],
```

```
        [4., 3., 1., 3., 4.],
        [4., 0., 0., 0., 4.]])
>>> CONNECTIONS = get_full_connectivity(BODY)
>>> type(CONNECTIONS)
<class 'numpy.ndarray'>
>>> CONNECTIONS
array([[ 0,  5,  8,  8,  9, 10, 10, 11, 11, 12, 12, 13, 13, 14, 15, 15,
        16, 17, 18, 19],
       [ 5, 10,  9, 13, 14, 11, 15, 12, 16, 13, 17, 14, 18, 19, 16, 20,
        17, 18, 19, 24]])
>>> robot = {"body": BODY, "connections": CONNECTIONS}
>>> pprint(robot)
{'body': array([[2., 0., 0., 0., 0.],
       [1., 0., 0., 1., 1.],
       [4., 3., 3., 3., 4.],
       [4., 3., 1., 3., 4.],
       [4., 0., 0., 0., 4.]]),
 'connections': array([[ 0,  5,  8,  8,  9, 10, 10, 11, 11, 12, 12, 13, 13,
        14, 15, 15, 16, 17, 18, 19],
       [ 5, 10,  9, 13, 14, 11, 15, 12, 16, 13, 17, 14, 18, 19, 16, 20,
        17, 18, 19, 24]])}
```

　本書では、この値を取得するためにenvs/evogym/gym_utils.pyにload_robot関数を実装しています。詳細な実装はサンプルコードをご確認ください。
　タスクによっては、実行ごとに確率的に環境が変化するものがあります。そのような場合は、複数回実行して平均した評価を使用することが望ましいことがあります。その場合には、num_evalに実行回数を指定します。決定論的なタスクの場合、今回を含めて、複数回の実行で結果が変わらないため1回の実行で十分です。そのため、num_evalは省略します。省略すると、デフォルト値1が使用されます。

2.5.3　評価関数

　評価関数は、ロボットの性能を評価し、その結果に基づいてNEATアルゴリズムがどの個体を選択するかを決定するための「fitness（適応度）」を算出します。この過程で使用する環境は、make_vec_envs関数を通じて作成され、各エピソードの結果に基づいて「score（評価値）」が得られます。make_vec_envs関数は、Evolution Gymで利用可能な環境を返すもので、内部でgym.make関数を呼び出します。各環境が準備されたら、得られる評価値の総数がnum_eval以上になるまで処理を繰り返します。
　step関数は、ロボットが選択した行動を環境に適用します。その結果として得られる情報（infos）は複数の環境に対するものがリスト形式で保持されますが、NEATでは1つのタスクの評価のみが必要となるため、infosの先頭の要素を取り出して評価値とします。
　すべてのエピソードが完了した後、環境はクリーンアップされ、集められた評価値から

適応度が算出されます。適応度はNEATアルゴリズムが次世代の個体選択を行うための基準となります。

```python
def evaluate_controller(self, key, controller, generation):
    # 環境を作成する
    env = make_vec_envs(self.env_id, self.robot, 0, 1)

    # 環境を初期化する
    obs = env.reset()
    episode_scores = []

    # エピソードの評価値の個数が、num_eval個以上になるまで処理を実行する
    while len(episode_scores) < self.num_eval:
        # 動作を生成する
        action = np.array(controller.activate(obs[0])) * 2 - 1

        # 動作させる
        obs, _, done, infos = env.step([np.array(action)])

        # 評価値を取り出す
        if 'episode' in infos[0]:
            score = infos[0]['episode']['r']
            episode_scores.append(score)

    # 環境の終了を行う
    env.close()

    # 評価値を集計し、適応度を算出する
    results = {
        'fitness': np.mean(episode_scores),
    }
    return results
```

2.5.4 実行

　ここまでの処理を踏まえて、スクリプトを実行しましょう。まず、引数を解析し、Evolution Gymで使用可能なロボットを作成します。load_robot()関数は、ロボットとして使用可能な形式の辞書を返す関数で、サンプルコードに実装されています。次に、EvogymControllerEvaluatorクラスをインスタンス化します。このインスタンスは評価関数を提供します。評価クラスが提供する評価関数とFeedForwardNetwork.createをデコード関数として、EvaluatorSerialに渡します。なお、この節で示すコードはすべてexperiments/Chapter2/run_evogym_neat.pyからの抜粋です。

```
args = get_args()

# ロボットの作成
structure = load_robot(ROOT_DIR, args.robot, task=args.task)

decode_function = neat_cppn.FeedForwardNetwork.create

# 評価クラスのインスタンス化
evaluator = EvogymControllerEvaluator(args.task, structure, args.eval_num)
evaluate_function = evaluator.evaluate_controller

serial = EvaluatorSerial(
    evaluate_function=evaluate_function,
    decode_function=decode_function
)
```

次に、NEAT-Pythonの設定を読み込み、引数で渡された設定を上書きします。ここでは、
pop_size、num_inputs、num_outputsを上書きしています。

```
env = make_vec_envs(args.task, structure, 0, 1)
num_inputs = env.observation_space.shape[0]
num_outputs = env.action_space.shape[0]
env.close()

config_file = 'evogym_neat.cfg'
custom_config = [
    ('NEAT', 'pop_size', args.pop_size),
    ('DefaultGenome', 'num_inputs', num_inputs),
    ('DefaultGenome', 'num_outputs', num_outputs)
]
config = neat_cppn.make_config(config_file, custom_config=custom_config)
```

最後に、Populationクラスをインスタンス化し、処理を実行します。

```
pop = neat_cppn.Population(config)
pop.run(fitness_function=serial.evaluate, n=args.generation)
```

処理が実行されると、環境が読み込まれ、しばらく経つとシミュレータが起動します。
ロボットが動き始め、頑張って動く様子を観察することができます。

2.5.5　サンプルプログラムの実行

それでは早速プログラムを実行してみましょう。

2.5.5.1　平らな地面を歩くタスクの実行：Walker-v0

experiments/Chapter2ディレクトリに移動して、run_evogym_neat.pyを実行してくださ

い。

```
$ cd experiments/Chapter2
$ python run_evogym_neat.py -r cat
```

-pオプションでは、集団内の個体数を指定します。この例ではデフォルトの200世代に設定しています。また、-gオプションを使って進化させる世代数を設定します。ここではデフォルトの500世代に設定しています。実験名は-nオプションで指定します。

-nオプションで実験名を指定し、実行結果がout/evogym_neatディレクトリに実験名で保存されます。-nオプションを指定しない場合、-tオプションのタスク名と-rオプションのロボットの構造名をつなぎ合わせたものが実験名として使用されます。-tオプションはデフォルトでWalker-v0が設定されているため、上記コマンドの実行結果はout/evogym_neat/Walker-v0_catに保存されます。また、-n sampleとして実行した結果のサンプルをout/evogym_neat/sampleで提供しています。

このプログラムを実行すると、デフォルトのタスクWalker-v0が実行されます。これは平らな地面を歩かせるシンプルなタスクで、ロボットの動きが進化していきます。

その他のオプションについては、オンライン付録2（https://oreilly-japan.github.io/OpenEndedCodebook/app2/）を参照してください。

0世代目の実行が完了すると、その世代の中で最も適応度が高かった個体の動きが表示されます。

プログラムを実行すると、コンソールには次のように出力されます。

```
****** Running generation 0 ******

Population's average fitness: 0.01644 stdev: 0.22691
Best fitness: 1.83462 - size: (12, 372) - species 8 - id 164
Average adjusted fitness: 0.292
Mean genetic distance 2.117, standard deviation 0.267
Population of 200 members in 9 species:
   ID   age  size  fitness  adj fit  stag
  ====  ===  ====  =======  =======  ====
   1    0    13     0.5     0.284     0
   2    0    27     1.2     0.275     0
   3    0    33     0.6     0.303     0
   4    0    12     0.1     0.277     0
   5    0    14     0.1     0.281     0
   6    0    43     0.4     0.296     0
   7    0     8     0.1     0.288     0
   8    0    40     1.8     0.344     0
   9    0    10     0.0     0.282     0
Total extinctions: 0
Generation time: 39.351 sec
```

最大の適応度は1.83462となりました。第8種に属する識別番号164の個体です。また、全部で9個の種が生成されています。

世代を経ていくと、最初はぎこちなく、前脚のみをちょこちょこと動かし前に進もうとするロボットから、大きな歩幅で走るように前に進むロボットが進化してくる様子を見ることができます。

実行結果は、out/evogym_neat/以下の、-nオプションで指定した実験名のディレクトリに保存されます。-nオプションをしていない場合は、-tオプションのタスク名と-rオプションのロボット名をつなげた「タスク名_ロボット名」というディレクトリに保存されます。たとえば、タスク名がWalker-v0、ロボット名がcatの場合は、Walker-v0_catディレクトリに保存されます。

結果のファイル構成は次の通りです。

- arguments.json：プログラム実行時の設定が保存される
- evogym_neat.cfg：NEATアルゴリズムのパラメータ設定ファイル
- genome/：各世代で最大の適応度となった個体の遺伝子情報が保存される
- history_pop.csv：全世代のすべての個体の世代番号と識別番号、適応度、種番号、2つの親番号が記録される
- history_fitness.csv：各世代で最も適応度が高かった個体の世代番号と個体識別番号、適応度、種番号、2つの親番号が記録される
- species.jpg：種の系統樹を可視化した画像ファイル

history_pop.csvファイルには、すべての個体の適応度が記録されているのに対して、history_fitness.csvには、各世代で最も適応度が高かった個体の結果のみが記録されています。history_fitness.csvファイルを見ると、各世代で同じ識別番号を持ったエージェントが多数あることに気づくと思います。これは、種ごとに適応度の高かった個体はエリート個体として、次の世代に引き継ぐようになっているからです。evogym_neat.cfgファイルのelitisimで設定でき、デフォルトでは2が設定されています。その他の個体については、種に属する個体数ごとに次の世代に残す個体を交叉と突然変異を用いて作成しています。

進化させた各エージェントの結果は、draw_evogym_neat.pyプログラムで可視化します。ここでは、サンプルとして提供しているsampleを第1引数に指定して可視化してみましょう。

たとえば、0世代目と499世代目で、それぞれ最も適応度が高かった個体の結果は次の通りです。

```
$ python draw_evogym_neat.py sample -st jpg -s 76
```

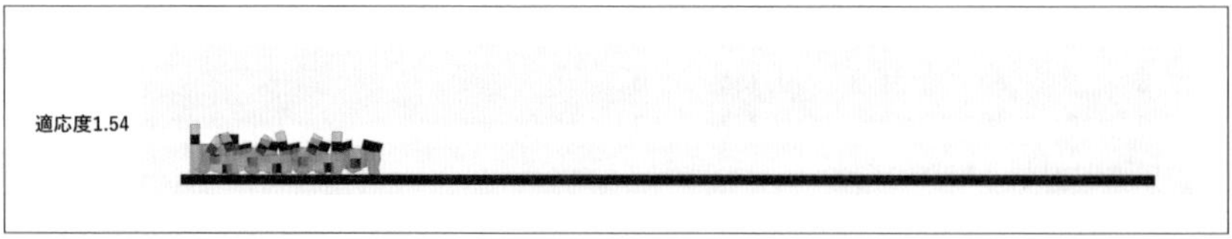

図2-19　初期世代（0世代目）の動作パターン

```
$ python draw_evogym_neat.py sample -st jpg -s 81769
```

図2-20 499世代目の動作パターン

0世代目では、あまり前に進まないためにステップを経てもそれほど移動できていません。一方、499世代目では、両脚を使って飛び跳ねるような動きを見せ、遠くまで移動できるように進化している様子が見られます。

各世代のベストな個体の適応度 (best)、平均 (mean)、標準偏差 (std) を世代ごとにプロットした**図2-21**からも、世代を経るごとに最大適応度が高くなっている様子を観察できます。

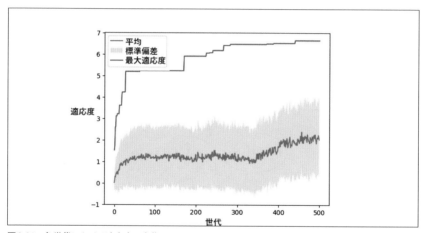

図2-21 各世代における適応度の変化

2.6 CPPN

本節では、複雑なパターン生成能力を持つニューラルネットワーク、Compositional Pattern Producing Networks (CPPN) を紹介します。CPPNは特別な活性化関数の組み合わせにより、対称性や反復などを持つ複雑なパターンを生み出すことができます。

自然界の生物や植物のパターンは決してランダムではなく、対称性や反復性が観察されます。たとえば、人間の脳にもこのようなパターンが存在し、約1,000億個の神経細胞が約100兆のシナプスによってつながっています。人間が学習や記憶が可能な理由は、シナプ

スがランダムにではなく、幾何学的な規則性を持ったパターンでつながっていることにあるとされています。CPPNは、このような規則的な出力パターンを効率的に生成する手法として提案されました。

CPPNとNEATを組み合わせることで、CPPN-NEATという新たなアルゴリズムも誕生しました。このアルゴリズムは、NEATの進化アルゴリズムを用いて、CPPNのパターン生成能力を持つニューラルネットワークを進化させることができます。この組み合わせによって、より複雑で多様なパターンを効率的に生成することが可能となります。CPPN-NEATの詳しい説明は次節で行うこととし、ここではCPPNについて説明します。

2.6.1　CPPNの概要

CPPNは通常のニューラルネットワークと同様に、入力層、隠れ層、出力層から構成されますが、特定のタスクを実行する目的ではなく、2次元の画像パターンや3次元の構造を生成する目的で設計されています。CPPNは、各ノードの出力を決定するために、対称性や周期性を生み出す活性化関数（ガウス関数やサイン関数など）を使用します。これらの活性化関数の構成とパラメータを変化させることで、CPPNはさまざまな複雑さのパターンを出力することができます。

図2-22に、基本的なCPPNの例を示します。

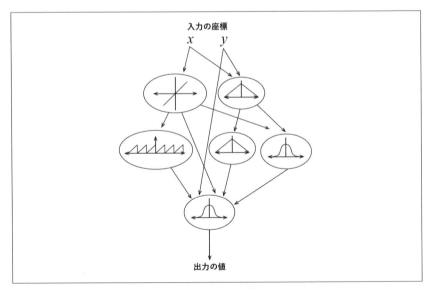

図2-22　CPPNのネットワーク（[19]よりfig.4を参考に作成）

たとえば**図2-23**に示すように、xの入力をそのまま出力する関数に、左右対称を生み出す関数（F_1）と周期性を生み出す関数（F_2）をつなげることで、入力xに対して対称で周期性

を持ったパターンを出力できます。このように、異なる関数を組み合わせることで、限られたノードとコネクションからも幾何学的な規則性を持ったパターンを生成できるようになります。

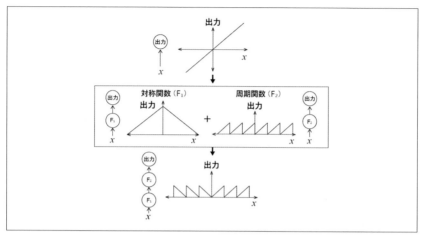

図2-23 入力に左右対称の関数と周期関数を適用した例（[19] より fig.3 を参考に作成）

　CPPNは、自然界でよく見られる対称性や反復性のある複雑なパターンを効率的に再現できます。たとえば、ヘビの表皮や魚の模様のように、多くの生物には繰り返しのパターンが存在します。これらのパターンは、生物の発生過程で作られる多様な化学反応によって生成されています。CPPNは、これらの化学反応を抽象化した特定の活性化関数を用いることで、多種多様な幾何学的なパターンをコンパクトに表現する能力を持っています。

2.6.2　CPPNの利点

　CPPNは座標空間において独特のパターンや構造を生成する専用のニューラルネットワークです。主な利点として、簡潔なネットワーク構造で複雑な形状や構造を表現できることが挙げられます。さらに、CPPNは連続空間でのパターン生成が得意で、スケール変更や回転にも柔軟に適応できます。

　具体的にロボットの構造生成にどのようにCPPNが役立つかを考えてみましょう。CPPNは、特定の座標位置情報を入力として受け取り、その座標におけるロボット部品（例: ボディや関節）の情報を出力します。例として、2次元座標空間を想定した場合、CPPNは (x, y) 座標を入力として受け取り、その位置でのロボット部品情報を出力するのです。このプロセスを反復することで、ロボット全体の構造が形成されるわけです。

　さらに進めて、NEATアルゴリズムを利用してCPPNを進化させるアプローチを採用すれば、ロボットの構造も同時に進化させることができます。プロセスは以下の通りです。まず、ランダムなCPPNの集団を生成し、各CPPNを使ってロボットの構造を生成します。

次に、生成されたロボット構造の性能を評価し、高性能な構造を持つCPPNを選出します。
このプロセスを繰り返すことで、徐々に良いロボットの構造を生成するCPPNが作られて
いきます。

2.6.3　CPPNアルゴリズムの実装

　CPPNもNEAT-Pythonを利用して、目的の幾何学的なパターンを生成できます。ロボッ
トの構造を決定する場合、5×5のマス目の中に空白、剛体、軟体、縦、横のどれかを設定
します。各マスに対して、CPPNの出力値を基に要素の配置を決定します。

　CPPNはネットワークが構築できれば実行できます。ここではネットワークにはneat.
nn.FeedForwardNetworkを使用することにします。ただし、ネットワークを生成するために、
個体と設定が必要になるため、Configクラスをインスタンス化し、そこから先頭の個体を
生成します。

CPPNのネットワークを構築する例

```
from neat.config import Config, ConfigParameter
from neat.genes import DefaultNodeGene
from neat.genome import DefaultGenome
from neat.nn import FeedForwardNetwork
from neat.reproduction import DefaultReproduction
from neat.species import DefaultSpeciesSet
from neat.stagnation import DefaultStagnation

class CPPNConfig(Config):
    __params = [ConfigParameter('offspring_size', int),
                ConfigParameter('fitness_criterion', str),
                ConfigParameter('fitness_threshold', float),
                ConfigParameter('no_fitness_termination', bool, False)]

config = CPPNConfig(
    DefaultGenome,
    DefaultReproduction,
    DefaultSpeciesSet,
    DefaultStagnation,
    "cppn.conf",
)

genome = config.genome_type(1)  # 番号1のgenomeを生成
genome.configure_new(config.genome_config)
net = FeedForwardNetwork.create(genome, config)
```

　このネットワークを使い、ロボットの構造を作ります。各マスに相当する変数を定義し、
座標をネットワークに渡し、それぞれの要素に対応する数値を計算し、最も高いものを採
用します。

ロボットを作る例

```python
import numpy as np

size = (5, 5)
x, y = np.meshgrid(np.arange(size[0]), np.arange(size[1]), indexing="ij")
x = x.flatten()
y = y.flatten()
center = (np.array(size) - 1) / 2
d = np.sqrt(np.square(x - center[0]) + np.square(y - center[1]))
input_data_list = np.vstack([x, y, d]).T
types = ["empty", "rigid", "soft", "horizontal", "vertical"]

states = {}
for inp in input_data_list:
    state = net.activate(inp)
    pos_x = int(inp[0])
    pos_y = int(inp[1])
    states[(pos_x, pos_y)] = types[np.argmax(state)]
```

最終的にstatesは{(x座標，y座標): "empty", ...}のような辞書になります。すべて
のマスに対する要素の情報をここに保持することにします。そのため、この辞書を可視化
すれば、ロボットの構造が視覚的に確認できるようになります。

個体に突然変異を加えるには、個体をディープコピーし、mutateメソッドを呼び出します。
新しく生成した個体を使用することで、ネットワークを構築し直すことができます。

新しく生成した個体を使用しネットワークを構築し直す例

```python
from copy import deepcopy

new_genome = deepcopy(genome)
new_genome.key = genome.key + 1
new_genome.mutate(config.genome_config)

net = FeedForwardNetwork.create(new_genome, config)
```

このネットワークを用いて、再度ロボットの構造の生成を行うと、以前とは異なる構造
を得ることができます。この仕組みを用いてロボットの構造を生成するサンプルプログラ
ムtutorial_evogym_cppn.pyを用意しました。

2.6.3.1 主なクラス

CPPNを用いてロボットの構造を生成するには主に次のような処理を行います。

- StructureDecoderクラス：このクラスは、ロボットの構造をデコードするためのも
  の。入力データに基づいてCPPNを使用し、ロボットの各セルのタイプを決定する。

- RobotDrawerクラス：このクラスは、デコードされたロボットの構造を描画するためのもの。各セルのタイプに基づいて、適切な色で図を描画する。
- reset_genome()関数：新しいゲノムを生成し、設定オブジェクトで初期設定を行う。
- mutate_genome()関数：既存のゲノムを複製し、突然変異を適用した新しいゲノムを生成する。
- main()関数：メインのプログラムフローを定義している。まず、ロボットのサイズを定義し、StructureDecoderおよびRobotDrawerのインスタンスを作成する。次に、設定ファイルを読み込み、me_neatの設定オブジェクトを作成する。最初のゲノムをリセットし、デコードして描画する。その後、ユーザが操作を入力するまで、ゲノムの突然変異やリセットを繰り返し、結果を表示する。

StructureDecoderクラス

StructureDecoderクラスのコンストラクタ、ロボットの構造をデコードするために必要な情報を準備します。具体的には、ロボットの各セルに対応する入力座標と中心点からの距離を計算し、CPPNの出力に対応するセルタイプを定義しています。これらの情報は、decode()関数で使用されます。なお、この節で示すコードはすべてexperiments/Chapter2/tutorial_evogym_cppn.pyからの抜粋です。

```python
class StructureDecoder:
    def __init__(self, size):
        # インスタンス変数 size にロボットのサイズ（幅と高さのタプル）が設定される。
        self.size = size

        # numpy.meshgrid を使用して、指定されたサイズのグリッド上のすべての
        # x 座標と y 座標を生成する。これらの座標は、ロボットの構造内の
        # 各セルの位置を表す。
        x, y = np.meshgrid(np.arange(size[0]), np.arange(size[1]), indexing='ij')
        # x 座標と y 座標を 1 次元配列に変換（flatten() を使用）して
        # 各セルの位置のリストを作成する。
        x = x.flatten()
        y = y.flatten()
        # グリッドの中心点を計算し、各セルの中心点からの距離 d を計算する。
        center = (np.array(size) - 1) / 2
        d = np.sqrt(np.square(x - center[0]) + np.square(y - center[1]))

        # 入力 self.inputs を作成する。これは、各セルの位置に対応する x 座標、y 座標、
        # および距離 d の値を含む 2 次元配列。この入力は、後で CPPN に渡され、
        # ロボットの構造を生成するために使用される。

        # inputs: [x, y, d] * (robot size)
        self.inputs = np.vstack([x, y, d]).T

        # self.types は、CPPN の出力に対応するセルタイプのリストを定義している。
        self.types = ['empty', 'rigid', 'soft', 'horizontal', 'vertical']
```

　また、StructureDecoderのdecode()関数は、与えられたゲノムと設定を用いてCPPNを
生成し、ロボットの構造を表すセルタイプを決定します。具体的には、各座標(x, y)に対
して、CPPNを用いてセルタイプの確率を計算し、最も確率が高いセルタイプを選択します。
最後に、各座標に対応する選択されたセルタイプが格納された辞書を返します。この関数
により、ロボットの構図がCPPNによって生成され、その構造を表すセルタイプが決定さ
れます。そして、RobotDrawクラスによって可視化されています。

```
def decode(self, genome, config):
    # 与えられたゲノムと設定から CPPN（補完パターン生成ネットワーク）を作成する。
    cppn = me_neat.FeedForwardNetwork.create(genome, config)

    print('( x,  y) :    empty  rigid   soft   hori   vert ')
    print('             ====== ====== ====== ====== ======')

    # states という空の辞書を作成する。これには各座標に対応する
    # セルタイプが格納される。
    states = {}
    # self.inputs の各要素（x 座標、y 座標、距離 d の配列）に対して
    # ループを開始する。
    for inp in self.inputs:
        # CPPN をアクティベートし、現在の入力座標に対応する
        # アウトプット値（セルタイプの確率）を取得する。
        state = cppn.activate(inp)
        # 現在の入力座標の x 座標と y 座標を格納する。
        pos_x = int(inp[0])
        pos_y = int(inp[1])

        # 最も確率が高いセルタイプのインデックスを取得する。
        m = np.argmax(state)
        # 対応する voxel の種類を取得する。;
        voxel_type = self.types[m]
        print(
          f'({pos_x: =2}, {pos_y: =2}) :  ' + \
          ' '.join(('*' if i == m else ' ') + \
          f'{v: =+.2f}' for i, v in enumerate(state)) + \
          f'  -> {voxel_type.rjust(10)}'
        )
        # states 辞書に現在の座標と対応する voxel の種類を格納する。
        states[(int(inp[0]), int(inp[1]))] = voxel_type
    print()

    return states
```

　次に、reset_genomeとmutate_genome関数を定義しています。reset_genome()関数は、
新しいゲノムオブジェクトを生成し、設定オブジェクトを用いて初期設定を行います。結

果として、新しいゲノムが返されます。

```
def reset_genome(config):
    # 新しいゲノムオブジェクトを生成する。
    # ここで、1はゲノムのキー（一意の識別子）。
    genome = config.genome_type(1)
    # 新しいゲノムを構成する。
    # config.genome_config は、CPPNのゲノム構成に関する情報が含まれている。
    genome.configure_new(config.genome_config)
    # 新しく設定されたゲノムオブジェクトを返す。
    return genome
```

　この関数は、プログラムの開始時やユーザがゲノムをリセットしたい場合に使用されます。新しいゲノムは、デコードされて構造に変換され、その構造が描画されます。この関数は、main()関数内で以下のように呼び出されています。

```
genome = reset_genome(config)
```

　また、mutate_genome()関数は、既存のゲノムオブジェクトを複製し、設定オブジェクトを用いて突然変異を適用します。結果として、突然変異が適用された新しいゲノムが返されます。
　また、mutate_genomeは既存のゲノムに突然変異を適用します。

```
def mutate_genome(genome, config):
    # 既存のゲノムオブジェクトを複製する。
    new_genome = deepcopy(genome)
    # 新しいゲノムのキー（一意の識別子）を更新する。
    new_genome.key = genome.key + 1
    # 設定オブジェクトを用いて新しいゲノムに突然変異を適用する。
    new_genome.mutate(config.genome_config)
    # 突然変異が適用された新しいゲノムオブジェクトを返す。
    return new_genome
```

　この関数は、ユーザがゲノムを突然変異させたい場合に使用されます。突然変異が適用された新しいゲノムは、デコードされてロボット構造に変換され、その構造が描画されます。この関数は、main()関数内で以下のように呼び出されています。

```
genome = mutate_genome(genome, config)
```

　main()関数では、ロボットのサイズを定義し、StructureDecoderおよびRobotDrawerクラスをインスタンス化しています。

```
def main():
    robot_size = (5, 5)
```

```
decoder = StructureDecoder(robot_size)
drawer = RobotDrawer(robot_size)

config_file = os.path.join(CURR_DIR, 'config', 'evogym_me_cppn.cfg')
config = me_neat.make_config(config_file)
```

configオブジェクトを生成し、最初のゲノムを生成します。

```
config_file = os.path.join(CURR_DIR, 'config', 'evogym_me_cppn.cfg')
config = me_neat.make_config(config_file)

genome = reset_genome(config)
```

decoder.decode()メソッドを使って、ゲノムからロボットのセルをデコードし、drawer.draw()メソッドでセルを描画します。

```
states = decoder.decode(genome, config.genome_config)
drawer.draw(states)
```

最後に、ユーザ入力に基づいてゲノムを変更し、新しいロボットのセルをデコードして描画します。

```
while True:
    operation = input(
        'put the operation (m: mutate, r: reset genome, else: finish): ')
    if operation == 'm':
        genome = mutate_genome(genome, config)
    elif operation == 'r':
        genome = reset_genome(config)
    else:
        break

    states = decoder.decode(genome, config.genome_config)
    drawer.draw(states)
```

プログラムを実行すると、ロボットのセルが表示され、ユーザが操作を入力することでゲノムが変更され、セルが更新されます。

CPPNのconfigファイル

CPPNのゲノムに関する情報は、Chapter4/config/evogym_me_cppn.cfgファイル内で、DefaultGenomeセクションで定義されています。

evogym_me_cppn.cfgからの抜粋

```
[DefaultGenome]
# network parameters
num_inputs              = 3
num_hidden              = 1
num_outputs             = 5
feed_forward            = True
initial_connection      = partial_direct 0.5

# node activation options
activation_default      = sigmoid
activation_mutate_rate  = 0.0
activation_options      = sigmoid
```

この設定では、CPPNのゲノムは以下の特徴を持ちます。

num_inputs
> CPPNの入力層には3つのニューロンがある。これは、ロボットの構造を生成する際に使用される座標x、yおよび中心点からの距離dを表す。

num_hidden
> CPPNには1つの隠れ層が含まれている。ただし、この数値は進化の過程で変化する可能性がある。

num_outputs
> CPPNの出力層には5つのニューロンがある。これらは、各セルのタイプ（空、剛性、軟性、水平、垂直）を表す。

feed_forward
> CPPNはフィードフォワード型のネットワーク。これは、信号が入力層から出力層へ一方向に伝播することを意味する。

initial_connection
> 最初に生成されるCPPNのコネクションは、入力層と出力層間に直接的に50％の確率で存在する。これは、初期状態でのネットワークコネクションをランダムに生成することを意味する。

また、活性化関数に関する情報は次の通りです。

activation_default
> デフォルトの活性化関数はシグモイド関数。これは、ニューロンの出力を0から1の範囲に制限する。

activation_mutate_rate
> 活性化関数の突然変異率は0.0。これは、活性化関数が突然変異の過程で変化しないことを意味する。

activation_options
　　使用可能な活性化関数のオプションはシグモイド関数のみ。これは、CPPNのすべてのニューロンでシグモイド関数が使用されることを意味する。

　ここで、activation_mutate_rateとactivation_optionsは、CPPNのゲノムにおいてニューロンの活性化関数が進化の過程でどのように変化するかを制御するパラメータです。activation_mutate_rateは、活性化関数が突然変異する確率を表します。この値が高いほど、活性化関数が変更される可能性が高くなります。たとえば、activation_mutate_rateが0.1の場合、突然変異のステップで10％の確率で活性化関数が変化します。

　activation_optionsは、利用可能な活性化関数の一覧を示します。これらの関数の中から、突然変異が発生した場合に新しい活性化関数が選択されます。たとえば、activation_options = sigmoid, tanh, sineの場合、利用可能な活性化関数はシグモイド関数、双曲線正接関数、およびサイン関数です。activation_mutate_rateが高いほど、activation_optionsにリストされている活性化関数間での変更がより頻繁に発生することを意味します。デフォルトでは、activation_mutate_rateが0.0に設定されているため、この場合、活性化関数は進化の過程で変化しません。また、activation_optionsにシグモイド関数しか指定されていないため、すべてのニューロンでシグモイド関数が使用されます。突然変異するたびに、活性化関数も変更するようにしたい場合は、これらのパラメータを変化させてみてください。

2.6.3.2　ロボットの構造の生成

　tutorial_evogym_cppn.pyは、CPPNアルゴリズムを用いて5×5サイズのロボットの構造を生成し、結果を出力するプログラムです。

```
$ cd experiments/Chapter2
$ python tutorial_evogym_cppn.py
```

　プログラムを実行すると次のような実行結果をコンソールに出力し、可視化結果がグラフィックスウィンドウに表示されます。

```
$ python tutorial_evogym_cppn.py
( x,  y):   empty  rigid   soft   hori   vert
            ======  ======  ======  ======  ======
( 0,  0):   +0.60  +0.92  +0.95 *+1.00  +0.00 -> horizontal
( 0,  1):   +0.01 *+1.00  +0.03  +1.00  +0.00 ->      rigid
( 0,  2):   +0.00 *+1.00  +0.00  +1.00  +0.00 ->      rigid
( 0,  3):   +0.00 *+1.00  +0.00  +1.00  +0.00 ->      rigid
( 0,  4):   +0.00 *+1.00  +0.00  +1.00  +0.00 ->      rigid
( 1,  0):   +1.00  +0.99  +0.95 *+1.00  +0.00 -> horizontal
( 1,  1):   +0.89 *+1.00  +0.03  +1.00  +0.00 ->      rigid
( 1,  2):   +0.04 *+1.00  +0.00  +1.00  +0.00 ->      rigid
( 1,  3):   +0.00 *+1.00  +0.00  +1.00  +0.00 ->      rigid
( 1,  4):   +0.00 *+1.00  +0.00  +1.00  +0.00 ->      rigid
```

```
( 2, 0) :  *+1.00   +1.00   +0.95   +1.00   +0.00  ->      empty
( 2, 1) :   +1.00  *+1.00   +0.03   +1.00   +0.00  ->      rigid
( 2, 2) :   +0.98  *+1.00   +0.00   +1.00   +0.00  ->      rigid
( 2, 3) :   +0.23  *+1.00   +0.00   +1.00   +0.00  ->      rigid
( 2, 4) :   +0.00  *+1.00   +0.00   +1.00   +0.00  ->      rigid
( 3, 0) :  *+1.00   +1.00   +0.95   +1.00   +0.00  ->      empty
( 3, 1) :   +1.00  *+1.00   +0.03   +1.00   +0.00  ->      rigid
( 3, 2) :   +1.00  *+1.00   +0.00   +1.00   +0.00  ->      rigid
( 3, 3) :   +1.00  *+1.00   +0.00   +1.00   +0.00  ->      rigid
( 3, 4) :   +0.75  *+1.00   +0.00   +1.00   +0.00  ->      rigid
( 4, 0) :  *+1.00   +1.00   +0.95   +1.00   +0.00  ->      empty
( 4, 1) :  *+1.00   +1.00   +0.03   +1.00   +0.00  ->      empty
( 4, 2) :   +1.00  *+1.00   +0.00   +1.00   +0.00  ->      rigid
( 4, 3) :   +1.00  *+1.00   +0.00   +1.00   +0.00  ->      rigid
( 4, 4) :   +1.00  *+1.00   +0.00   +1.00   +0.00  ->      rigid

put the operation (m: mutate, r: reset genome, else: finish): e
```

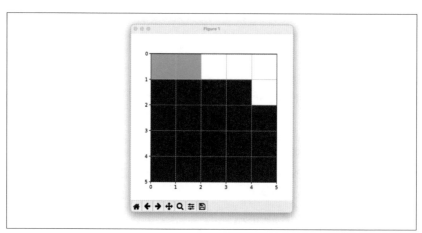

図2-24 CPPNにより生成されたロボットの可視化

　実行結果の各行は、座標 (x, y) に対応しており、それぞれのセルの種類 (empty、rigid、soft、horizontal、vertical) について活性化値を示しています。活性化値が最も高いセルの種類が選択され、アスタリスク (*) が付与されています。たとえば、最初の行では、座標 (0, 0) において、horizontal セルの活性化値が最も高いため、その座標に horizontal セルが配置されます。

　プログラムを実行すると、ユーザに操作が求められます。操作には以下の3つの選択肢があります。

1. **m：mutate**
   ゲノムを変異させて新しいパターンを生成する。
2. **r：reset genome**
   ゲノムをリセットし、新たなゲノムを生成して新しいパターンを生成する。
3. **それ以外：finish（終了）**
   プログラムを終了する。

　ユーザが m や r を選択すると、それぞれの操作に応じて新しいパターンが生成され、結果が出力されます。この表示される結果は、現在の CPPN によって生成されたロボット構造を表しています。プログラムは、ユーザが操作（m、r、それ以外）を入力するたびに、その都度グラフィックスウィンドウが更新されます。このプロセスを繰り返すことで、異なるロボットの構造を生成することができます。プログラムを終了するには、e や q など、m や r 以外のキーを入力してください。

2.7　CPPN-NEATアルゴリズム

　これまで NEAT と CPPN について説明しました。NEAT アルゴリズムはロボットの構造を進化させることができます。CPPN は対称性や反復などを持つ複雑なパターンを生成できます。CPPN と NEAT を組み合わせることで、最適なロボットの構造を自動で見つけ出すことができ、効率的にロボットを設計し、さまざまなタスクに対応できるようになります。このアルゴリズムを CPPN-NEAT と呼びます。

2.7.1　CPPNによる画像生成の仕組み

　画像を生成する CPPN を NEAT アルゴリズムによって進化させると、画像のパターンが変化していきます。CPPN を用いて規則的なパターンを生成し、それを画像に変換することができます。
　画像の生成に CPPN を使用した例を**図2-25**に示します。対称性、非対称性、繰り返しのパターンを持つ画像が生成されます。

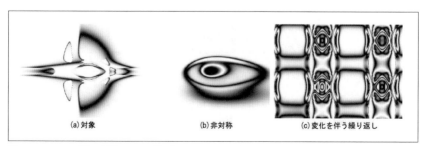

　　　　(a)対象　　　　　　　　(b)非対称　　　　　(c)変化を伴う繰り返し

図2-25　CPPN が作る空間パターン（[21] より fig.3 を引用）

　画像の各ピクセルの位置（xとyの座標ペア）を入力としてCPPNに与えます。すると、CPPNは−1から1までの値を3つ生成します。それぞれが色相（Hue）、彩度（Saturation）、明度（Value）に相当し、ピクセルごとの色を出力します。白黒画像の場合は、出力は1つで、0に近いほど黒、−1か1に近づくほど白を出力します。

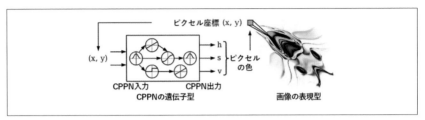

図2-26　CPPNによる画像の生成（[38]よりFig.1を参考に作成）

2.7.2　Picbreeder

　実際にどのような画像が生成されるのかPicbreederというシステムを例に見てみましょう。Picbreederはウェブ上で公開されたシステムで、ユーザが選択した画像をCPPN-NEATアルゴリズムを使って進化させます。ユーザが好みに従って次世代に残す画像を選ぶ点が特徴で、結果として、初期のシンプルなパターンから何百世代も進化し続けることができます。結果として、初期のシンプルなパターンから複雑な画像が進化します。

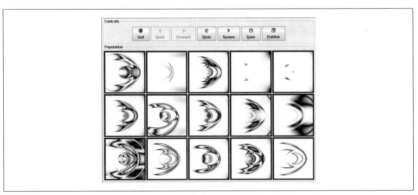

図2-27　真ん中の絵を「親」として自動生成された新たな絵（[18]よりFig.2を引用）

　Picbreederのウェブサイトの初期画面には15枚の画像が表示されます。ユーザがこの15枚の中から1枚を「親」として選んでクリックすると、この「親」の遺伝子（CPPN）に突然変異が加わり、14枚の新たな画像が「子ども」として自動的に作られる仕組みです。この操作を何度も続け、気に入った絵をクリックして新しい絵を作っていくと、何世代にもわたってユーザが選択した絵が進化していきます。ユーザはこの操作を無限に繰り返すことがで

き、自由なタイミングで絵をウェブサイトに投稿できます。他のユーザが育てた絵を選択して、継続して育てることもできます。人の好みは多様で、それぞれ異なるため、個人の好みに応じて1つの絵がさまざまに分岐し、系統が広がっていきます。一人でこの作業を続けていると20回程度、画像を選択した時点で飽きてしまいますが、集団でこの作業を行うことで、何百世代も進化し続けることができます。その結果、丸、三角、四角といったランダムな画像から、「骸骨のような画像」「りんごのような画像」「イルカのような画像」など、初期のシンプルなパターンからは想像もつかないような複雑な絵が進化します。

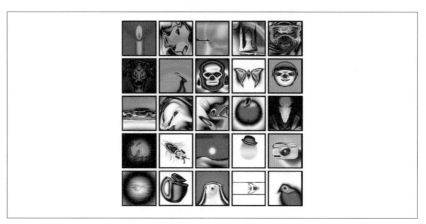

図2-28 Picbreeder上で進化した絵（[20] よりFig.3.3を引用）

Picbreederによって作り出される画像に、CPPN-NEATアルゴリズムが作り出す、規則性を持ちつつも複雑な構造の可能性を感じることができます。

2.7.3 CPPN-NEATによるロボット構造の進化

CPPNを利用して3次元のロボット構造の設計ができます。CPPNは各セルの座標 (x, y, z) と重心からの距離 d を入力として受け取り、2つの値を出力します。1つはセルの存在の有無、もうひとつはセルの種類です。

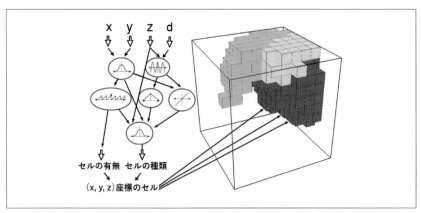

図2-29　CPPNを活用した3次元ロボット構造の設計（[6] を参考に作成）

　この単純な構造で、多様な構造と動きを持つロボットを生み出すことができます。CPPN
で作成されるロボットは、対称性や繰り返しといった自然界の生物に見られる特徴を持ち
ます。

　CPPN-NEATで進化させたロボットと、直接符号化によるNEATで進化させたロボット
の比較を**図2-30**に示します。CPPN-NEATで進化させたロボットは、より複雑で美しい構
造を持っていることがわかります。CPPN-NEATで作り出したロボットは、組織の似た材
質の均質なブロックが集まり固まりを作りますが、直接符号化によるNEATで進化させた
生物は、さまざまな材質のブロックがランダムに散らばり、同じ材質がつながったまとまり
を持った構造を作れません。均質なブロックによるまとまりがあると、それが筋肉の塊の
ような役割を果たし、ジャンプ、バウンド、ステップなどさまざまな行動を作り出すのです。

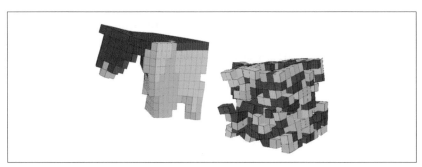

図2-30　左：CPPN-NEAT（HyperNEAT）を用いて進化させたロボット、右：NEATのみで進化させた
ロボット（[6] よりfig.6.7を引用）

ニューラルネットワークとCPPNを結合することで、ニューラルネットワークの構造と重みを進化させることが可能になります。これはHypercube-based NeuroEvolution of Augmenting Topologies（HyperNEAT）というアルゴリズムです。CPPNが生成する空間パターンをニューラルネットワークの接続パターンとして使用します。そのため、ニューラルネットワークのトポロジーを表現するための基盤が必要となります。この基盤として、たとえば2次元の格子が用いられます。格子上の任意の2つのノードの位置を入力としてCPPNに与え、CPPNの出力を2つのノード間の接続強度に割り当てます。そして、すべてのノード間の接続強度をCPPNで計算します。これにより、CPPNとニューラルネットワークを結びつけることで、ニューラルネットワークのトポロジーをCPPNで非常にコンパクトに表現することができます。進化演算子はCPPNに対してのみ適用されるため、ノードやコネクションの数をコンパクトに保ちながら、大規模なニューラルネットワークを間接的に扱うことができます。ただし、事前に用意された2次元格子によって、扱うニューラルネットワークのサイズには制限があります。それでも、数十個のコネクションしかないCPPNを用いて、数百万個のコネクションを持つ有用なニューラルネットワークを生成できることが実証されています。

　本節では、CPPNとCPPN-NEATの基本概念と特徴を解説しました。これらのアルゴリズムは、画像生成やロボットの構造進化に対して優れた性能を発揮します。次の節では、これらの理論を実際に実装する方法について詳細に説明します。具体的な実装手法を学ぶことで、CPPNとCPPN-NEATのアルゴリズムを理解し、自分自身で活用できるようになるでしょう。

2.8　CPPN-NEATアルゴリズムの実装

　CPPN-NEATアルゴリズムの実装について詳しく説明しましょう。

　CPPNのサンプルプログラム、`tutorial_evogym_cppn.py`では、ランダムにCPPNのゲノムに突然変異が加えられていましたが、NEATを利用することで、進化の各ステップで、適応度が高いゲノムが選択され、その構造がシミュレーションで評価されます。これにより、環境に適応したロボットの構造が生成されることが期待されます。

2.8.1　アルゴリズムの流れ

　NEATを使ってCPPN構造を進化させるプログラムの手順は次の通りです。

1. どのようなサイズのロボットを作るかや、どのタスクで評価するかなどの情報を設定する。
2. 次に、NEATアルゴリズムを使ってCPPNを進化させる。
3. 進化したCPPNを使ってロボットの構造を生成する
4. ロボットの構造を評価し、最適なものを選ぶ。
5. 最適な構造が見つかるまで、このプロセスを繰り返す。

サンプルコード（`Chapter2/run_evogym_cppn.py`）で、これらの手順を実行しています。

プログラムは、ロボットの構造を生成するためのCPPNを進化させ、生成された構造を評価し、最適な構造を選択するために必要なクラスや関数を定義しています。また、このプログラムでは、進化の途中経過を表示したり、最終的な結果を保存したりするための機能も提供しています。

2.8.2　主なクラス

サンプルプログラムでは、次の4つのクラスが使用されています。それぞれの役割は次の通りです。

EvogymStructureDecoder (envs/evogym/cppn_decoder.py)
　　このクラスは、CPPNから得られた出力をロボットの構造に変換する役割を担っています。decode() メソッドを使って、CPPNから得られた出力をロボットの構造に変換し、その構造を評価に使用します。

BaseCPPNDecoder (libs/neat_cppn/cppn_decoder.py)
　　このクラスは、CPPNのデコードに必要な基本機能を提供します。EvogymStructureDecoderクラスは、このクラスを継承して、より具体的なデコード機能を実装しています。

EvogymStructureEvaluator (envs/evogym/evaluator.py)
　　このクラスは、生成されたロボットの構造を評価する役割を担っています。evaluate_structure() メソッドを使って、各ロボットの構造の評価を行い、その結果を適応度値として使用します。

EvogymStructureConstraint (envs/evogym/constraint.py)
　　このクラスは、生成された構造が有効であるかどうかをチェックする役割を担っています。eval_constraint() メソッドを使って、ロボットの構造が接続されているか (is_connected()) およびアクチュエータを持っているか (has_actuators()) をチェックし、条件を満たしているかどうかを確認します。

各クラスについて詳しく見ていきましょう。

2.8.2.1　EvogymStructureDecoderクラス

このクラスは、生成されたCPPNゲノムをロボットの構造に変換するために使用されます。BaseCPPNDecoderクラスを継承しています。なお、この節で示すコードはすべてenvs/evogym/cppn_decoder.pyからの抜粋です。

```python
class EvogymStructureDecoder(BaseCPPNDecoder):
    def __init__(self, size):
        self.size = size

        x, y = np.meshgrid(
            np.arange(size[0]), np.arange(size[1]), indexing='ij')
        x = x.flatten()
```

```
y = y.flatten()

center = (np.array(size) - 1) / 2
d = np.sqrt(np.square(x - center[0]) + np.square(y - center[1]))

self.inputs = np.vstack([x, y, d]).T
```

コンストラクタでは、ロボットの構造サイズを引数として受け取り、それに基づいて
CPPNの入力となる座標グリッドを生成します。このグリッドは、各セルの位置 (x, y) と中
心からの距離dを含んでいます。

```
def decode(self, genome, config):
    # [empty, rigid, soft, vertical, horizontal] * (robot size)
    output = self.feedforward(self.inputs, genome, config)
    # 各voxelの種類を選択
    material = np.argmax(output, axis=1)

    body = np.reshape(material, self.size)
    connections = get_full_connectivity(body)
    return {'body': body, 'connections': connections}
```

decode()関数では、CPPNゲノムとNEAT設定を引数として受け取り、feedforwardメ
ソッドを使ってCPPNの出力を計算します。この出力は、各セルのタイプに対応する確率
を表しています。次に、np.argmaxを使用して、各セルに最も高い確率を持つセルのタイ
プを割り当てます。最後に、セルタイプの配列をロボットの構造のサイズにリシェイプし、
get_full_connectivity関数を使って接続情報を取得します。最終的なロボットの構造は、
bodyとconnectionsのキーを持つ辞書として返されます。

EvogymStructureDecoderクラスのインスタンスは、run_evogym_cppn.pyのmain()関数
内で作成され、decode_functionとして登録されます。これにより、CPPNゲノムをロボッ
ト構造にデコードするための機能が提供されます。

2.8.2.2 BaseCPPNDecoderクラス

CPPNの出力を計算するための基本的な機能を提供する抽象クラスです。

libs/neat_cppn/cppn_decoder.py からの抜粋

```
import numpy as np
from .feedforward import FeedForwardNetwork

class BaseCPPNDecoder:
    def feedforward(self, inputs, genome, config):
        cppn = FeedForwardNetwork.create(genome, config)
```

```
states = []
for inp in inputs:
    state = cppn.activate(inp)
    states.append(state)

return np.vstack(states)
```

　feedforward()関数は、与えられたCPPNゲノムとNEAT設定を使用して、入力座標
のリストに対するCPPNの出力を計算します。この関数では、まずFeedForwardNetwork.
createを使って、ゲノムと設定からCPPNネットワークを作成します。次に、入力座標リ
ストをループして、各座標に対するCPPNの出力（アクティベーション）を計算します。こ
れらの出力は、statesリストに追加されます。最後に、np.vstackを使用して、すべての
CPPN出力をまとめたNumPy配列を返します。BaseCPPNDecoderクラスは、具体的なデ
コード機能を実装するサブクラス（例：EvogymStructureDecoder）によって継承されること
を意図しています。これにより、異なるタイプのCPPNデコーダが同じ基本的な機能を共
有できます。

2.8.2.3　EvogymStructureEvaluatorクラス
　このクラスは、ロボットの構造の評価を行います。

envs/evogym/evaluator.pyからの抜粋

```
import os
import numpy as np
from gym_utils import make_vec_envs

class EvogymStructureEvaluator:
    def __init__(self, env_id, save_path, ppo_iters,
                 eval_interval, deterministic=True):
        self.env_id = env_id
        self.save_path = save_path
        self.robot_save_path = os.path.join(save_path, 'robot')
        self.controller_save_path = os.path.join(save_path, 'controller')
        self.ppo_iters = ppo_iters
        self.eval_interval = eval_interval
        self.deterministic = deterministic

        os.makedirs(self.robot_save_path, exist_ok=True)
        os.makedirs(self.controller_save_path, exist_ok=True)
```

　コンストラクタでは、タスクの識別子（env_id）、保存先パス、PPOイテレーション数、
評価間隔、および評価が確定的であるかどうかのフラグを引数として受け取り、インスタ
ンス変数として保存します。また、ロボットとコントローラの保存先ディレクトリを作成し
ます。

libs/neat_cppn/cppn_decoder.pyからの抜粋

```
def evaluate_structure(self, key, robot, generation):
    file_robot = os.path.join(self.robot_save_path, f'{key}')
    file_controller = os.path.join(self.controller_save_path, f'{key}')
    np.savez(file_robot, **robot)

    reward = run_ppo(
        env_id=self.env_id,
        robot=robot,
        train_iters=self.ppo_iters,
        eval_interval=self.eval_interval,
        save_file=file_controller,
        deterministic=self.deterministic
    )

    results = {
        'fitness': reward,
    }
    return results
```

evaluate_structureメソッドは、与えられたロボットの構造を評価し、その適応度を返します。まず、ロボットの構造データをファイルに保存します。次に、run_ppo関数を使用して、ロボットの適応度を計算します。最後に、適応度を含む結果の辞書で返します。

2.8.2.4 EvogymStructureConstraintクラス

このクラスは、ロボットの構造が制約条件を満たしているかを判断します。制約評価フェーズで使用され、NEATアルゴリズムによって生成されたロボットの構造がきちんと動き、ユニークであることを保証します。なお、この節で示すコードはすべてenvs/evogym/constraint.pyからの抜粋です。

```
from evogym import is_connected, has_actuator, hashable

class EvogymStructureConstraint:
    def __init__(self, decode_function):
        self.decode_function = decode_function
        self.hashes = {}
```

コンストラクタでは、デコード関数（CPPNによってロボットの構造を生成する関数）を引数として受け取り、インスタンス変数として保存します。また、辞書を初期化して、重複するロボットの構造を検出するために使用します。

```
def eval_constraint(self, genome, config, generation):
    robot = self.decode_function(genome, config)
    body = robot['body']
```

```
        validity = is_connected(body) and has_actuator(body)
        if validity:
            robot_hash = hashable(body)
            if robot_hash in self.hashes:
                validity = False
            else:
                self.hashes[robot_hash] = True

        return validity
```

eval_constraint()関数は、与えられたゲノムと設定を使用してロボットの構造をデコードし、その構造が制約条件を満たしているかどうかを判断します。まず、is_connected関数とhas_actuator関数を使用して、構造が接続されていてアクチュエータを持っていることを確認します。次に、hashable関数を使用して、ロボットの構造からハッシュ値を生成し、辞書内に既に存在するかどうかをチェックします。存在している場合、制約条件を満たさないと判断します。

2.8.3 実行

ここまでの処理を踏まえて、スクリプトexperiments/Chapter2/run_evogym_cppn.pyで、NEATアルゴリズムでCPPNを進化させます。

プログラムを実行すると、まずmain()関数が呼び出され、コマンド引数の解析や実験の出力ディレクトリが設定されます。そして、EvogymStructureDecoderクラスをインスタンス化し、CPPNからロボットの構造へのデコード関数を取得します。なお、この節で示すコードはすべてexperiments/Chapter2/run_evogym_cppn.pyからの抜粋です。

```
def main():
    args = get_args()

    save_path = os.path.join(CURR_DIR, 'out', 'evogym_cppn', args.name)

    initialize_experiment(args.name, save_path, args)


    decoder = EvogymStructureDecoder(args.shape)
    decode_function = decoder.decode
```

EvogymStructureConstraintクラスもインスタンス化し、制約条件の評価関数を取得します。

```
    constraint = EvogymStructureConstraint(decode_function)
    constraint_function = constraint.eval_constraint
```

さらに、EvogymStructureEvaluatorクラスをインスタンス化し、ロボットの構造を評価

する評価関数を取得します。

```
evaluator = EvogymStructureEvaluator(
    args.task, save_path, args.ppo_iters,
    args.evaluation_interval, deterministic=not args.probabilistic
)
evaluate_function = evaluator.evaluate_structure
```

EvaluatorSerialクラスをインスタンス化します。

```
serial = EvaluatorSerial(
    evaluate_function=evaluate_function,
    decode_function=decode_function
)
```

次に、NEATの設定ファイルを読み込み、カスタム設定を適用し、設定オブジェクトを作成します。ここでは、pop_sizeがカスタム設定として適用されています。

```
config_file = os.path.join(CURR_DIR, 'config', 'evogym_cppn.cfg')
custom_config = [
    ('NEAT', 'pop_size', args.pop_size),
]
config = neat_cppn.make_config(config_file, custom_config=custom_config)
```

設定を基に、neat_cppn.Populationクラスをインスタンス化します。これにより、制約条件に基づいて進化が制御されます。

```
pop = neat_cppn.Population(config, constraint_function=constraint_function)
```

最後に、pop.run()関数を呼び出して、NEATによるCPPNの進化プロセスが開始されます。ここで、評価関数と制約関数が適用され、指定された世代数だけ進化が進みます。

```
pop.run(
    fitness_function=serial.evaluate,
    constraint_function=constraint_function,
    n=args.generation
)
```

これらの手順により、NEATアルゴリズムを用いてCPPNを進化させ、それを使用してロボットの構造を生成し、評価の高い構造を選択し、最適な構造が見つかるまでこのプロセスを繰り返します。

2.8.4 サンプルプログラムの実行

実際にスクリプトを実行して実行結果を見てみましょう。

2.8.4.1　平らな地面を歩くタスク：Walker-v0

まずは、デフォルトで設定されている平らな地面を歩くタスクを実行し、ロボットの構造を進化させていきましょう。

```
$ cd experiments/Chapter2
$ python run_evogym_cppn.py -g 50
```

集団の個体数は-pオプションで指定します。また、進化させる世代数は-gで設定します。この例では集団サイズはデフォルトの4個、世代数は50世代に設定しています。行動の学習は強化学習PPOが使われています。各個体に対する強化学習の学習回数はオプション--ppo-itersで指定できます。ここではデフォルトの100回で設定しています。

　-nオプションで実験名を指定し、実行結果がout/evogym_cppn_neatディレクトリに実験名で保存されます。-nオプションを指定しない場合、-tオプションで指定されたタスク名が実験名として使用されます。-tオプションはデフォルトでWalker-v0なので、上記コマンドの実行結果はout/evogym_cppn_neat/Walker-v0に保存されます。また、-n sample1として実行した結果のサンプルをout/evogym_cppn_neat/sample1で提供しています。

　その他のオプションについては、オンライン付録2（https://oreilly-japan.github.io/OpenEndedCodebook/app2/）を参照してください。

　実行すると、コンソールに次のような出力が表示されます。

```
****** Running generation 0 ******

Using Evolution Gym Simulator v2.2.5
evaluating genomes ...    1/   4
...
Using Evolution Gym Simulator v2.2.5
evaluating genomes ...    2/   4
...
evaluating genomes ...    4/   4
evaluating genomes ... done
Population's average fitness: 5.80902 stdev: 3.20368
Best fitness: 9.20560 - size: (6, 12) - species 1 - id 2
...
Generation time: 433.473 sec
```

　次の出力は、各個体のゲノムを評価するプロセスを表示しています。デフォルトでは25に設定されている--eval-numで指定した回数のPPOによる学習が終わるたびに各個体のCPPNゲノムが評価されます。

```
evaluating genomes ...    1/   4
```

　1世代の実行結果がすべて終わってから、その集団で最も適応度が高かったCPPNゲノムによって生成されたロボットによる結果が表示されます。計算には時間がかかりますの

で、待ってみてください。

1世代の計算が終わると、Walker-v0タスクのロボットが動き始め、頑張って動く様子を観察することができます。

結果の可視化

すべての世代における実行が終わったら、結果を可視化してみましょう。次のコマンドを実行すると、history_fitness.csvファイルにあるすべてのエージェントのJPG画像が作成され、figure/jpg/fitnessディレクトリに保存されます。ここでは、サンプルとして提供しているsample1を第1引数に指定して可視化してみましょう。

```
$ python draw_evogym_cppn.py sample1 -st jpg
```

適応度が高い順に選んだ3個のロボットとその適応度を示します。適応度は10前後と似た値を示していますが、セルの組み合わせや構造が異なるロボットが見つかっています。

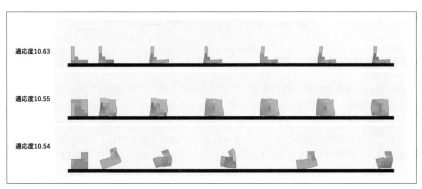

図2-31 構造は異なるが同程度の適応度を持つロボット

2.9.4.2 段差のある地面を前に進むタスク：PlatformJumper-v0

もうひとつ、PlatformJumper-v0をタスクに設定し、その構造を進化させてみましょう。PlatformJumper-v0はより難しいタスクのため、強化学習での試行回数を500とオプションで設定しています（--ppo-iters 500）。世代数は100、個体数はデフォルト値の4です。

```
$ python run_evogym_cppn.py -t PlatformJumper-v0 -g 100 --ppo-iters 500
```

実行結果は、out/evogym_cppn_neat/PlatformJumper-v0に保存されます。また、-n sample2として実行した結果のサンプルをout/evogym_cppn_neat/sample2で提供しています。

以下のコマンドで、sample2で実行済みの実験結果のJPG画像ファイルを作成してみましょう。

```
$ python draw_evogym_cppn.py sample2 -st jpg
```

　3つの結果のJPG画像を適応度が高い順に示します。最も適応度が高い結果は3.02となりました。その他は適応度が3以下という結果となり、最後の段差を越える構造を見つけることはできませんでした。

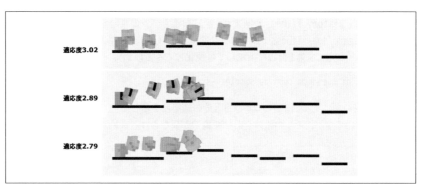

図2-32　適応度を変えて試した結果

　良い構造が見つかれば、PPOを使って次々と段差を飛び越える動作を獲得できます。何回も試していると、タスクをうまくこなすことのできるロボットの構造に出会えるかもしれません。ぜひ試してみてください（実行には環境によってかなり時間がかかります）。

　このようにCPPNを使うことで、タスクに適した構造を自動的にアルゴリズムによって探索することが可能となります。しかし、PlatformJumper-v0での結果のように、タスクに適した構造がうまく見つかるかどうかは運試しのようになってしまうこともあります。運試しではなく、戦略的に多様性を維持し、その結果として性能のブレークスルーを起こす考え方が必要です。それが適応度も高く、かつ多様な構造を見つけるために開発された品質多様性アルゴリズムです。品質多様性アルゴリズムは4章で詳しく説明します。

2.9　まとめ

　本章では遺伝的アルゴリズムとその進化形であるNEAT（NeuroEvolution of Augmenting Topologies）について深く掘り下げました。NEATの概念、突然変異、交叉、種分化について確認し、Pythonでの実装方法とNEAT-Pythonライブの主要なクラスや拡張方法についても説明しました。NEATを用いることで、ニューラルネットワークの構造と重みを同時に最適化することができることを学びました。

　遺伝的アルゴリズムと幾何学パターンの生成器としてのCPPN（Compositional Pattern Producing Network）とCPPN-NEATアルゴリズムについても解説しました。さらに、これらのアルゴリズムを使ったさまざまな実験を紹介しました。

　XOR回路実験ではNEATの能力を確認し、迷路の実験ではさまざまな難易度のタスクに対する適応力を評価しました。最後には、Evolution Gymを利用して、仮想生物の動きをNEATで進化させたり、CPPN-NEATを使用し、仮想生物の構造を進化させる過程を確認しました。

　以上の内容を通して、NEAT、CPPN、CPPN-NEATアルゴリズムを使ってニューラルネットワークを進化させる方法や、実際にさまざまなタスクに適用する方法を理解することができたと思います。

この章で学んだこと

- 遺伝的アルゴリズムとNEATの理論的枠組み
- ニューラルネットワークの遺伝子エンコーディング
- NEAT-Pythonの活用方法と拡張の可能性
- NEAT-Pythonを使ったXOR回路、迷路タスク、仮想生物タスクへの適用
- CPPNとCPPN-NEATの導入とその仕組み
- 仮想生物の構造進化の観察とその可視化

　これらの学びを基に、次章では、これらのアルゴリズムを応用したオープンエンドなアルゴリズムについて学んでいきましょう。

II 部
発散的な探索

3章
新規性探索アルゴリズム

これからいよいよ本書のメインテーマである「オープンエンド」なアルゴリズムの世界へ
足を踏み入れます。まずは、目的を持たせずにコンピュータが発散的な探索を行う方法、
新規性探索アルゴリズムについて説明します。

3.1 新規性を追求する目的のない探索

遺伝的探索アルゴリズムは、目的関数を基に個体の性能を評価し、集団が目的に向かっ
て最適化される仕組みです。この「ものさし」となる目的関数に基づき、次世代に引き継が
れるべき個体を選択します。これは、世代を経るごとに良い個体が選ばれていく、宝探し
のような最適化のプロセスとも言えます。

しかし、これだけでは発散的な探索になっていません。宝探しゲームの参加者が皆、1
つの最適解に収束していってしまいます。そこで登場するのが、「新規性探索アルゴリズム
(Novelty Search)」です。このアルゴリズムは、宝探しの「目的」から解放され、新しい解
を発見することに焦点を当てます。

進化的アルゴリズムの歴史を見ると、ほとんどのアルゴリズムが明確な目的を持って設
計されていますが、新規性探索アルゴリズムは違います。目的のない探索を行うことで、
従来では発見できなかった解を見つけ出すことができるのです。この独自のアプローチが、
新規性探索アルゴリズムの魅力です。

3.2 目的関数に基づくアプローチの限界

目的関数を中心としたアプローチは多くの問題で効果的ですが、限界もあります。たと
えば、難易度の高い迷路を解くタスクで、NEATアルゴリズムでは500世代進化させて
もゴールに辿り着くことができる個体を進化させることはできませんでした。それに対し
て、新規性探索アルゴリズムを用いると、目的のない探索によってさまざまな経路を探索し、
最終的にゴールへの経路を発見することができます。

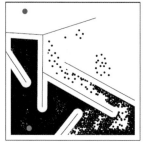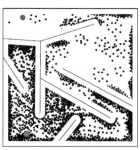

図3-1 左：目的関数に基づく探索結果、右：新規性探索アルゴリズムによる結果（[10] よりFig.4 を参考に作成）

　従来のアプローチでは、毎回の行動を目的に基づいて評価し、少しずつ改善していくアプローチを取ります。たとえば、NEATアルゴリズムではロボットが辿り着いた位置とゴールまでの距離を目的関数として評価します。この評価に基づき、ゴールにより近い位置に辿り着いた個体が、次の世代に引き継がれます。

　しかし、多くの実際の問題では、目的に向かって進んでいるように見えても、実際にはまったく目的に近づいていなかったということはよくあることです。特に複雑な環境では、適切に目的関数を設定することが難しい場合があります。たとえば、東京のような入り組んだ都市では、それこそ複雑な迷路のようなパスを通らないと、目的地には辿り着くことができないことがよくあります。東京タワーは東京の多くの場所から見える高い建築物の1つですが、タワーに向かってまっすぐ進んでいっても、道路や川などの障害物があったりして、目的に向かって距離が近づいているからといって、実際に東京タワーに辿り着く道を進んでいるとは限りません。

3.3　新規性探索アルゴリズムのアプローチ

　新規性探索アルゴリズムは、個体の行動が「新しい」かどうかのみを頼りに進化させるアプローチを取ります。ここでの「新しさ」とは、過去に試しことのない新しい行動を積極的に追求することを意味します。このアプローチにより、目的に近づいている個体よりも、新しい行動を示す個体が次の世代に残るようになります。具体的には、「新しさ」は、個体が過去に到達した地点からの距離で定義されます。これまで探索されていない地点に到達した個体は、新規性が高いと判断され、次の世代に残る確率が上がります。これによって、新規性探索アルゴリズムは従来の方法では見つけられなかった解を見つけ出すことが可能となります。

　新規性探索アルゴリズムの効果は、問題が複雑で局所最適解に陥りやすい状況で特に顕著です。

　たとえば、従来のアプローチで迷路のような問題を解く場合、局所最適解に留まってし

まい、全体最適解を見つけることが難しくなることがあります。しかし、新規性探索アルゴリズムを使用すると、目的関数に縛られずに新しい解を探求することが可能となり、局所最適解に囚われず全体最適解に到達する確率が高まります。目的の達成自体よりも、新しい有望な行動を発見することに重点を置くこのアプローチが、結果的に目的の達成につながることもあるわけです。

もちろん、このアルゴリズムにもデメリットは存在します。目的を明確に持たない探索は、解を見つけるのに時間がかることがあります。特に、探索空間が広大な場合は、新しい行動や解を見つけるための試行回数が増えるリスクがあります。過度に新規性を追求するあまり、実際の目的から離れた方向へと進む可能性も考慮する必要があります。さらに、何をもって「新しい」と判断するかの基準設定の難しさもチャレンジになります。

しかし、未知の問題空間で目的を達成するための明確な目的関数がわからない場合、新規性探索アルゴリズムは有効な選択肢となり得ます。

3.4 二足歩行ロボットの実験

また、新規性探索アルゴリズムは問題に依存しない汎用的な手法で、さまざまな問題に対して適用することができます。

例として、**図3-2**では新規性探索アルゴリズムを二足歩行ロボットの実験に適用した結果を示しています。上側が目的型探索アルゴリズム、下側が新規性探索アルゴリズムの結果です。目的型探索では、新規性探索よりも早く歩けるように進化しますが、安定して歩行ができずに途中で転んでしまいます。対照的に、新規性探索では初めのうちは前に進むのが遅いものの、時間が経つと遅くまで安定して歩けるように進化します。

この実験では、二足歩行のロボットを使ってその動きを進化させています。目的型探索では、ロボットにどれだけ遠くに歩けるかを目標として与えています。この目標はロボットに遠くまで歩くというインセンティブを与えるものです。一方、新規性探索アルゴリズムでは、新しい行動、たとえば新しい歩き方を獲得することが報酬となります。その結果、進化の初期段階では、ロボットは主にその場で足踏みするような動きを示します。その場で足踏みばかりしているので、これは一見、遠くまで歩く目標につながらない動きのように見えるかもしれません。

しかし、常に同じ動きを繰り返していると、新しさの要素が薄れてきます。結果として、新しい動きを追求する過程で、遠くまで進む動きが進化することになります。そして、初期の足踏みの動きが、実は安定した歩行をサポートする基盤となっていることがわかります。つまり、最初の段階での足踏みが、安定した歩行リズムの土台となっていたのです。

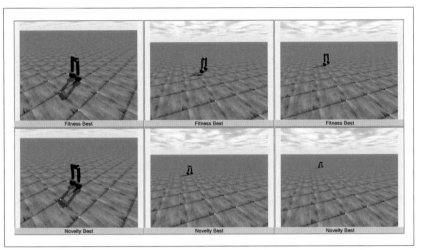

図3-2 上：目的型探索による結果、下：新規性探索による結果（[37] よりキャプチャ）

3.5 新規性探索アルゴリズムと目的型探索の違い

ですが、読者の中には新規性探索アルゴリズムは結局は「新しさ」を目的とした、目的指向型の探索手法の1つではないのか、と疑問を抱く方もいるかもしれません。

まず、新規性探索アルゴリズムは「新しさ」を目的とした探索手法であり、「新しさ」を求めることと、目的に向かっていくことは異なります。それは、「相対的」な指標か、「絶対的」な指標かという違いです。「新しさ」とは過去と現在を比べて、現在の方法や手段がどれほど新しいかを問います。「新しさ」は常に相対的なため、探索の目的は絶えず変わり続けます。一方で、目的指向型の探索は、始めに設定した目的が探索の途中で変わることはありません。

たとえば、「体重を5 kg減らす」というダイエットの目標を設定したとしましょう。目的指向型のアプローチでは、目標は始めに設定した5 kg減という絶対的な指標に基づきます。

しかし、新規性探索アルゴリズムでは、途中で得られる新しい情報や行動が次の探索の方向性に影響を与えます。ダイエットの例で考えると、従来のダイエット方法に固執せず、新しい方法やアプローチを試すことになります。たとえば、糖質制限のみならず、タンパク質や脂質の摂取バランスを変えるなどの新しい方法を模索することになるでしょう。その結果、意外な効果的なダイエット方法を見つけ出すことができるかもしれません。ポイントは、評価の指標が「相対的」なため常に変化するという点です。この動的な特性が、目的型探索の固定的な指標とは対照的であり、両者の大きな違いです。

3.6　新規性探索アルゴリズムがうまくいく３つの理由

　目的型探索アルゴリズムと比べて、新規性探索アルゴリズムがうまくいく理由は次の3つにあります。

- 理由1：現在と過去を比べることは簡単である
- 理由2：単純な行動から複雑な行動へと進化していく
- 理由3：思わぬ行動が目的達成の足がかりとなる

3.6.1　理由1：現在と過去を比べることは簡単である

　目的型探索アルゴリズムは、未来の目標達成に焦点を当てます。この未来はまだ形成されていないため、進行方向の評価は困難となりがちです。しかし、新規性探索アルゴリズムのアプローチは、現在の行動と過去の経験を比較して新しさを判断します。そのため、過去の探索経験を蓄積することが不可欠です。この過去の経験の蓄積は、2つの大きな利点を持ちます。1つ目は、行動の新しさを明確に判断する基準として使われます。2つ目に、その探索領域に関する深い知識の獲得につながります。結果として、新規性探索アルゴリズムは、新しい行動の探索だけでなく、探索空間の理解の向上にも寄与するのです。

3.6.2　理由2：単純な行動から複雑な行動へと進化していく

　新しいことをし続けるというのは、一見、すべての可能性をランダムに試しているように思えるかもしれません。けれども、このアプローチの面白さと、結果的にゴールに辿り着く2つ目の理由は、このランダムさにはない特有の進化的なプロセスにあります。新規性探索アルゴリズムは、単にランダムにすべての解を探索するのではなく、進化的なプロセスを通じて、単純な行動から複雑な行動へと変化してきます。

　目的型探索アルゴリズムでは、「良い」か「悪い」かに基づいて行動を選択しますが、新規性探索アルゴリズムでは「過去と比較して新しいか」を基準に行動を選択します。すると、行動の進化は「悪いものから良いものへ」というよりも、「単純なものから複雑なものへ」という方向に変化していきます。最初は単純な行動で新しさを得られるかもしれませんが、時間と共に単純な行動の範囲が探索し尽くされると、より複雑な動きを探索するようになるのです。

3.6.3　理由3：思わぬ行動が目的達成の足がかりとなる

　3つ目の理由は、思わぬ行動が目的達成の足がかりとなることです。目的型探索アルゴリズムは、目標に直接つながる行動を重視する一方で、間接的な効果を持つ行動を見逃してしまうことがあります。しかし、新規性探索アルゴリズムは新しいこと継続的に試みるため、はじめは目的達成とは関係ないように見える行動も多くとります。その中には、実は目的を達成するための重要な足がかりが隠れていることがあります。これにより、新規性探索アルゴリズムは予期しない解決策やアプローチを発見することができるのです。

現在と過去の比較、単純なものから複雑なものへの進化、目的に縛られない柔軟な探索。これら3つの要素が新規性探索アルゴリズムの強みなのです。

新規性探索アルゴリズムは、どんなタスクにも必ずうまくいく手法というわけではありませんし、ましてや万能でもありません。目的を持たず新しいことをする、ただそれだけでうまくいくことがあること自体が面白いのです。特に、目的関数が明確でない場合や、探索範囲が未知の場合に、新規性探索アルゴリズムは強力な手段となり得るのです。

それでは、次節で新規性探索アルゴリズムを実装しながら、その詳細な振る舞いを見ていきましょう。

3.7　新規性探索アルゴリズムの実装

それでは、新規性探索アルゴリズムの実装を詳しく見ていきましょう。

新規性探索アルゴリズムの特徴は、タスクの評価値を適応度とするのではなく、「新規性（novelty）」を適応度として与えることです。目的指向型のアルゴリズムでは、評価関数や適応度が与えられたとき、その最大化や最小化を目指して解を探索します。しかし、新規性探索アルゴリズムは、「新規性」を「適応度」として与えることで、これまでの評価基準の制約から解放され、広い探索空間での多様な解の探求を促進します。新規性を適応度として用いていますが、新しさそのものを目的としているわけではなく、新しい解や未知の領域へのアクセスを容易にするための手段として「新しさ」を利用していると考えることができます。

新規性探索アルゴリズムを実現するために以下のような工夫を加えます。

1. 個体を評価した後に新規性の評価を行う「新規性計算モジュール」を導入する
2. 新規性を計算するための「個体の振る舞い」データを取得できるようにする

ここではNEATアルゴリズムの実装に対し、どのような機能を拡張すれば新規性探索アルゴリズムが実現できるかを、サンプルプログラムを元に確認していきます。サンプルプログラムは、GitHubリポジトリのexperiments/Chapter3ディレクトリにあります。

3.7.1　新規性計算モジュールの導入

新規性の評価を追加するために、新規性を計算するモジュールを導入します。「Populationクラス」を拡張して、新規性計算機能を実現します。新規性は、過去・現在の個体とどれだけ異なっているかで計算されます。そのために、これまでの個体をアーカイブに保存された個体集団（アーカイブ集団）と各個体を比較することで、新規性があるかを評価できるようになります。Populationクラスでは、このアーカイブの管理も行います。

 新規性探索アルゴリズムはNEATアルゴリズムの拡張としてもともと提案されましたが、このアイデアは一般的であり、さまざまな進化アルゴリズムに適用することが可能です。

3.7.2　個体の行動データの取得

　個体の新規性を計算するためには、「個体の振る舞い」をデータとして取得することが必要です。このデータは、各タスクで個体を評価する際に重要な役割を果たします。個体が他の個体とどれだけ異なるか、その新規性を判断するために、タスクを評価する過程で収集された個体の振る舞いに関するデータを用います。

　タスクごとに適切なデータを取得する方法を工夫することで、新規性探索アルゴリズムがより効果的に機能するようになります。本書のサンプルプログラムではこのデータ取得方法を「評価クラス」として実装しています。データとして何を使用するかはタスクによって異なりますので、各タスクの実装において詳細な説明を行います。

3.7.3　アルゴリズムの流れ

　図3-3は新規性探索アルゴリズムの概念図です。

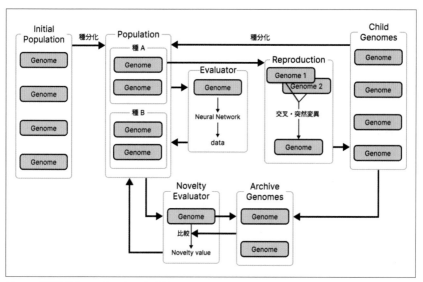

図3-3　新規性探索アルゴリズムの概念図

　新規性探索アルゴリズムを使って個体を進化させるプログラムの手順は次の通りです。

1. 初期集団を生成する（Population）
2. 集団の個体を評価する（Evaluator）
3. 個体の新規性を計算する（Novelty Evaluator）
4. 新しい集団を生成する（Reproduction）
5. 2 〜 4を繰り返す

2章で紹介したNEATアルゴリズムの手順に、個体を評価（手順2）したのちに個体の新規性を計算する手順3が追加されました。新規性を計算する部分が新規性探索アルゴリズムの肝になります。

3.7.3.1　Populationクラス

Populationクラスで新規性を計算するモジュールを実装します。Populationクラスは、2章で実装したneat_cppn.Populationクラスを継承し、新規性探索アルゴリズムに必要な機能を追加します。

Populationクラスの主な関数は次の通りです。

コンストラクタ
> neat_cppnのPopulationクラスを継承し、新規性を計算するための距離関数などを定義する。

run関数
> 個体の評価、新規性の計算、新しい集団の生成を繰り返し行う。

evaluate_novelty_fitness関数
> これまでの個体（アーカイブ集団）との相違度に基づいて個体の新規性を計算する。新規性探索アルゴリズムのコアとなる関数。

map_distance関数
> 個体と集団内の他のすべての個体との距離を計算する。evaluate_novelty_fitness関数内で呼び出している。

knn関数
> 距離のリストを用いて個体からk近傍の距離の平均を計算する。evaluate_novelty_fitness関数内で呼び出している。

update_novelty_archive関数
> 個体の新規性に基づいて、アーカイブ集団に残す個体を決定し、集団を更新する。

各関数について詳しく見ていきましょう。

コンストラクタ

コンストラクタでは、過去の個体を保持するアーカイブ集団とそれに関する変数、新規性を計算するための距離関数などを定義します。また、子集団の生成や種分化など、これまでに使用してきたPopulationクラスと同様の処理を行うために、親クラスのコンストラクタも呼び出しています。

libs/ns_neat/population.pyからの抜粋

```
from neat_cppn import Population as NeatCppnPopulation
import metrices

# neat_cppn の Population を継承
class Population(NeatCppnPopulation):
```

```
def __init__(self, config, initial_state=None, constraint_function=None):
    # neat_cppn の Population クラスのコンストラクタ呼び出し
    super().__init__(config, initial_state=initial_state,
                     constraint_function=constraint_function)

    # アーカイブ集団
    self.archive = {}
    # アーカイブ集団に追加するかどうかの新規性の閾値
    self.novelty_threshold = config.threshold_init
    # アーカイブ集団が更新されずに続いた世代数
    self.time_out = 0
    # 2つの振る舞いデータから距離を計算するための関数
    self.metric_func = getattr(metrices, config.metric)
```

繰り返しの処理：run関数

run関数は、新規性探索アルゴリズムの主要な部分で、個体の評価、新規性の計算、新しい集団の生成を繰り返し行います。新規性を計算するevlauate_novelty_fitness関数を呼び出す行を追加しています。それ以外はNEATアルゴリズムと同じ処理となります。

libs/ns_neat/population.py からの抜粋

```
def run(self, evaluate_function, n, constraint_function=None):

    # 指定回数だけ世代を繰り返す
    while self.generation < n:
        # 各個体を評価
        evaluate_function(self.population, self.config, self.generation)

        # 新規性を計算
        self.evaluate_novelty_fitness()

        # score が最大の個体を保持
        for genome in self.population.values():
            score = getattr(genome, 'score', None)
            if self.best_genome is None or score > self.best_genome.score:
                self.best_genome = genome

        # 子集団の生成
        self.population = self.reproduction.reproduce(
            self.config, self.species,
            self.config.pop_size, self.generation,
            constraint_function=constraint_function)

        # 種分化
        self.species.speciate(
            self.config, self.population, self.generation)
```

```
    self.generation += 1

return self.best_genome
```

実装のヒント

これまで使用してきたNEATではタスクのscore（評価値）を適応度として進化を繰り返していたため、各個体の変数fitness（適応度）にscoreが入っていました。しかし、新規性探索アルゴリズムでは新規性を基に進化させていくため、変数fitnessにはnovelty（新規性）が入っています。ですが、新規性探索アルゴリズムも間接的には評価値の高い個体を探します。そのため各個体に変数scoreを持たせ、最大のscoreを持つ固体を更新し保持し続けていますが、進化には影響しません。例外的に、後述するMCNSという手法を使用する場合には、scoreが低ければfitnessを与えないという処理で少しだけ影響することになります。

個体の新規性評価：evaluate_novelty_fitness関数

　この関数では、これまでの個体との相違度に基づいて個体の新規性を計算します。個体同士の比較には、各個体を評価した際に得られるベクトルデータを、振る舞いを表すデータとして使用します。しかし、すべての過去の個体を比較対象としてしまうと、メモリを圧迫したり計算処理が膨大になることが問題となります。そこで、代表的な個体だけを集めたアーカイブ集団を用いて比較します。

　アーカイブ集団の利用は、新規性探索アルゴリズムの効率性向上に効果的ですが、タスクによっては評価値（score）がマイナスになってしまうような、まったく探索する必要のない範囲もあります。この問題に対処するため、Minimal Criteria Novelty Search（MCNS）という手法を採用しています。MCNSでは、評価値が一定（Minimal Criteria）未満の場合には、新規性を計算せずに適応度（fitness）に極小値を割り振る処理を行っています。この方法により、評価値が低い個体は淘汰され、探索範囲が絞られることでアルゴリズムがより有効に働きます。アーカイブ集団とMCNSにより、お互いに補完し合うことで、効率的かつ適切な探索範囲を確保する役割を果たします。

　具体的な新規性の計算手順は以下の通りです。

1. 現世代の集団から1つの個体（X_i）を取り出す
2. 個体X_iとアーカイブ集団の個体とのベクトル距離をmap_distance関数で計算しリストとする
3. 個体X_iと現世代の集団の個体とのベクトル距離をmap_distance関数で計算しリストとする
4. 手順2と3の距離リストを結合し、距離が最も近いk個（k近傍）の個体をknn関数で選び、個体X_iとの平均距離を新規性スコアとする
5. 新規性スコアを個体X_iの適応度として設定する
6. アーカイブ集団をupdate_novelty_archive関数で更新する

libs/ns_neat/population.py からの抜粋

```
def evaluate_novelty_fitness(self):
    # 今の世代でアーカイブ集団に追加する個体
    new_archive = {}
    # 各個体を順番に処理
    for key, genome in self.population.items():

        # score が低ければ、新規性スコアを無視して fitness を -1 に（MCNS）
        if genome.score < self.config.mcns:
            genome.fitness = -1
            continue

        # アーカイブ集団の個体たちとの距離を計算
        distances_archive = self.map_distance(key, genome, self.archive)
        # 今の世代アーカイブ集団に追加される個体たちとの距離を計算
        distances_new_archive = self.map_distance(key, genome, new_archive)
        # 今の世代の個体たちとの距離を計算
        distances_current = self.map_distance(key, genome, self.population)

        distances_archive.update(distances_new_archive)
        # アーカイブ集団に対する新規性スコアを knn（k=1）で計算
        novelty_archive = self.knn(list(distances_archive.values()))
        # 過去に似た個体がいなければアーカイブ集団に追加
        if novelty_archive > self.novelty_threshold:
            new_archive[key] = genome

        distances_current.update(distances_archive)
        # アーカイブ集団と同世代に対する新規性スコアを knn で計算
        novelty = self.knn(
            list(distances_current.values()),
            k=self.config.neighbors)
        # 新規性スコアを適応度として用いる
        genome.fitness = novelty

    # アーカイブ関連を更新
    self.update_novelty_archive(new_archive)
```

　新規性スコアを計算すると共に、アーカイブ集団に残すかどうかの判断を行っています。代表的な個体のみをアーカイブ集団として残すため、X_iとアーカイブ集団の個体との距離を計算します。k近傍はk＝1で、距離が一番近い個体との距離を使います。この距離が閾値（novelty_threshould）より大きければ、X_iをアーカイブ集団として残します。つまり、似た個体がアーカイブ集団に1つでもあればX_iをアーカイブ集団には残しません。アルゴリズムの探索状況によってこの閾値を変化させることで、より柔軟に探索させることができます。閾値を変化させる実際の処理はupdate_noevlty_archive関数で実装しています。

それでは、次にevaluate_novelty_fitness関数で呼び出している主な処理を行う3つの関数——個体X_iと集団の各個体との距離を計算するmap_distance関数、k近傍の平均距離を計算するknn関数、novelty_thresholdを更新するupdate_novelty_archive関数——をそれぞれ説明していきます。

個体間の距離計算：map_distance関数

map_distance関数では、指定した個体と、集団内のすべての個体との距離を計算します。この関数内で、同じキーを持つ、つまり同じ個体同士の距離の計算はスキップされます。実際の距離の計算はマンハッタン距離やユークリッド距離など、実行時に設定した距離関数に基づいて行われます。距離関数はlibs/ns_neat/metrices.pyで実装しています。

libs/ns_neat/population.pyからの抜粋

```
def map_distance(self, key1, genome1, genomes):
    distances = {}
    for key2, genome2 in genomes.items():
        # 同じ個体であればスキップ
        if key1==key2:
            continue
        # 設定した距離関数で距離を計算
        d = self.metric_func(genome1.data, genome2.data)
        distances[key2] = d
    return distances
```

k近傍距離平均計算：knn関数

knn関数では、距離のリストに対してk近傍の距離の平均を計算します。世代0のときには過去の世代はいないので距離のリストは空です。このときには極大値を割り振るようにしておきます。

libs/ns_neat/population.pyからの抜粋

```
def knn(self, distances, k=1):
    # 世代0では過去の世代がないため無限大を与える
    if len(distances) == 0:
        return float('inf')

    # 距離が短い順にソート
    distances.sort()
    # 距離が短いk個を取り出す
    knn = distances[:k]
    # 平均を計算
    density = sum(knn) / len(knn)
    return density
```

アーカイブ更新と閾値調整：update_novelty_archive関数

　update_novelty_archive関数では、アーカイブ集団に残すかどうかの閾値 (novelty_threshold) の調整を行います。閾値の初期値 (threshold_init) が大きすぎるとアーカイブ集団が増えず、小さすぎるとアーカイブ集団が多くなりすぎて計算量が大きくなってしまいます。また、アルゴリズムが進むにつれて探索が進みづらくなることもあるため、閾値を小さくすることでより細かく探索を行わせるといったことも必要となります。そのため閾値を以下の2つの条件で変化させます。

- 何世代も連続で、アーカイブ集団として個体が追加されなかった→閾値を小さく
- 1回の世代で、多数の個体がアーカイブ集団として追加された→閾値を大きく

　このように条件づけることで、解きたいタスクや進化の進行状況に合わせて自動で閾値を調整します。また、タスクや振る舞いのデータの作り方によって、これ以上小さくすると閾値として意味がなくなるような閾値の下限値 (threshold_floor) をあらかじめ設定しておきます。

実装のヒント
閾値は結局のところ自動で調整されていくため、変化のなかった連続した世代数や閾値の変化率などは実行時に指定できるように実装していませんが、タスクによって変化させることでアルゴリズムの進行が安定するかもしれません。興味のある方は書き換えて実験を行ってみてください。

libs/ns_neat/population.py からの抜粋

```python
def update_novelty_archive(self, new_archive):
    # 今の世代で archive に追加する個体がいたかどうか
    if len(new_archive) > 0:
        self.time_out = 0
    else:
        self.time_out += 1

    # 追加されない世代が連続で続けば閾値を下げる
    if self.time_out >= 5:
        self.novelty_threshold = max(0.95 * self.novelty_threshold,
                                     sefl.conig.threshold_floor)

    # 1回の世代で多数追加されれば閾値を上げる
    if len(new_archive) >= 4:
        self.novelty_threshold *= 1.2

    # archive を更新
    self.archive.update(new_archive)
```

3.8 迷路タスク

それでは具体的なタスクの実装を通して、個体の振る舞いデータを取得する方法を説明します。まずは、新規性探索アルゴリズムを使って迷路問題を解くための実装を説明していきます。2章で使用したNEAT実験と同じように、評価関数とデコード関数を実装する必要があります。評価関数は評価クラスMazeControllerEvaluatorNSの中で実装します。また、デコード関数は、neat.nn.FeedForwardNetworkを用いています。NEATアルゴリズムと異なるのは、新規性を計算するためのエージェントの振る舞いデータを取得する必要があることです。エージェントの振る舞いデータは、MazeControllerEvaluatorNS内のevaluate_agent関数で取得するように実装しています。

3.8.1 MazeControllerEvaluatorNSクラス

MazeControllerEvaluatorNSクラスは、2章で使用したMazeControllerEvaluatorクラスに、エージェントの振る舞いを表すデータを取得する処理を加えたものとなります。迷路実験でのエージェントの振る舞いを表すデータとして、エージェントのシミュレーション終了時の座標を使います。こうすることで、まだ探索していないところに進んだエージェントに適応度が割り振られ、その方向に探索を進めるように進化させることができます。

3.8.1.1 コンストラクタ

コンストラクタはMazeControllerEvaluatorクラスと同じで、シミュレーション用の迷路インスタンスとシミュレーション時間を保持します。

envs/maze/evaluator.py からの抜粋

```
class MazeControllerEvaluatorNS:
    def __init__(self, maze, timesteps):
        self.maze = maze
        self.timesteps = timesteps
```

3.8.1.2 評価関数：evaluate_agent関数

エージェントを評価する関数も、MazeControllerEvaluatorクラスとほとんど同じで、エージェントの最終座標を戻り値に与えている処理だけが加わりました。

envs/maze/evaluator.py からの抜粋

```
    def evaluate_agent(self, key, controller, generation):
        self.maze.reset()

        # 迷路シミュレーション
        done = False
        for i in range(self.timesteps):
            obs = self.maze.get_observation()
            action = controller.activate(obs)
```

```
        done = self.maze.update(action)
        if done:
            break

    # ゴールまでの距離に応じて score を計算
    if done:
        score = 1.0
    else:
        distance = self.maze.get_distance_to_exit()
        score = (self.maze.initial_distance - distance) \
            / self.maze.initial_distance

    # エージェントの座標を取得
    last_loc = self.maze.get_agent_location()
    results = {
        'score': score,
        'data': last_loc
    }
    return results
```

3.8.2 実行

迷路実験を実行するためのコードを説明します。まずは、使用する迷路を読み込み、評価を行うためのインスタンスを生成します。

experiments/Chapter3/run_maze_ns_neat.py からの抜粋

```
args = get_args()

# 迷路の読み込み
maze_env = MazeEnvironment.read_environment(ROOT_DIR, args.task)

decode_function = ns_neat.FeedForwardNetwork.create
# エージェントの評価インスタンス
evaluator = MazeControllerEvaluatorNS(maze_env, args.timesteps)
evaluate_function = evaluator.evaluate_agent

# 集団の評価インスタンス
serial = EvaluatorSerial(
    evaluate_function=evaluate_function,
    decode_function=decode_function
)
```

次に、プログラム実行時に指定したパラメータを基に Novelty Search の設定ファイルを読み込んでから、アルゴリズムを実行します。

envs/maze/evaluator.py からの抜粋

```
config_file = 'maze_ns_neat.cfg'
custom_config = [
    ('NS-NEAT', 'pop_size', args.pop_size),
    ('NS-NEAT', 'metric', 'manhattan'),
    ('NS-NEAT', 'threshold_init', args.ns_threshold),
    ('NS-NEAT', 'threshold_floor', 0.25),
    ('NS-NEAT', 'neighbors', args.num_knn),
    ('NS-NEAT', 'mcns', args.mcns),
]
config = ns_neat.make_config(config_file, custom_config=custom_config)

# Novelty Search の実行
pop = ns_neat.Population(config)
pop.run(evaluate_function=serial.evaluate, n=args.generation)
```

3.8.3 サンプルプログラムの実行

3.8.3.1 迷路プログラムを実行する：難易度hard

プログラムの実行方法

プログラムはGitHubリポジトリのexperiments/Chapter3ディレクトリにあります。移動して以下を実行してください。

```
$ cd experiments/Chapter3
$ python run_maze_ns_neat.py -t hard
```

-tオプションで難易度を設定しています。この例では、複数の袋小路がある、より難しい迷路hardを選択しています。その他のオプションはデフォルトの設定が使われています。結果に大きく影響する重要なパラメータは、-p、-g、--timestepsの3つです。-pは1つの世代で探索を行うエージェント数を決めます。-gは何世代進化させるかを決め、--timestepsは各エージェントが1回の探索で進むステップ数を決定します。デフォルトでは、500の個体 (-p 500) で500世代 (-g 500)、ステップ数は400 (--timesteps 400) に設定されています。

-nオプションで実験名を指定し、実行結果がout/maze_ns_neatディレクトリに実験名で保存されます。-nオプションを指定しない場合、-tオプションで指定されたタスク名が実験名として使用されます。そのため、上記コマンドの実行結果はout/maze_ns_neat/hardに保存されます。また、-n sample1として実行した結果のサンプルをout/maze_ns_neat/sample1で提供しています。

その他のオプションはオンライン付録2 (https://oreilly-japan.github.io/OpenEnded Codebook/app2/) を参照してください。

プログラムを実行すると各世代の結果がコンソールに表示されます。同時に結果を可視

化したウィンドウも表示されます。もし途中結果を非表示にしたい場合は、--no-plotオプ
ションを付けてください。結果は出力ディレクトリ（/out/maze_ns_neat/hard/progress）
の中にも「世代数.jpg」というファイル名で保存されます。

　たとえば、0世代目の計算が終了するとコンソールには次のように表示されます。出力内
容はこれまでの迷路の実験結果と同様です。適応度（fitness）が行動の「新しさ」を示す新
規性スコアです。サンプルプログラムにおける個体の「新しさ」は、先ほど詳しく述べた通
り、個体のシミュレーション終了時の迷路における座標を使って計算しています。個体が
辿り着いた位置の周辺に、これまで辿り着いた個体がいないほど新規性スコアが高くなり
ます。

　また、新規性スコアを指標として次世代に残す個体を選んでいますが、ゴールとの距離
を使って評価値（score）も同時に計算しています。Best scoreで示された個体が集団で最
も評価値の高かった個体です。0世代目では、0.72365です。評価値が1となるとゴールに
辿り着いたことを表します。

```
****** Running generation 0 ******

Population's average fitness: -0.07670 stdev: 0.43946
Population's average score : 0.13392 stdev: 0.12115
Best score: 0.72365 - size: (3, 18) - species 1 - id 90
Average adjusted fitness: 0.312
Mean genetic distance 2.478, standard deviation 0.593
Population of 500 members in 6 species:
   ID  age  size  fitness  adj fit  stag
  ====  ===  ====  =======  =======  ====
    1    0    38     2.1     0.328    0
    2    0    99     1.5     0.293    0
    3    0    99     1.4     0.286    0
    4    0   132     0.6     0.312    0
    5    0    40     0.3     0.294    0
    6    0    92     0.5     0.357    0
Total extinctions: 0
Generation time: 11.822 sec
```

　図3-4は、0世代目の実行結果の例です。

　最終到達地点とゴール地点の直線距離が最も近かった（評価値が最も高かった）エージェ
ントの経路が青色で示されています。オレンジ色の軌跡は、その世代で最も適応度（新規
性スコア）の高かった経路を示しています（**図3-4**では、青色の経路とオレンジ色の経路が
重なっています）。上記の結果は、新規性の最も高かったエージェントと評価値の最も高
かったエージェントが同じだったため、青い軌跡とオレンジの軌跡が重なって表示されて
います。赤色の点は、他のエージェントによる到達地点です。0世代目の結果には表示され
ませんが、それ以前の世代によるエージェントの到達地点は灰色で示されます。

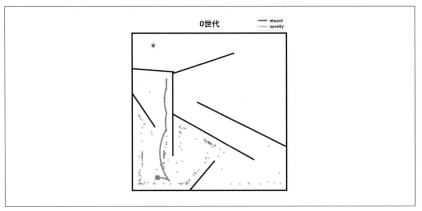

図3-4　初期世代（0世代目）の実行結果

実行結果

　実行結果は、out/maze_ns_neat/以下の、-nオプションで指定した実験名のディレクトリに保存されます。

　結果のファイル構成は次の通りです。history_novelty.csvファイルに各世代で最も新規性の高かった個体の情報が新規性スコア（novelty）とそのときの評価値（score）と共に保存されています。同様にhistory_score.csvファイルに、各世代で最も評価値の高かった個体の新規性スコアと共に記録されています。progressディレクトリには、各世代の迷路の結果を可視化したファイルが保存されています。

- arguments.json：プログラム実行時の設定が保存される
- genome/：各世代で最も新規性が高かった個体と評価値が高かった個体の遺伝子情報が保存される
- history_pop.csv：全世代のすべての個体の世代番号と個体識別番号、新規性スコア、評価値、2つの親番号が記録される
- history_novelty.csv：各世代で最も新規性が高かった個体の識別番号と新規性スコア（novelty）、評価値（score）、種番号、2つの親番号が記録される
- history_score.csv：各世代で最も評価値が高かった個体の識別番号と新規性スコア（novelty）、評価値（score）、種番号、2つの親番号が記録される
- maze_ns_neat.cfg：NEATアルゴリズムのパラメータ設定ファイル
- progress/：各世代の迷路の結果を可視化したファイルが保存される

　各世代の実行にはコンピュータの性能によって、数秒から数十秒かかります。ゴールに辿り着く個体が見つかる、あるいは、指定した世代（デフォルトでは500世代）の実行が完了するとプログラムが終了します。

　たとえば、この実行では図3-5に示すように第198世代目で見事にゴールに辿り着く個体が進化してきました。新しい行動をする個体を世代を超えて集団に残すことを繰り返す

ことで、実際にゴールに辿り着く個体が進化することを確かめることができました。ゴールに近づいているかどうかという指標に囚われることなく、新しい行動をどんどんと試すことで、結果的に行き止まりをうまく回避してゴールに到達するパスを見つけることができたようです。

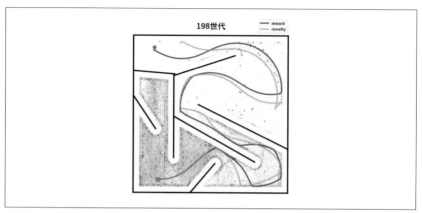

図3-5 ゴールに到達する個体が進化

コンソールには次のような結果が表示されます。

```
****** Running generation 198 ******

Population's average fitness: -0.02596 stdev: 0.61385
Population's average score : 0.17174 stdev: 0.21704
Best score: 1.00000 - size: (3, 13) - species 7 - id 97016

Best individual in generation 198 meets fitness threshold - complexity: (3, 13)
```

3.8.3.2 進化の軌跡

新規性探索アルゴリズムでは、どのような探索を経て、ゴールに辿り着くことができる個体が進化してきたのでしょうか。その軌跡を辿ってみたいと思います。

図3-6は、初期の世代から198世代までの途中経過を抜粋したものです。第3世代までは入り口付近をぐるぐる回っています。ですが、第35世代目には新しい動き（これまでの個体が訪れていない場所）を求めた個体（黄色い軌跡）が袋小路を抜け出し、遠くまで行けるようになっている様子が観察できます。もし目的に向かう個体のみを選んでいたら、青い軌跡が示すように袋小路を抜け出せずにいるでしょう。その後も途中でまたぐるぐると回る動きをしたり、後退したりもしますが、新しさを探索するアプローチで、いくつかある袋小路を乗り越える個体が出現する、というプロセスを繰り返し観察することができます。そして、最終的には198世代目でゴールに辿り着く個体が見つかっています。

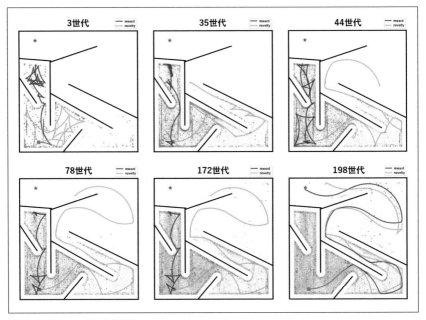

図3-6　世代における進化の軌跡

　初期の進化における個体の行動は、多くの場合、単純なものとして現れます。壁にぶつかってもそのまま前に進もうとするような行動です。しかし、このような行動も新規性を持ちます。そして、単純な発明が後のより複雑な発明への足がかりとなるのと同じように、初期の行動が将来の行動への基盤となることがあります。新規性探索アルゴリズムでは、次の世代に子孫を残せるかどうかは、ゴールに近づいているかどうかとは関係なく、新しい行動を生み出したかどうかのみが基準となります。そのため、初期の世代の探索は、狭い範囲をぐるぐる回るなど、まるで道に迷っているように見えることもあります。しかし、あらゆる方法で壁にぶつかり続けると、壁にぶつかるという行動では新規性がなくなります。壁にぶつかるという行動では新規性を出せなくなると、そうした動作は無視され、それ以上は追求されなくなります。すると、新しい行動や場所を求めて、どんどんと移動する距離を長くするように、遠くまで移動する行動が進化するようになるのです。

　目的指向型の探索では「目的には近いはずだから、この方向に進めば良いはず」という思考回路に囚われがちです。このため、目的に到達ができないことが多々あります。一方で、目的に縛られず新しい行動を追求するアプローチを取ると、意外にも目的を達成することができる場合があるのです。この点を実験で示すことができたのは、非常に興味深い結果と言えるでしょう。

3.8.3.3 オプションを変更して実行する

run_maze_ns_neat.pyプログラムに用意されているオプションを変化させることで、結果も異なります。

1つの世代で探索を行うエージェント数を決めるpや、何世代進化させるかを決めるg、各エージェントが1回の探索で進むステップ数を決定するtimestepsが結果に大きく影響する重要なパラメータです。

population数とtimestepsの値を大きく設定すると、その分、1世代の計算にかかる時間が増えます。計算速度を速めるために、並列で計算する数（num-cores）をオプションで指定できるようになっています。デフォルトでは4に設定されていますが、使うコンピュータに搭載してあるCPUの数に合わせて数を調整することで、計算速度をアップすることが可能ですので、試してみてください。

新しさの計算に関わるパラメータは、--num-knn、--mcnsと--ns-thresholdです。

--num-knnは、新しさを計算するために比べる近傍のエージェントの数を指定します。大きな数を指定するほど、よりたくさんのエージェントと比べることになり、より厳しい基準を新しさに求めることになります。デフォルトでは15に設定されています。

--mcnsは、エージェントの新規性をそもそも評価するかしないか足切りするためのパラメータです。デフォルトでは、評価値（ゴールにどのくらい近いか）が0.01以下の場合はその新規性スコアを与えず、死んだエージェントとみなします。

--ns-thresholdは、エージェントをアーカイブに保存するか否かを決定するときの、新規性スコアの初期値です。値が高いほど、アーカイブに保存する基準が厳しくなります。ただ、この値はプログラムの中で、アーカイブに保存されていくエージェントによって自動的に調整されるので、初期値の値を変化させてもそれほど結果には影響がありません。

集団の個体数-p、世代数-g、ステップ数--timesteps、そして--num-knn値を変化させることで、どのように振る舞いが変わるかを試してみるとよいでしょう。

たとえば、個体数を300 (-p 300) に減らしつつ、ステップ数を600に増やすことでそれぞれの個体が探索できる距離を長くしつつ (--timesteps 600)、より厳しい基準を新しさに求める (--num-knn 30) という条件で実行してみましょう。結果は-nオプションで指定しているhard_p300_ts600_knn30という名前のディレクトリに保存されます。

```
$ python run_maze_ns_neat.py -t hard -p 300 --timesteps 600 --num-knn 30 -n \
hard2
```

実行結果は、out/maze_ns_neat/hard2に保存されます。また、-n sample2として実行した結果のサンプルをout/maze_ns_neat/sample2で提供しています。

結果は、25世代目でゴールに辿り着く個体が出現し、デフォルトの設定よりもより少ない世代数で見つかるという結果になりました。

```
****** Running generation 25 ******

Population's average fitness: 11.31979 stdev: 19.10117
```

```
Population's average score : 0.19469 stdev: 0.24066
Best score: 1.00000 - size: (2, 8) - species 5 - id 7509

Best individual in generation 25 meets fitness threshold - complexity: (2, 8)
```

25世代目の結果は**図3-7**の通りです。

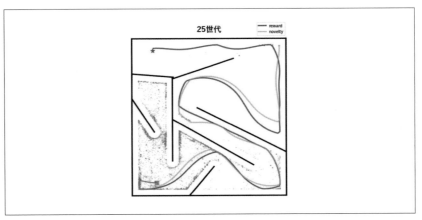

図3-7　25世代目の実行結果

　この他にもよりゴールに早く辿り着くパラメータが見つかるかもしれません。ぜひ試行錯誤して見つけてみてください。

3.9　ロボットタスク

　次に、新規性探索アルゴリズムを用いて、Evolution Gymでロボットの動きを進化させていくための実装を説明していきます。迷路問題と同様に、新規性を計算するためのロボットの振る舞いデータを取得する新たな評価クラス（EvogymControllerEvaluatorNS）を作成します。デコード関数は、これまでと同様にneat.nn.FeedForwardNetworkを用いています。

3.9.1　EvogymControllerEvaluatorNSクラス

　EvogymControllerEvaluatorNSクラスは2章で使用したEvogymControllerEvaluatorクラスに、ロボットの振る舞いを表すデータを取得する処理を加えたものとなります。迷路実験とは異なり、最終座標などの単純な指標ではロボットの振る舞いをほとんど差別化できず、新しい行動は生まれにくいです。そのため少し複雑になりますが、ロボットがどのような観測・行動をしたのかの傾向を表すために、速度やvoxelの位置などの観測値同士の連動性と、ロボットの各actuator voxel同士の連動性の間の共分散を計

算して、ロボットの振る舞いのデータとして使用します。ロボットの振る舞いデータは、EvogymControllerEvaluatorNS内のevaluate_controller関数で取得するように実装しています。

3.9.1.1 コンストラクタ

コンストラクタはEvogymControllerEvaluatorクラスと同じで、タスクの識別子（env_id）とロボットの構造を保持します。

envs/evogym/evaluator.pyからの抜粋

```
class EvogymControllerEvaluatorNS:
    def __init__(self, env_id, structure, num_eval=1):
        self.env_id = env_id
        self.structure = structure
        self.num_eval = num_eval
```

3.9.1.2 評価関数：evaluate_controller関数

ロボットを評価する関数では、シミュレーションの各時間ごとの観測値と行動を保存しておき、シミュレーションが終了したら観測値と行動の共分散を計算し、これを戻り値に与えます。

envs/evogym/evaluator.pyからの抜粋

```
    def evaluate_controller(self, key, controller, generation):
        env = make_vec_envs(self.env_id, self.structure, 0, 1)

        obs = env.reset()

        # 各timestep での観測と行動
        obs_data = []
        act_data = []

        episode_scores = []
        episode_data = []
        # 指定回数の評価で score、データを平均する
        while len(episode_scores) < self.num_eval:
            action = np.array(controller.activate(obs[0])) * 2 - 1
            # 観測値と行動を収集
            obs_data.append(obs)
            act_data.append(action)

            obs, _, done, infos = env.step([np.array(action)])

            if 'episode' in infos[0]:
                # 観測値の共分散を計算
                obs_data = np.vstack(obs_data)
```

```
                    obs_cov = self.calc_covar(obs_data)
                    # 行動の共分散を計算
                    act_data = np.clip(np.vstack(act_data), -1, 1)
                    act_cov = self.calc_covar(act_data, align=False)
                    # 結合してデータとする
                    data = np.hstack([obs_cov, act_cov])
                    episode_data.append(data)

                    obs_data = []
                    act_data = []

                    # score を取得
                    score = infos[0]['episode']['r']
                    episode_scores.append(score)

        results = {
            'score': np.mean(episode_scores),
            'data': np.mean(np.vstack(episode_data), axis=0)
        }
        return results
```

　共分散を計算する calc_covar 関数はこちらです。コードの量は少ないですが、NumPy
の扱い方に慣れていなければ難しいので、読み飛ばしても問題ありません。この関数は、
指定された（時系列サンプル, 種類）形式の行列を引数として受け取り、それに基づいてす
べての「種類」の組み合わせにおける時系列サンプルの共分散を計算して返します。最初の
段階で、時系列サンプルの平均を 0 に正規化しています。これは、ロボットの観測値の初
期分布が平均 0 でないため、ここで平均を 0 に調整しています。しかし、ロボットの行動を
示す actuator voxel の伸縮状態は既に平均が 0 であるため、特に調整は行いません。

envs/evogym/evaluator.py からの抜粋

```
    @staticmethod
    def calc_covar(vec, align=True):
        # 分布の平均を 0 とするかどうか
        if align:
            ave = np.mean(vec, axis=0)
            vec_align = (vec - ave).T
        else:
            vec_align = vec.T
        # 次元の全組み合わせ
        comb_indices = np.tril_indices(vec.shape[1], k=0)
        # 各次元の組み合わせの共分散
        covar = np.mean(
            vec_align[comb_indices[0]] * vec_align[comb_indices[1]], axis=1)
        return covar
```

3.9.2 実行

ロボットの実験を実行するためのコードを説明します。まずは、使用するロボットを読み込み、評価を行うためのインスタンスを生成します。

experiments/Chapter3/run_evogym_ns_neat.pyからの抜粋

```
args = get_args()

# ロボットの読み込み
structure = load_robot(ROOT_DIR, args.robot, task=args.task)

decode_function = ns_neat.FeedForwardNetwork.create
# ロボットの評価インスタンス
evaluator = EvogymControllerEvaluatorNS(args.task, structure, args.eval_num)
evaluate_function = evaluator.evaluate_controller

# 集団の評価インスタンス
serial = EvaluatorSerial(
    evaluate_function=evaluate_function,
    decode_function=decode_function)
```

次にロボットの観測と行動の次元数を取得し、プログラム実行時に指定したパラメータを基にNovelty SearchのConfigを読み込んでから、アルゴリズムを実行します。

experiments/Chapter3/run_evogym_ns_neat.pyからの抜粋

```
# ロボットの観測と行動の次元数を取得
env = make_vec_envs(args.task, structure, 0, 1)
num_inputs = env.observation_space.shape[0]
num_outputs = env.action_space.shape[0]
env.close()

config_file = 'evogym_ns_neat.cfg'
custom_config = [
    ('NS-NEAT', 'pop_size', args.pop_size),
    ('NS-NEAT', 'metric', 'manhattan'),
    ('NS-NEAT', 'threshold_init', args.ns_threshold),
    ('NS-NEAT', 'threshold_floor', 0.001),
    ('NS-NEAT', 'neighbors', args.num_knn),
    ('NS-NEAT', 'mcns', args.mcns),
    ('DefaultGenome', 'num_inputs', num_inputs),
    ('DefaultGenome', 'num_outputs', num_outputs)
]
config = ns_neat.make_config(config_file, custom_config=custom_config)

# Novelty Search の実行
pop = ns_neat.Population(config)
pop.run(evaluate_function=serial.evaluate, n=args.generation)
```

3.9.3　サンプルプログラムの実行

3.9.3.1　平らな地面を歩くタスク：Walker-v0

まずは最もシンプルなタスクであるWalker-v0（歩くタスク）を実行します。

プログラムの実行方法

プログラムはGitHubリポジトリ（https://github.com/oreilly-japan/OpenEnded Codebook）のexperiments/Chapter3ディレクトリにあります。移動して以下を実行してください。

```
$ cd experiments/Chapter3
$ python run_evogym_ns_neat.py -t Walker-v0 -r cat
```

-tオプションでタスクを、-rオプションでロボットの構造を指定します。ここではWalker-v0タスクと「猫のような形」の構造を指定しています。

タスクと構造の組み合わせは結果に大きな影響を及ぼします。上述のcat以外にも、サンプルプログラムでは32種類の構造が用意されています（envs/evogym/robot_filesディレクトリ参照）。また、1世代あたりのエージェント数（-p）や進化させる世代数（-g）も結果に大きく寄与します。デフォルト設定では、200個体（-p 200）で500世代（-g 500）となっています。

-nオプションで実験名を指定し、実行結果がout/evogym_ns_neatディレクトリに実験名で保存されます。-nオプションを指定しない場合、-tオプションのタスク名と-rオプションのロボットの構造名をつなぎ合わせたものが実験名として使用されます。そのため、上記コマンドの実行結果はout/evogym_ns_neat/Walker-v0_catに保存されます。また、-n sample1として実行した結果のサンプルをout/evogym_ns_neat/sample1で提供しています。

その他のオプションはオンライン付録2（https://oreilly-japan.github.io/OpenEndedCodebook/app2/）を参照してください。

プログラムを実行すると各世代の結果がコンソールに表示されます。同時に結果を可視化したウィンドウも出力されます。もし途中結果を非表示にしたい場合は、--no-viewオプションを付けてください。

たとえば、0世代目の計算が終了するとコンソールには次のような表示が出力されます。

```
****** Running generation 0 ******
Population's average fitness: -0.43855 stdev: 0.49768
Population's average score: -0.02383 stdev: 0.17636
Best score: 0.13831 - size: (23, 874) - species 1 - id 4
Average adjusted fitness: 0.450
simulator update controller: generation 0  id 26
Mean genetic distance 2.009, standard deviation 0.270
Population of 200 members in 3 species:
   ID  age size fitness  adj fit  stag
 ====  === ==== =======  =======  ====
```

```
       1    0    87    0.0    0.572    0
       2    0    90    0.0    0.580    0
       3    0    23    0.0    0.198    0
Total extinctions: 0
Generation time: 74.494 sec
```

　出力内容はこれまでのロボットの実験結果と同様です。fitnessが行動の「新しさ」を示す新規性スコアです。

　サンプルプログラムにおける個体の「新しさ」は、先ほど詳しく述べた通り、個体が観測したデータと行動のデータから計算されています。観測データとは、個体の速度やセルの位置を表します。ですので、これまでの個体と異なる速度を出せたり、異なる位置にセルを持っていけたりすると新規性スコアが高くなります。また、行動は個体のactuator voxel（水色とオレンジ色）同士の連動性から計算されます。actuator voxel同士の連動性が高いほど値は高くなります。これも過去の個体と異なる連動性の値を示すほど、新規性スコアが高くなります。

　新規性スコアを指標として次世代に残す個体を選んでいますが、どのくらい前に進んだかという指標で評価値（score）も同時に計算しています。Best scoreで示された個体がその世代の集団の中で最も評価値の高かった個体です。0世代目の評価値は0.13831です。

実行結果

　実行結果は、out/evogym_ns_neat/以下の、-nオプションで指定した実験名のディレクトリに保存されます。

　-nオプションをしていない場合は、-tオプションのタスク名と-rオプションのロボット名をつなげた「タスク名_ロボット名」というディレクトリに保存されます。たとえば、タスク名がWalker-v0、ロボット名がcatの場合は、Walker-v0_catディレクトリに保存されます。

　結果のファイル構成は次の通りです。

- arguments.json：プログラム実行時の設定が保存される
- evogym_ns_neat.cfg：NEATアルゴリズムのパラメータを設定するファイル
- genome/：各世代で最も「新規性」が高かった個体と「評価値」が高かった個体の遺伝子情報が保存される
- history_pop.csv：全世代のすべての個体の世代番号と識別番号、新規性スコア、評価値、2つの親番号が記録される
- history_novelty.csv：各世代で最も新規性が高かった個体の識別番号と新規性スコア（novelty）、評価値（score）、種番号、2つの親番号が記録される
- history_score.csv：各世代で最も評価値が高かった個体の識別番号と新規性スコア（novelty）、評価値（score）、種番号、2つの親番号が記録される
- species.jpg：種の系統樹を可視化した画像ファイル

　500世代の実行が終わったら、結果を次のコマンドでJPGファイルとして可視化します。結果はfigure/ディレクトリに保存されます。

　ここでは、サンプルとして提供しているsample1を第1引数に指定して可視化してみましょう。

```
$ python draw_evogym_ns_neat.py sample1 -st jpg
```

　図3-8が最も高い適応度を獲得した個体の動きを可視化したものです。新規性探索アルゴリズムは、新しい動きをする個体ほど次の世代に残っていくため、必ずしも世代を経るたびに適応度が高くなっていくわけではありません。今回の実行でも、最も適応度が高くなった個体は、500世代のうち253代目の個体でした。

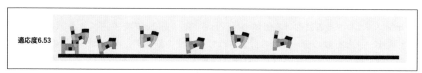

図3-8　253世代目の個体

3.9.4　目的型探索との比較

　本書の2章でもNEATアルゴリズムを用いたWalker-v0タスクにおけるロボットの動きを進化させました。NEATアルゴリズムでは、評価値を適応度として用いています。集団数200、世代数500で進化させた結果、最も適応度（評価値）が高かった個体です。

図3-9　目的型探索による結果

　この結果が示す通り、Walker-v0タスクにおいては新規性探索よりも目的型探索の方がより適応度の高い個体が見つかるという結果になりました。Walker-v0のような簡単なタスクの場合、新規性探索アルゴリズムの強みが存分に発揮されないことがあります。
　新規性探索アルゴリズムの強みは、新規性を適応度として用いることで、新規性が追求され、目的型探索よりも多様な動きを生み出せることです。実際、**図3-10**に示すように、多様な動きを探索していることがわかります。これらの個体はどれも5以上の評価値を獲得した個体です。同じ評価値にも関わらず、少し前のめりになりながら移動する個体、転びそうになりながらもバランスを保って移動する個体、大きくジャンプしながら移動する個体、さまざまな動き方を示しています。

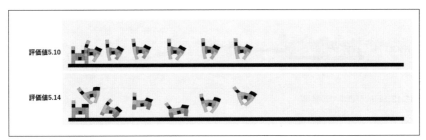

図3-10 5以上の評価値を獲得した個体

3.9.4.1 浮き台を歩くタスク：PlatformJumper-v0

そこで、より難易度の高いタスクであるPlatformJumper_v0を指定して新規性探索アルゴリズムを走らせてみましょう。これは2章でも見た通り、目的指向型の探索では浮き台の隙間に落ちることなくジャンプして移動する個体を進化させることが困難であったタスクでもあります。

```
$ python run_evogym_ns_neat.py -t PlatformJumper-v0 -r cat
```

実行結果は、out/evogym_ns_neat/PlatformJumper-v0_catに保存されます。また、-n sample2として実行した結果のサンプルをout/evogym_ns_neat/sample2で提供しています。

図3-11は、新規性を適応度として用い、500世代進化させた中で463世代目に見つかった最も評価値が高い個体です。

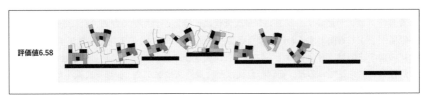

図3-11 463世代目の個体

この結果を、図3-12で示している目的型探索におけるNEATアルゴリズムと比較すると、その差は歴然です。評価値を適応度として最も適応度の高い個体を次世代に残していく目的型探索では、最も高い評価値でも1.75で頭打ちとなりました。図3-12が示すように1つ目の段差を越えることができなかったからです。

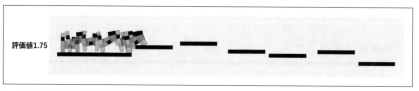

図3-12 目的型探索での結果

　それに対して、新規性探索アルゴリズムによる結果は、評価値に囚われずに新しい動き
を探索するという強みが生かされた結果となりました。**図3-13**は、各世代で最も高い評
価値とそのときの新規性スコアを可視化したものです（history_score.csvファイルから作
成）。新規性スコアと評価値の変化を観察すると、評価値に囚われずに世代を重ねている
様子を見ることができます。

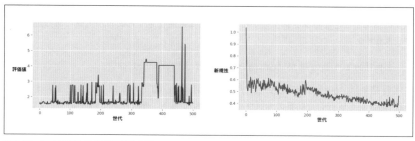

図3-13 各世代における評価値の変化

　新規性スコアが高いエージェントが次世代に受け継がれていくため、世代を経るごとに
評価値が必ずしも向上するわけではないことが、このグラフからも見て取れます。特に300
世代の前半までは、評価値は上下に変化し、大きな評価値の向上は見られません。一方で、
新規性スコアを見てみると、初期の世代ほど新規性スコアが高く、徐々に減少傾向にあり、
世代を経るごとに大きな新規性を生み出すのが難しくなっている様子を観察することがで
きますが、新規性は生み出し続けています。

　このように、新規性探索アルゴリズムでは、評価値とは関係なく、新しい多様な動きを
まずはひたすら探索します。初期のエージェントは、上にジャンプするといった評価値に
は直接寄与しない行動も生み出します。そして世代を経るごとにただ上にジャンプしてい
るだけでは新規性を生み出せなくなるため、新規性を求めて前に進む動きが生まれてきた
と考えることができます。

　さらに、新しい動きを追求することが単純な動きから複雑な動きへと進化した様子を見
ることができます。たとえば、左右対称の動きから世代を経るごとに左右非対称の動きも
生まれてきています。猫のような構造をしたロボットは、前脚で地面を蹴り、少し遅れて
後ろ脚が地面を蹴って前に進むという、身体の構造を生かした本物の猫のような動きが生
まれたのです。上にジャンプするという動きと両脚で地面を蹴るという動きが合わさった

結果、段差を越えて前に進むエージェントが進化することにつながったのです。

タスクの実行にはさまざまなオプションを用意しており、指定する値を変更することで結果に影響を与えることができます。オプションを変更する例はオンライン付録3 (https://oreilly-japan.github.io/OpenEndedCodebook/app3/) を参照してください。オプションの指定値によっては、少ない計算時間で同様の適応度、あるいはそれ以上の適応度に達する多様な個体が見つかるかもしれません。ぜひ試行錯誤して見つけてみてください。

3.10　まとめ

本章では新規性探索アルゴリズムについて解説しました。従来の目的関数に基づくアプローチでは、局所解に陥らないための適切な目的関数を設定するのが難しい場合があることが知られています。この問題を解決するための手段として、新規性探索アルゴリズムは、目的に囚われずに新しい行動を探索することで、未探索の解空間を優先的に探索し、局所最適解を回避してより良い解を見つけます。

迷路実験での新規性探索アルゴリズムの応用例では、従来の目的指向型探索では達成できなかったゴールも、新しい行動を追求するだけで達成できることが示されました。これは、未知の状態を優先的に探索するというアルゴリズムの性質がゴール達成につながった結果です。また、Evolution Gymを使ったロボットの動きの実験では、新規性探索アルゴリズムによって、多様で難易度の高いタスクを成功させる動きが生まれました。

さらに、新規性探索アルゴリズムの実装方法を説明しました。具体的にはNEAT-Pythonライブラリの目的関数を新規性を計算する関数に置き換えることでアルゴリズムが実装できることを示しました。これにより、各個体の新規な行動に基づいて次世代の個体が評価・選択され、進化プロセスを新規性を追求する方向に向かわせることが可能になります。

新規性探索アルゴリズムに続き、次章では品質多様性アルゴリズムに焦点を当てて説明します。これは目的型探索と発散的な探索を組み合わせた手法で、新規性探索アルゴリズムが注目する「新しい」解だけでなく、さまざまな「質の高い」解を同時に探求します。具体的なアプローチやその効果について詳しく紹介していきます。

この章で学んだこと

- 新規性探索アルゴリズムの基本原理と概要
- 新規性探索アルゴリズムが問題解決に効果的である理由
- NEAT-Pythonを用いた新規性探索アルゴリズムの具体的な実装手順
- 迷路タスクとロボットタスクにおける新規性探索アルゴリズムの具体的な適用とその効果

4章
品質多様性アルゴリズム

　生物の進化を見てみると、「優れていること」だけでなく、「異なっていること」が重要になります。たとえば、同じ場所に生息していても、その形態や性質が異なる生物は、新しいニッチを確立することで競争を避け、生き残るチャンスを増やします。

　3章で紹介した新規性探索アルゴリズムは、自然進化の多様性をアルゴリズムとして実装したものです。ただ、新規性探索アルゴリズムは「多様性」の可能性を完全には生かしきれていません。グローバルな最適解を求めるための「手段」としてのみ扱われています。

　そこで、本章では自然進化が最適解だけでなく、さまざまな種を生み出すために多様性を活用してきたように、多様な解を見つける品質多様性アルゴリズム（Quality Diversity）を紹介します。このアルゴリズムは、最適化よりも「多様化」のための進化を追求します。

4.1　生態学的ニッチと品質多様性アルゴリズム

　「多様化」に焦点を当てた品質多様性アルゴリズムは、自然界での「ニッチ（生態学的ニッチ）」の概念からインスピレーションを得ています。生態学的ニッチとは、種が生存するために必要な環境や役割を指し、多様な生物が共存することを可能にしています。この考えを品質多様性アルゴリズムに取り入れることで、AIシステムや問題解決にも多様性をもたらすことが期待できます。

　自然界のニッチの例として、ヤマメとイワナのような同じ河川に生息する川魚があります。ヤマメとイワナは、環境の好みにわずかな違いを利用して、場所を少しずらすことで共存を可能にしています。どちらも水温が低く、きれいで、流れの速い場所を好みます。そのため片方の種しかいない場合は、その種が上流域全域を占有します。ですが、どちらも生息する場合はイワナが最上流域を、そしてそのすぐ下流をヤマメが生息するようになります。イワナの方がやや冷水を好むためです。このような、微妙な「棲み分け」が行われるのは、お互いの競争を避けるニッチを持っているから、またはそう進化してきたからです [14]。

　品質多様性アルゴリズムは、この自然界でのニッチのアナロジーをアルゴリズムとして実装しています。まず、探索空間を分割することでニッチを形成し、同じニッチにいるエージェント同士のみ競争が行われるようにします。これにより、多様性が保たれ、さまざま

な構造や行動パターンを持つエージェントが生き残ることができます。

　ガラパゴスフィンチの例からも、構造によってニッチが分かれていることがわかります。ガラパゴス諸島に生息するこれらの小型の鳥は、丸いくちばし、尖ったくちばし、細長いくちばし、幅広いくちばしなど、多様なくちばしの形を持っています。もともと大陸に住んでいた小さなくちばしを持つフィンチが、ガラパゴス諸島に移り、厳しい乾季と雨季が繰り返される環境の中で、生き残るために多様化しました。異なるくちばしの形を持つことでそれぞれのニッチを獲得し、共存しています。乾季には、わずかな食料となる種子を食べることができる大きなくちばしを持ったフィンチのみが生き抜きます。一方、雨季には豊富な食べ物が手に入り、小さなくちばしを持ったフィンチにとって有利です。その結果、乾季と雨季が繰り返されることで、大きなくちばし、小さなくちばしを持ったフィンチがそれぞれニッチを獲得し、多様な構造を持つフィンチが共存するに至ったのです [9]。

　品質多様性アルゴリズムは、空間をあらかじめニッチに分けることで、同じニッチ内でしか競争が起こらないようにし、多様な構造や行動パターンを持つエージェントが生き残ることができます。その結果、「多様性」に加えて「品質」の高いエージェントをそれぞれのニッチで得ることにもつながります。このようなアプローチは、AI システムや問題解決においても、多様な解決策やアイデアを生み出す可能性があります。

　たとえば、ロボットの開発に品質多様性アルゴリズムを適用する場合、まずロボットの構造ごとに空間を分割します。ロボットの体重や身長などの特徴に基づいてニッチを形成し、同じニッチに所属しているロボット同士で競争が行われるようにします。この方法により、同じような構造を持つロボットが競争を通じて進化し、最適な構造が得られます。一方、他のニッチでは、異なる構造を持つロボットが進化することが期待されます。また、ニッチごとに異なる構造が得られるため、ロボットの開発や応用においても多様な解決策やアイデアを持つことができます。

　このように、品質多様性アルゴリズムは、自然界のニッチのアナロジーをアルゴリズムとして実装し、探索空間を分割することで、多様性と品質を両立させた解を探索することができます。

4.2　Map-Elites アルゴリズム

　それでは、品質多様性アルゴリズムの実現方法を Map-Elites (Multi-dimensional Archive of Phenotype Elites) というアルゴリズムを通して見ていきましょう [13]。

　Map-Elites アルゴリズムは、品質多様性アルゴリズムの 1 つで、個体群の多様性と優れた性能を両立させることを目指しています。Map-Elites の名前やグリッドに分割するという特性から、読者の中には Map-Reduce という分散コンピューティングのフレームワークを連想する方がいるかもしれません。実際、両者には「データや空間を分割 (Map) して処理する」という共通の考え方があります。ですが、これらのアルゴリズムは異なる目的と背景で設計されたもので、直接的な関連はありません。

　Map-Elites アルゴリズムは、行動空間をグリッドに分割し、各グリッド内で最も性能の

高い個体を探索・保存することで、優れた性能を持つ多様な解を見つけ出します。

アルゴリズムの主な手順は以下の通りです。

1. 行動空間をグリッドに分割
2. 初期個体の生成と評価
3. 子個体の生成と評価
4. エリート個体の選択
5. 3に戻る。

それぞれの手順をもう少し細かく見ていきましょう。

行動空間をグリッドに分割

まず、個体の構造や行動特性を表す要素（行動記述子、BD）に基づいて行動空間をグリッドに分割します。これをMapと呼びます。BDを用いて空間を分割し、離散化することで、BDの各値ごとにニッチが形成され、個体間の競争は同じBDの値を持つ個体同士で起こるようになります。

たとえば、**図4-1**はロボットの重さと高さという身体特徴を基準に、それぞれ10分割され、合計で100個のグリッドからなるMapを示しています。グリッドをより細かくすることによって、各グリッドに該当するエージェントの数が減り、最終的に見つかる解の多様性が増すことが期待できます。ただし、グリッド内部の競争が減るため、各グリッドで見つかる最適解の品質が低下する可能性があります。何をBDの設定やグリッドの細かさは、適切な値を設定することが重要です。

初期個体の生成と評価

Mapを作成したら、初期個体を生成し、その「品質」を評価します。たとえば、**図4-1**では2つの個体をランダムに生成しています。1つ目は重さが4、高さが3の個体、2つ目は重さが4、高さが1の個体です。各個体を評価し、適応度を求めます。この例では適応度がそれぞれ0.7と0.3と評価されたとしましょう。品質を評価したら、これらの個体の重さと高さに対応するMapのグリッドに割り当てます。

子個体の生成と評価

初期個体を生成した後は、既存の個体をランダムに親として選び、突然変異を加えた子個体を生成・評価し、該当するMapのグリッドに割り当てます。**図4-1**では、ランダムに選んだ既存の個体（重さ4、高さ3）を親とし、突然変異を加えた子個体（重さ8、高さ2）が生成されています。新しい個体を評価し、適応度を求めます（適応度0.2）。

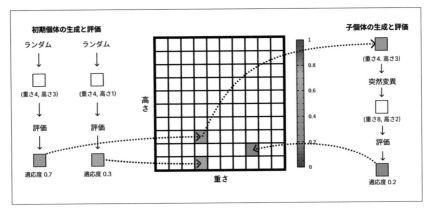

図4-1　個体の品質を評価しグリッドに割り当てる

エリート個体の選択

　同じグリッドに複数の個体が存在する場合は、性能を比較し、性能の良いエリート個体だけを残します。たとえば、**図4-2**で示すように、重さ4、高さ1の個体を親として突然変異を加え、先ほどと同じ重さ8、高さ2の子個体が生成されたとしましょう。しかし、このグリッドには既に別の個体が存在しています。そこで、既存の個体と適応度を比較し、より適応度が高いエリート個体のみをグリッドに残します。この例では、既存の個体の適応度0.2より、新しく生成された子個体の適応度0.8の方が高いため、新しい個体をエリート個体としてグリッドに残しています。

繰り返しプロセス

　子個体の生成とエリート個体の選択を繰り返し行うことで、さまざまなBDの値を持つ個体を探索し、各グリッドで品質の高い個体が見つかるようになります。このプロセスを十分に繰り返すことで、最終的にMap全体がエリート個体で埋まり、多様性と品質が高い解の集合が得られます。

　Map-Elitesアルゴリズムは、このようにMapとBDを利用して、生態学的なニッチと同様の役割を果たします。生物が生存するための特定の環境条件や役割を指すニッチの概念を用いて、異なるBDの値を持つ個体がそれぞれにニッチで競争し、最適な解を見つけることができます。適切なBDの設計とグリッドの粒度を選ぶことにより、さまざまな問題に対して有効な解を見つけることが可能になります。

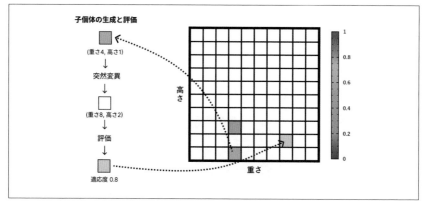

図4-2 適応度のより高い個体をエリート個体としてグリッドに残す

4.3 Map-Elitesアルゴリズムの応用事例

　Map-Elitesアルゴリズムは、その多様性と品質の高い解を見つける能力により、さまざまな分野で応用されています。これらの応用事例では、アルゴリズムを用いて、従来の方法では難しいとされる課題や、高度な問題解決を実現しています。以下で紹介する3つの具体的な応用例では、ソフトロボットのデザイン、適応的なロボットの実現、そして人間にも難しいゲームのクリアといった、異なる分野でのMap-Elitesアルゴリズムの活用の仕方を紹介します。

4.3.1 ソフトロボットのデザインへの応用

　ソフトロボットのデザインにMap-Elitesアルゴリズムを応用した実験を紹介します [13]。ソフトロボットは、柔らかい素材でできており、人間にとって安全で環境に適応しやすい形を作ることができます。しかし、変形の自由度が高いため、デザインのバリエーションは硬い素材のロボットよりも非常に多くなります。このような広い探索空間において、品質多様性アルゴリズムがその強みを発揮します。

　この実験では、最大1,000個のセルから構成される3次元のソフトロボットを歩くように進化させることを目指します。セルは4つの素材（青：硬い素材、水：変形可能な柔らかい素材、緑・赤：位相が収縮したり拡大したりする筋肉のような素材）で構成され、CPPNでエンコードされています。行動記述子BDはx軸にセルの数、y軸に硬い素材の割合で定義されます。Mapは、128×128個のグリッドに区切られ、各ソフトロボットは10秒間シミュレーション上で実行され、移動距離によって性能が評価されます。

　実行結果は**図4-3**が示す通りです。ヒートマップの色は黄色いほど高く、青いほど低い結果を示します。黄色い方が遠くまで歩けるソフトロボットが見つかっています。広範囲

にわたって赤い色のグリッドが見られることから、同じ性能を持つロボットでも構造が多様であることがわかります。

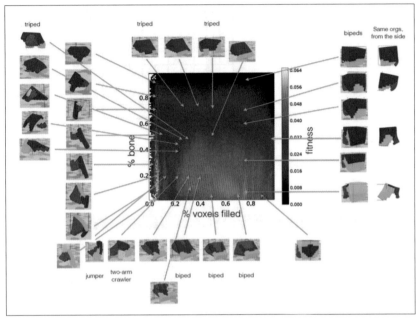

図4-3　ロボットの構造進化に関するシミュレーション結果（[13] のFig.6より引用）

　Map上で異なる位置にあるロボットの構造の変化も観察できます。たとえば、Mapの左下のロボットは、少ないvoxelを使った赤い筋肉の後脚と緑の筋肉の前脚、そして水色の柔らかい素材でつながるロボットがあります。硬い素材の割合が増えると、脚をつなぐ部分に硬い素材が増えていく様子が見て取れます。一方、Mapの右下のロボットは、セルの数は多いものの硬い素材を使わず、ウサギのような速く柔軟な二足歩行から、重い甲羅を持つ亀のような遅い二足歩行へと変化している様子が見て取れます。

　アルゴリズムの実行結果を遡ることで、各解の起源を辿ることができます。たとえば、図4-4はランダムに選ばれた4つのグリッドにおける最終的なロボットの子孫をすべて追跡した系統を示しています。4つのロボットはそれぞれ異なる色（緑、オレンジ、青、紫）の破線で表されており、赤丸で示された共通の祖先を持ちます。軌跡を見ると、Mapの広範囲にわたるグリッドを経由して進化してきていることがわかります。

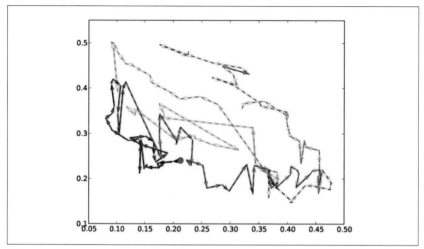

図4-4　4つのロボットの進化過程の軌跡（[13]のFig.4より引用）

　この進化の過程では、必ずしも性能が良いロボットだけを踏み台にしているわけではありません。途中には、それほど良い性能を示さないロボットも経路に含まれています。これは、品質多様性アルゴリズムがうまく機能する理由です。多様な解を持つことで、人間には思いもよらない経路を踏み台として、最終的な解に辿り着いていることがわかります。品質多様性アルゴリズムがうまく機能する理由は、この多様な経路を通じて最適解へ辿り着くことができる点にあります。

4.3.2　適応的なロボット設計への応用

　品質多様性アルゴリズムは、シミュレーションで動くロボットだけではなく、実ロボットへの応用も行われています。たとえば、ダメージに適応できるロボットがその一例です。この課題に対して、6本脚の昆虫型ロボットを用いた研究があります[7]。

　実世界でロボットを動かす場合は故障がつきものです。原発事故現場のような、すぐに修理ができない環境でロボットを動かしているとき、故障していないパーツでなんとか歩く方法を自力で見つけられる、故障に強いロボットは必須です。

　この研究では、6本脚の昆虫型ロボットが複数の脚を失っても歩けるように、品質多様性アルゴリズムを使って事前に動きを学習させました。その結果、実際にロボットの脚が故障した場合でも、学習済みのMapから最も近い状態を迅速に探し出し、数十秒で現状に適した歩行方法を見つけることができることが示されています。

　具体的には、ロボットの行動の探索空間は、たとえば、6本の脚が地面に触れる時間に基づいてグリッドに分割されます。ロボットはランダムな脚の動きからスタートし、次第に進化させていきます。前述した品質多様性アルゴリズムの方法と同じように、Mapからランダムに親の個体を選択し、少し変更を加えて子どもの個体を生成します。どの個体と

も類似性のない行動をする個体が生まれると、その個体はグリッドに保存されます。もし、同じグリッドに割り当てられる似たような動きをする個体が既に存在する場合、より速く歩くことができる個体だけがグリッドに保持されます。

　この手順を繰り返した結果、最終的に13,000通りの動き方をするロボットを見つけることができました。その中には、6本のうち1本の足を使わず5本の足で歩くロボット、4本の足、3本の足で歩くロボット、逆さまになって歩くロボットなど、グリッドごとに非常に多様な歩く解決策が自動的に進化してきました。これらさまざまな歩き方が、過去の経験から得た知識として、Mapという形で保存されます。

　適応的なロボットは、故障や障害が生じても、自然界の生物のように適切に対応し、動く方法を見つけることができます。これは、過去の経験を通して多彩な動作パターンを身につけているからです。ロボットは、これらのパターンから適切な行動を選び出し、故障部分をカバーしながら動く方法を模索します。品質多様性アルゴリズムによって、多様な動作のパターンをロボットにも持たせることができるのです。

　そして、その結果を基に、Mapをリアルタイムで更新することが可能です。この研究では、脚が故障しても、トライアンドエラーを繰り返すことで、ロボットが数十秒で歩ける方法を自ら獲得する様子を実験的に示しています。

　このように、品質多様性アルゴリズムを取り入れた適応的なロボットは、強靭で実用的な存在として、実世界の多様なシチュエーションでの活用が期待されています。

4.3.3　人間にも難しいゲームのクリア

　品質多様性アルゴリズムをゲームへ応用した研究「Go-Explore」の紹介をします [8]。Go-Exploreは報酬が疎な場合にもゲームをクリアできるように、品質多様性アルゴリズムの考え方を取り入れたアルゴリズムです。このアルゴリズムは探索と頑健性向上という2つのステップがあります。

　この研究では、1977年に発売され、その時代に大きな人気を誇った家庭用ゲーム機「Atari 2600」の57のゲームをまとめた「Atari-57」というベンチマークを利用しています。Atari 2600は交換可能なカートリッジシステムを特徴としており、多様なゲームが制作されました。この豊富なゲームラインナップは、現在も機械学習の研究でベンチマークとして頻繁に利用されています。

　強化学習は、さまざまな行動を探索し、有利な行動や報酬を最大化する行動を学習するアプローチです。囲碁やチェス、オセロなどのゲームは各局面での形勢判断が難しく、一手ごとのフィードバックを明確に得ることは容易ではありません。しかし、強化学習はそのような複雑なゲームでも、報酬や勝利につながる行動を学習することが可能です。

　一方で、報酬が稀な環境では、行動をうまく学習できます。報酬が稀な環境とは、エージェントが適切な行動を取ったとしても、それに対する明確な報酬やフィードバックがない、あるいは非常に稀なケースを指します。たとえば、ゲームでの長いシークエンスの中で一度だけ得点が得られる状況などが考えられます。このような環境での学習は、エージェントがどの行動が良いのかを判断するための情報が不足しているため、行動の学習が

うまくいきにくいのです。

　Go-Exploreは報酬が疎な場合にもゲームをクリアできるように、品質多様性アルゴリズムの考え方を取り入れたアルゴリズムです。このアルゴリズムは探索と頑健化という2つのステップがあります。

　まず1つ目の「探索フェーズ」では、機械学習やニューラルネットワークは一切使わず、ひたすら探索します。そのために新しく導入したのが、「セル」という概念で、品質多様性アルゴリズムの「グリッド」に相当します。セルは、ビデオゲームをフレームごとにダウンスケールして、グレースケール化した画像です。ゲームのひとつひとつのフレームをセルに変換し、新しいセルが見つかると、それをアーカイブに追加します。

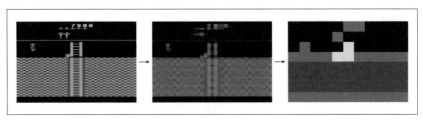

図4-5　ダウンスケールしてセルに変換されたゲームフレーム（[8]のFig.3より引用）

　アルゴリズムはアーカイブから、報酬が最も高いセルや訪問回数が最も少ないセルなどを選び、そのセルまでまず行きます（Go）。そして、そのセルから新しいセルを見つけるためにランダムなアクションを実行します（Explore）。

　2つ目の「頑健性向上」では、探索で見つけた良い「セル」への行き方を、ノイズや非決定性に対してより頑健にします。そのための1つの方法が、Backward Algorithmです。たとえば、一連のセル$c(1)$, $c(2)$, ... , $c(n-1)$, $c(n)$があるとします。目的は、$c(1)$から$c(n)$への行き方をより頑健にしたいということです。そのために、$c(n-1)$から$c(n)$に辿り着くために必要な行動を行うように強化アルゴリズムで学習させます。そして、次に1ステップ戻って、$c(n-2)$から$c(n)$に辿り着くためにまた学習させます。このプロセスを繰り返し、$c(1)$から$c(n)$に至る一連の行動を見出すことができるまで続けます。

　結果として、Go-Exploreアルゴリズムは、それまでの最高水準のアルゴリズムだけでなく、人間のスコアをも超える結果を叩き出しました。品質多様性アルゴリズムのグリッドの概念を、Go-Exploreにもセルという形で導入し、ビデオゲームに応用することで、一連の行動をパスとして記録し、そこまで戻ってさらに探索するというシンプルなアイデアが、これまでの強化学習をアップデートすることを可能としています。

　品質多様性アルゴリズムとGo-Exploreアルゴリズムの共通点は、過去の経験を記録しておいて、それを踏み台として新たな探索を行う点です。この探索の中で、偶然得られる情報や予期せぬ発見、いわゆるセレンディピティと出会うこともあります。これらを巧みに活用することで、局所最適解に陥ってしまうことをうまく避けることができるのです。

　品質多様性アルゴリズムは、ソフトロボットの設計、適応的ロボットの開発、さらには

人間にとっても難易度の高いゲームのクリアなど、多岐にわたる問題に効果を示しています。
次の章では、Map-Elitesアルゴリズムの実装方法について詳しく解説していきます。

4.4 Map-Elitesアルゴリズムの実装

Map-Elitesアルゴリズムの実装について詳しく説明しましょう。

Map-Elitesアルゴリズムの特徴は、「同じ行動記述子を持つ個体同士で競争を行う」ということです。そのためには解きたいタスクごとに「何を行動記述子とするか」を決める必要があります。NEATアルゴリズムや新規性探索アルゴリズムとの大きな違いは、「全体の最適化や新規性を探すのではなく、さまざまな行動記述子に対する最適解を同時に探索し、それらをマップに格納していく」という点です。

これらを実現するために、次のような実装を行います。

- 行動記述子を定義する
- 母集団で、行動記述子ごとに個体を保持できるようにする
- 種分化を廃止する（行動記述子ごとに競争させるため）
- 次の集団の生成は、突然変異のみに変更する
- 評価関数を行動記述子の計算に対応する

ここではNEAT-Pythonライブラリを使って、ロボットの構造と動きを進化させていく例を通して、Map-Elitesアルゴリズムを実現していきます。ロボットの構造は、2章で解説したCPPNを用います。サンプルプログラムは、GitHubリポジトリのexperiments/Chapter4ディレクトリにあります。

4.4.1 アルゴリズムの流れ

Map-Elitesアルゴリズムを使って、ロボットの構造と動きを進化させるプログラムの手順は次の通りです。概要は**図4-6**に示す通りです。

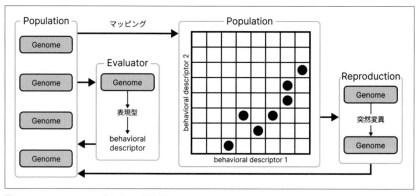

図4-6 Map-Elitesアルゴリズムの概念図

1. 初期集団を生成する（Population）
2. 個々の個体に対して行動記述子の計測を行い Map に割り当てる（マッピング）
3. 同じ行動記述子を持つ個体群で最も性能の高い個体を選択する（Evaluator）
4. 新しい集団を生成する。この際、選択と突然変異のみを行い、交叉は行わない
   （Reproduction）
5. 2〜4 を繰り返す

　NEAT アルゴリズムの手順と比べて、「行動記述子に基づく個体の評価と選択」、そして
「交叉の廃止と突然変異のみによる新集団の生成」が追加されました。特に「行動記述子に
基づく個体の評価と選択」が Map-Elites アルゴリズムの重要な要素であり、それにより多
様性と適応性を両立することが可能となります。

4.4.2　主なクラス

　Map-Elites アルゴリズムの実装に関して、主には、Population クラス、Reproduction
クラスで大まかな処理の流れを実装します。そして行動記述子を計算する親クラスとし
て LinearBehavioralDescriptor クラスを定義し、それを継承したクラス（BlockDensity、
RigidDensity、SoftDensity、ActuatorDensity）で行動記述子を計算します。そして最後
に、その算出値を元に評価を行う EvogymStructureEvaluatorME クラスを実装します。

- Population：母集団の管理を行うクラス。これには、個体の生成、評価と選択、そ
  してマップの更新が含まれる。
- Reproduction：新しい個体の生成に関する詳細な処理を実装するクラス。具体的
  には、選択された親から突然変異による新しい個体の生成を担当する。
- LinearBehavioralDescriptor：行動記述子を計算する親クラス。その具体的な計
  算方法はこのクラスを継承した子クラスで実装する。
  - BlockDensity：ロボットの構造におけるブロックの密度を行動記述子として
    計算する子クラス
    - RigidDensity：ロボットの構造における剛性ブロックの密度を行動記述
      子として計算する子クラス
    - SoftDensity：ロボットの構造におけるソフトブロックの密度を行動記述
      子として計算する子クラス
    - ActuatorDensity：ロボットの構造におけるアクチュエータブロックの密
      度を行動記述子として計算する子クラス
- EvogymStructureEvaluatorME：各行動記述子に対応した個体の評価を行うクラス。
  具体的には、算出された行動記述子の値に基づいて、各個体の適応度を計算し、
  最良の個体を選択する。

各クラスについて詳しく見ていきましょう。

4.4.2.1　Population クラス

　Population クラスでは行動記述子ごとに個体を保持し、アルゴリズムを進行します。このクラスでは、集団の評価・生成を繰り返す関数と、行動記述子ごとに個体を競争させマップを更新する関数を実装します。コンストラクタから順に説明していきます。なお、この節で示すコードはすべて libs/me_neat/population.py からの抜粋です。

コンストラクタ

　コンストラクタでは、アルゴリズムのハイパーパラメータなどを保持したインスタンスを作成し、集団の生成を行います。集団は、行動記述子を key とした辞書型で保持されます。ここでのハイパーパラメータとは、アルゴリズムの初期設定値のことを指します。これらの設定値は、アルゴリズムを実行する前に設定されます。ハイパーパラメータの選択は、結果に大きな影響を与えることがあります。一般的には、さまざまなハイパーパラメータの値を試し、最も良い結果を得られる設定を選択します。

```python
class Population:
    def __init__(self, config):
        # Map Elites の設定インスタンス
        self.config = config
        # NEAT の集団を生成するインスタンス
        self.reproduction = Reproduction(config.genome_config, config.genome_type)

        # 経過世代
        self.generation = 0
        # マップに保存された集団
        self.population = {}
        # 最も優秀な個体
        self.best_genome = None
```

繰り返しの処理：run 関数

　アルゴリズムの根幹となる、集団の評価・生成を繰り返し行う関数です。集団を評価した際に計算した各個体の行動記述子を用いて、update_pop 関数で集団が保存されているマップを更新します。この関数については次に説明します。

```python
    def run(self, fitness_function, n, constraint_function=None):
        # 指定回数だけ世代を繰り返す
        while self.generation < n:
            # 子集団の生成
            offsprings = self.reproduction.reproduce(
                self.population, self.config.offspring_size, self.generation,
                constraint_function=constraint_function)

            # 集団の評価
            fitness_function(offsprings, self.config, self.generation)
```

```
        # fitness が最大の個体を保持
        for genome in self.offsprings.values():
            if self.best_genome is None or \
               genome.fitness > self.best_genome.fitness:
                self.best_genome = genome

        # マップを更新
        self.update_pop(offsprings)

        self.generation += 1

    return self.best_genome
```

マップの更新：update_pop 関数

新しく生成された集団の個体を、行動記述子のマップに埋め込んでいく関数です。個体を順に取り出し、行動記述子が同じ個体がマップに既に存在していれば適応度が高い方を残し、存在していなければ新しくマップに保持します。

```
    def update_pop(self, offsprings):
        for offspring in offsprings.values():
            # 行動記述子をタプルで取得
            bd_key = tuple(offspring.bd.values())
            # マップ内のその行動記述子の個体を取得
            old = self.population.get(bd_key, None)
            # 個体が存在しない、あるいは fitness を比較してマップを更新
            if old is None or offspring.fitness > old.fitness:
                self.population[bd_key] = offspring
```

4.4.2.2 Reproduction クラス

Reproduction クラスでは、初期集団の生成、子集団の生成を行います。なお、この節で示すコードはすべて libs/me_neat/reproduction.py からの抜粋です。

コンストラクタ

コンストラクタでは、個体を生成するための個体クラスと設定インスタンスを保持します。

```
    class Reproduction:
        def __init__(self, config, genome_type):
            self.config = config
            self.genome_type = genome_type
            self.indexer = itertools.count(0)
```

集団の生成：reproduce関数

　Populationクラス内で呼び出される主な関数です。集団のマップと生成する個体数を引数として、集団が初期状態、つまりサイズが0であれば初期集団、サイズが1以上であれば子集団を生成します。以下で、初期集団を生成するcreate_pop関数、子集団を生成するcreate_offsprings関数を説明します。また引数となっているconstraint_functionは、生成される個体が条件を満たしているかどうかを判定する関数です。条件を満たしていなければ、個体を生成し直します。たとえば、本書で扱うEvolution Gymのロボット構造をCPPNで進化させる実験では、同じロボット構造を生成されないようにするために使用します。

```python
def reproduce(self, population, offspring_size, constraint_function=None):
    if len(population) == 0:
        # 初期集団の生成
        population = self.create_init(
            offspring_size, constraint_function=constraint_function)
    else:
        # 子集団の生成
        population = self.create_offsprings(
            population, offspring_size,
            constraint_function=constraint_function)

    return population
```

初期集団の生成：create_init関数

　この関数では、一定数の個体を初期集団として生成します。

```python
def create_init(self, offspring_size, constraint_function=None):
    population = {}
    while len(population) < offspring_size:
        key = next(self.indexer)
        # 新しい個体を生成
        genome = self.create_new(key)

        if constraint_function is not None:
            # 条件を満たすまで生成し直し
            while not constraint_function(genome, self.config):
                genome = self.create_new(key)
        population[key] = genome

    return population
```

ここで呼び出されているcreate_new関数は以下の通りで、新しい個体を生成します。

```
def create_new(self, key):
    genome = self.genome_type(key)
    genome.configure_new(self.config)
    return genome
```

子集団の生成：create_offsprings 関数

この関数では、引数で与えられた集団の個体を親として、一定数の子個体を生成します。

```
def create_init(self, offspring_size, constraint_function=None):
    population = {}
    while len(population) < offspring_size:
        key = next(self.indexer)
        # 新しい個体を生成
        genome = self.create_new(key)

        if constraint_function is not None:
            # 条件を満たすまで生成し直し
            while not constraint_function(genome, self.config):
                genome = self.create_new(key)
        population[key] = genome

    return population
```

ここで呼び出されている mutate 関数は以下の通りで、親個体を変異させて子個体を生成します。

```
def mutate(self, key, genome):
    genome_ = deepcopy(genome)
    genome_.mutate(self.config)
    genome_.key = key
    genome_.fitness = None
    return genome_
```

4.4.3 行動記述子の設計

　Map-Elites アルゴリズムでは行動記述子を定義し、行動記述子ごとに競争を行います。新規性探索アルゴリズムでは優れていることの指標として新規性スコアを計算し、そのまま連続値として使用していました。Map-Elites では行動記述子空間のマップのどのグリッドに個体が位置するかという離散的な情報を使用します。タスクごとに具体的な行動記述子の計算を定義する必要があります。

　行動記述子とするかを決めましょう。この実験ではロボットの体のブロックの種類と、その密度によって、以下の4つの行動記述子を定義します。

- ブロックの密度
- 剛体ブロックの密度
- ソフトブロックの密度
- アクチュエータブロックの密度

ここで定義した行動記述子に従い個体をマップに保持し、実行の結果によって適応度が高く多様なロボットの構造を得ることができます。

4.4.3.1 行動記述子の計算クラスの親クラス ：LinearBehavioralDescriptorクラス

グリッド位置を計算する処理は共通なので、親クラスとしてLinearBehavioralDescriptorを実装し、実験ごとにこのクラスを継承して行動記述子を計算するクラスを実装します。LinearBehavioralDescriptorはマップの範囲（最低値、最大値）とグリッドへの分割数、グリッドの幅を保持します。なお、この節で示すコードはすべてlibs/me_neat/behavioral_descriptor.pyからの抜粋です。

```python
class LinerBehavioralDescriptor:
    def __init__(self, name, value_range, resolution):
        self.name = name
        # マップ範囲（[min, max]）
        self.value_range = value_range
        # グリッドへの分割数
        self.resolution = resolution
        # グリッドの幅
        self.bin_width = (value_range[1] - value_range[0]) / resolution
        self.bins = [
            value_range[0] + i * self.bin_width
            for i in range(resolution + 1)
        ]
```

各実験で使用する行動記述子の計算は、LinearBehavioralDescriptorクラスを継承した子クラスのevaluateをオーバーライドして定義するため、ここでは処理は実装しません。

```python
    def evaluate(self, *args):
        pass
```

evaluate関数で計算した行動記述子を元にマップ内のグリッドに割り当てる必要があります。get_index関数ではそのインデックスを計算します。

```python
    def get_index(self, bd):
        index = int((bd-self.value_range[0]) / self.bin_width)
        index = max(0, min(index, self.resolution))
        return index

    def evaluate(self, *args):
        pass
```

4.4.3.2 行動記述子の計算クラスの子クラス：BlockDensity、RigidDensity、SoftDensity、ActuatorDensity クラス

LinerBehavioralDescriptor を継承し、行動記述子を計算するクラスをそれぞれ実装します。LinerBehavioralDescriptor は evaluate メソッドをオーバーライドすることで、行動記述子を計算できます。

envs/evogym/structual_bd.py からの抜粋

```python
class BlockDensity(LinerBehavioralDescriptor):
    def evaluate(self, robot):
        x = np.mean(robot['body'] > 0)
        index = self.get_index(x)
        return index

class RigidDensity(LinerBehavioralDescriptor):
    def evaluate(self, robot):
        x = np.mean(robot['body'] == 1)
        index = self.get_index(x)
        return index

class SoftDensity(LinerBehavioralDescriptor):
    def evaluate(self, robot):
        x = np.mean(robot['body'] == 2)
        index = self.get_index(x)
        return index

class ActuatorDensity(LinerBehavioralDescriptor):
    def evaluate(self, robot):
        x = np.mean(np.logical_or(robot['body'] == 2, robot['body'] == 3))
        index = self.get_index(x)
        return index
```

クラス	行動記述子	要素の数値	色	備考
BlockDensity	ブロックの密度	0以外	透明以外	voxel
RigidDensity	剛体ブロックの密度	1	黒	rigid voxel
SoftDensity	ソフトブロックの密度	2	灰色	soft voxel
ActuatorDensity	アクチュエータブロックの密度	3と4	オレンジ色と水色	actuator voxel

行動記述子は目的に合わせて適切に設定します。今回の実験では多様なロボットの構造を得ることを目的としているのでこのようにしましたが、他にも多様なロボットの行動を得たい場合にはロボットの動きを表した特徴を用いるとよいでしょう。

4.4.3.3 評価クラス：EvogymStructureEvaluatorME クラス

このクラスは2章で使用した EvogymStructureEvaluator クラスに、ロボットの行動記述

子を計算する処理を加えたものとなります。

コンストラクタ

タスクの識別子（env_id）と、ロボットの行動を最適化するPPOのパラメータ、行動記述子を計算するインスタンスを辞書型で保持します。

envs/evogym/evaluator.pyからの抜粋

```python
class EvogymStructureEvaluatorME:
    def __init__(self, env_id, ppo_iters, eval_interval,
                 bd_dictionary, deterministic=False):
        # タスク ID
        self.env_id = env_id
        # PPO のパラメータ
        self.ppo_iters = ppo_iters
        self.eval_interval = eval_interval
        self.deterministic = deterministic
        # 行動記述子インスタンスの辞書型
        self.bd_dictionary = bd_dictionary
```

評価関数：evaluate_structure関数

run_ppo関数でロボットの行動を最適化し適応度を得ます。その後、各行動記述子を計算した辞書型を戻り値に与えます。

```python
def evaluate_structure(self, key, robot, generation):
    # PPO で行動最適化して評価
    reward = run_ppo(
        env_id=self.env_id,
        robot=robot,
        train_iters=self.ppo_iters,
        eval_interval=self.eval_interval,
        deterministic=self.deterministic
    )
    # 行動記述子を計算
    bd = {bd_name: bd_func.evaluate(robot)
          for bd_name, bd_func in self.bd_dictionary.items()}

    results = {
        'fitness': reward,
        'bd': bd
    }
    return results
```

4.4.4 実行

まずは行動記述子のインスタンスを生成します。ここではセルの密度と剛体セルの密度の2つを使用します。なお、この節で示すコードはすべて experiments/Chapter4/run_evogym_me_cppn.py からの抜粋です。

```
args = get_args()

# ロボットの面積
area_size = args.shape[0] * args.shape[1]
# 行動記述子インスタンスの作成
bd_dictionary = {
    'block density': BlockDensity(
        name='block density', value_range=[0, 1], resolution=area_size),
    'rigid density': RigidDensity(
        name='rigid density', value_range=[0, 1], resolution=area_size),
    # 'soft density': SoftDensity(
    #     name='soft density', value_range=[0, 1], resolution=area_size),
    # 'actuator density': ActuatorDensity(
    #     name='actuator density', value_range=[0, 1], resolution=area_size),
}
```

次にCPPNからロボット構造を生成するインスタンス、評価インスタンスなどの各インスタンスを生成します。

```
# CPPN からロボット構造を生成するインスタンス
decoder = EvogymStructureDecoder(args.shape)
decode_function = decoder.decode

# ロボットの評価インスタンス
evaluator = EvogymStructureEvaluatorME(
    args.task, save_path, args.ppo_iters,
    bd_dictionary, deterministic=args.deterministic)
evaluate_function = evaluator.evaluate_structure

# 集団の評価インスタンス
serial = EvaluatorSrial(
    evaluate_function=evaluate_function,
    decode_function=decode_function
)

# 生成されるロボット構造を制限するインスタンス
constraint = EvogymStructureConstraint(decode_function)
constraint_function = constraint.eval_constraint
```

そしてMap-Elitesの設定ファイルを読み込み、Map-Elitesを実行します。

```
config_file = 'evogym_me_cppn.cfg'
custom_config = [
    ('ME-NEAT', 'offspring_size', args.batch_size),
]
config = me_neat.make_config(config_file, custom_config=custom_config)

# Map-Elites の実行
pop = me_neat.Population(config)
pop.run(
    fitness_function=serial.evaluate,
    constraint_function=constraint_function,
    n=args.generation
)
```

4.4.5　サンプルプログラムの実行

それではサンプルプログラムを実行しましょう。

4.4.6　平らな地面を歩くタスク：Walker-v0

まずは最もシンプルなタスクであるWalker-v0（歩くタスク）を実行し、ロボットの構造と動きを進化させていきます。

プログラムの実行方法

experiments/Chapter4ディレクトリに移動してプログラムを実行してください。

```
$ cd experiments/Chapter4
$ python run_evogym_me_cppn.py -t Walker-v0 -g 100 -ei 50
```

-tオプションでタスクWalker-v0を指定します（デフォルトのタスクでもWalker-v0タスクが指定されています）。2章で説明したCPPN-NEATによってランダムな構造から進化していきます。進化させる世代数はデフォルトでは500に設定されています（-gオプション）。ただ、Map-Elitesアルゴリズムは構造も進化させながら、その動きも強化学習（PPOアルゴリズム）で学習していくため、CPUの数や性能によっては非常に実行に時間がかかります。上記の実行例では100世代に設定されています（-g 100）。

1つの世代で評価されるエージェント数は4つ（-bオプションで変更できます）です。この値を増やすと現在の集団から新たに作られるエージェント数を変更することができます。数を増やすと、より多くのエージェントが新たに作成されますが、その分、実行に時間がかかることになります。

エージェントの動きは、PPOアルゴリズムで学習されます。PPOアルゴリズムの評価回数はデフォルトで500に設定されていますが（-iオプション）、複雑なタスクではこの値を増やすことで、より学習が進みます。

-evaluation-intervalオプションは、PPOアルゴリズムで学習中にエージェントの評価

を行うインターバルです。たとえば、デフォルトではこの値は20に設定されています。上記の実行例では、この値を変更して50に設定しました (-ei 50)。PPOが50回実行されるごとにエージェントが評価され、適応度が計算されます。エージェントの評価は決定論的に行われます。確率的に評価が行われるように設定するには--probabilisticを付けてください。PPOでの評価の場合には、決定論的に評価することで、可視化のときの再現性が確保できるため、--probabilisticオプションを付けずに実行することをおすすめします。

500回のPPO回数が設定されていれば、エージェントの適応度は全部で10回行われることになります (500 / 50 = 10)。評価された適応度のうち最大値がそのエージェントの最終的な適応度として用いられます。この値がグリッドに存在する既存のエージェントの値よりも高い場合のみ、そのグリッドを代表するエリートエージェントが入れ替わることになります。--ppo-itersの値、--evaluation-intervalの値ともに大きいほど計算時間がかかります。

実行結果はout/evogym_me_cppnディレクトリに、-nオプションで指定した実験名で保存されます。-nオプションを指定しない場合、-tオプションで指定されたタスク名が実験名として使用されます。-tオプションはデフォルトでWalker-v0が設定されているため、上記コマンドの実行結果はout/evogym_me_cppn/Walker-v0に保存されます。また、-n sampleとして実行した結果のサンプルをout/evogym_me_cppn/sampleで提供しています。

行動記述子には「セルが使われている割合」と「硬いセルの割合」が設定されています。セルの最大数は、-sオプションで変更できますが、デフォルト設定では5×5の25セルとなっています。使われているセル数の割合は、0%から100%までの範囲で変動します。たとえば、すべてのセルが使われていれば100%、1つも使われていなければ0%となります。同様に、「硬いセルの割合」も0%から100%までの範囲で変動します。すべてが硬いセルであれば100%となります。これらの2つの行動記述子を基にしたMapは、25×25、合計625のグリッドセルに分割されています。デフォルトの設定では、Mapの途中結果が表示されます。もし非表示にしたい場合は、--no-plotオプションを付けてください。同様に、各世代のベストな個体を表示する画面が表示されます。非表示にしたい場合は--no-viewオプションを付けてください。

その他のオプションについてはオンライン付録2 (https://oreilly-japan.github.io/OpenEndedCodebook/app2/)を参照してください。

プログラムを実行すると、Walker-v0タスクにおけるロボットの動きがMap-Elitesアルゴリズムで進化していきます。1つの世代の実行が終わると結果が次のようにコンソールに出力されます。

```
****** Running generation 0 ******
Population size 4
Population's average fitness: 7.24621 stdev: 1.35252
Best fitness: 8.59963 - id 0 - bd (25, 9)
Generation time: 944.786 sec
```

　集団のエージェント合計数 (Population size)、エージェントの平均適応度 (Populations' average fitness) と標準偏差 (stdev)、そして集団内で最も適応度の高いエージェントが識別番号と行動記述子のMap座標と共に表示されます。最後に、この世代の計算にかかった時間がこれまでの世代の平均時間と共に表示されます。

　次の第1世代では、集団内のエージェントからランダムに親を選び、突然変異を加えたエージェントが4つ (--batch-size数) 作成され、同様にエージェントの学習、評価を行います。計算が終わると次のように表示されます。

```
****** Running generation 1 ******
Population size 7
Population's average fitness: 5.69257 stdev: 2.85262
Best fitness: 10.57015 - id 4 - bd (25, 0)
Generation time: 921.118 sec (932.952 average)
```

　新たなエージェントが4つ作成されたにも関わらず、集団エージェント数 (Population size) が8ではなく7になっています。これは、新たに作成されたエージェントのうち1つのエージェントは、行動記述子が同じ個体が既にMapに存在していたためです。適応度の低い個体は集団から除外され、より適応度の高い個体のみが集団に残ります。そのため、集団エージェント数は8ではなく、7になっています。

　100世代の実行が終わると、実行が終了します。100世代の実行で、最も高い適応度は10.62393となりました。Walker-v0は簡単なタスクのため、1世代目の実行結果で既に高い適応度に達していることがわかります。

```
****** Running generation 99 ******
Population size 133
Population's average fitness: 5.24767 stdev: 3.86133
Best fitness: 10.62393 - id 289 - bd (16, 0)
Generation time: 955.605 sec (930.768 average)
```

4.4.6.1　実行結果
　実行結果は、out/evogym_me_cppn/ 以下の、-nオプションで指定した実験名のディレクトリに保存されます。
　結果のファイル構成は次の通りです。

- arguments.json：プログラム実行時の設定が保存される
- bd_map/：各世代ごとの BD Map の結果が画像ファイルとして保存される
- controller/：PPO で学習した各ロボットの動きが保存される
- evogym_me_cppn.cfg：ロボットの構造を CPPN-NEAT で進化させるための設定ファイル
- genome/：各世代で最大の適応度となった個体の遺伝子情報が保存される
- history_pop.csv：全世代のすべての個体の世代番号と識別番号、BD 情報、適応度、親番号が記録される
- history_fitness.csv：各世代で最も適応度が高かった個体の世代番号と識別番号、BD 情報、適応度、親番号が記録される

たとえば、0世代目の結果です。ここでは1つの世代で評価する個体数を4（-bオプション）としているため、新たに生成された4つのエージェントの結果が保存されています。

generation	id	block density	rigid density	fitness	parent
0	0	25	9	8.599633	[-1]
0	1	16	0	5.486818	[-1]
0	2	25	0	8.523359	[-1]
0	3	25	16	6.375035	[-1]

history_fitness.csvファイルには、各世代で最も適応度が高かった個体の情報のみ保存されます。たとえば、0世代目の結果です。

generation	id	block density	rigid density	fitness	parent
0	0	25	9	8.599633	[-1]

0世代目の実行結果の中では、識別番号0のエージェントが最も高い適応度（8.599633）という結果になりました。BDは、block densityが25、rigid densityが9と示されています。これは、25×25のグリッドに行動遺伝子Mapを分割したときの座標です。つまり、ブロックは最大数（25）の100％を使い、硬い素材を36％使ったエージェントです。残りの64％のブロックには、柔らかい素材あるいはアクチュエータを使った個体ということです。0世代目で親は存在しないため、－1と表示されています。

行動遺伝子Mapを可視化した結果は、bd_map/ディレクトリに1つの世代の計算が終了するごとにJPGファイルとして保存されます。たとえば、0世代の結果は次の通りです。

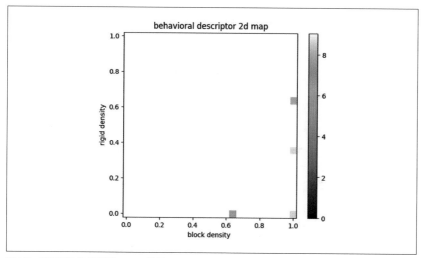

図4-7 初期世代（0世代目）のMap結果

色は青色から白色のグラデーションで表され、より白い方が適応度が高いことを示して

います。もし同じグリッドに割り当てられたエージェントが存在する場合は、より適応度の高い個体のみが表示されます。

100世代実行した結果の行動遺伝子Mapは次の通りです。Mapの右下半分の三角形しか埋まらないのは、ブロック数の割合を基準に硬い素材の割合が決まっているためです。

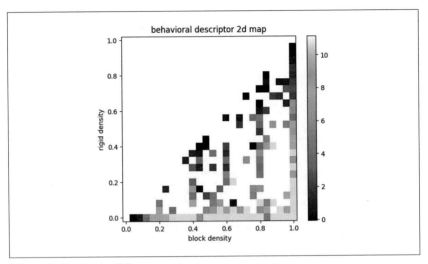

図4-8 100世代目のMap結果

この結果を見ると適応度の高いピンクの色を示すグリッドが多数あることがわかります。最大適応度は第1世代目の結果からそれほど変化しませんでしたが、100世代の実行を行うことで適応度の高い多様な構造を持つ個体を発見できていることがわかります。最大適応度を示す個体の他に、どのような構造が見つかっているかを次に見ていきましょう。

4.4.6.2 結果の可視化

実行した結果を可視化してみましょう。history_pop.csvファイルに記載されているすべてのエージェントの動きをJPGファイルで作成するには次のコマンドを実行します。結果はJPGファイルで出力され、figure/jpg/populationディレクトリに保存されます。1世代に4つのエージェントで、100世代の実行を行った場合は、400（4×100）のJPGファイルが作成されます。ここでは、サンプルとして提供しているsampleを第1引数に指定します。

```
$ python draw_evogym_me_cppn.py sample -st jpg
```

次に、0世代目に作成された識別番号0の個体の結果をJPGファイルで出力してみましょう。figure/jpg/specified/ディレクトリに保存されます。

```
$ python draw_evogym_me_cppn.py sample -st jpg -s 0
```

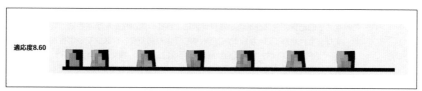

図4-9 初期世代（0世代目）の実行結果

次に、最も適応度が高かった個体（識別番号289）を可視化してみましょう。

```
$ python draw_evogym_me_cppn.py sample -st jpg -s 289
```

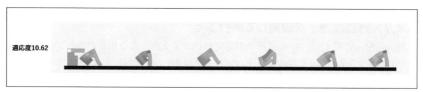

図4-10 最高適応度を記録した個体

その他、同程度の適応度を示す個体の結果です。

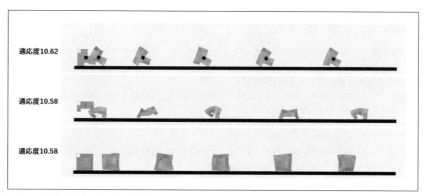

図4-11 最高適応度の個体と同程度の適応度を示す個体

　このように同程度の適応度を示すさまざまな構造のロボットを見つけることができました。このようにMap-Elitesアルゴリズムは、似たような性能を示すロボットでも、その構造や動きが大きく異なる個体群を発見することができます。

本書のサンプルプログラムでは、ソフトロボットの構造進化にCPPN-NEATを用いていますが、遺伝的アルゴリズム（Genetic Algorithm：GA）や、ベイズ最適化（Bayesian Optimization：BO）を用いることも可能です。実際、Evolution Gymを提案している

論文では、CPPN-NEATに加えて、GAやBOを用いた場合との性能比較を行っています。その結果、タスクあるいは世代数によって、高い性能を示す手法は異なっていますが、全体としてGAがBOやCPPN-NEATよりも多くのタスクで良い性能を示しました。CPPN-NEATは、歩く（Walker）、登る（Climber）、横切る（Traverser）といった移動するタスクでは良い性能を示しますが、複雑な操作を行うタスクではそれほど性能が出ないことがこれまでの研究で示されています。これは、NEATがより単純な構造を持つCPPNを優先して選択し、CPPNがより規則的なパターンを持つロボットを生成するように促すためであると考えられます。しかし、複雑な操作を必要とするタスクを行うためには、不規則なパターンを持つロボットに進化させる必要があります。GAの方がCPPN-NEATよりも、不規則なパターンを生成し、より複雑なタスクを成功させる構造を進化させるのでしょう。

4.4.7 行動記述子を設定して実行する

Map-Elitesの結果は、行動記述子の設定の仕方で大きく異なります。そこで、ソースコードを書き換え異なる行動記述子を設定してプログラムを実行してみましょう。

上述のWalker-v0とPusher-v0のタスクでは、「ブロックの密度（block density）」と「剛体ブロックの密度（rigid density）」が行動記述子として設定されていました。

そこで、「ブロックの密度」と「アクチュエータブロックの密度（actuator density）」を行動記述子として設定したプログラムを走らせてみましょう。

そのためには、run_evogym_me_cppn.pyファイルの「行動記述子インスタンスの作成」の部分を次のように書き換えます。

```
# 行動記述子インスタンスの作成
bd_dictionary = {
    'block density': BlockDensity(
        name='block density', value_range=[0, 1], resolution=area_size),
    # 'rigid density': RigidDensity(
    #     name='rigid density', value_range=[0, 1], resolution=area_size),
    # 'soft density': SoftDensity(
    #     name='soft density', value_range=[0, 1], resolution=area_size),
    'actuator density': ActuatorDensity(
        name='actuator density', value_range=[0, 1], resolution=area_size),
}
bd_axis = ['block density','actuator density']
```

rigid densityの行をコメントアウトして、actuator densityの行をアンコメントします。また、bd_axisも同様に、rigid densityをactuator densityに書き換えます。

ファイルを変更して保存したら、プログラムを実行してみましょう。次の例でもWalker-v0タスクを実行させています。前回の実験名と同じにならないように-nオプションで実験名を指定しておきましょう。

```
$ cd experiments/Chapter4
$ python run_evogym_me_cppn.py -t Walker-v0 -n Walker-v0_2
```

　実行結果は、out/evogym_me_cppn/Walker-v0_2に保存されます。-n sample2として実行した結果のサンプルをout/evogym_me_neat/sample2で提供しています。

　100世代の進化を経たMapの結果は**図4-12**に示すような結果となります。硬い素材（rigid density）を行動記述子に設定していた結果と比べて、より広範囲にわたって適応度の高い個体が見つかっています。

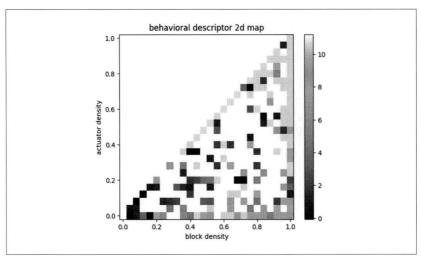

図4-12　100世代目のMap結果

　最も適応度の高いエージェントの結果です（10.66）。

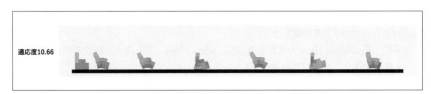

図4-13　最高適応度を記録した個体

　その他、同程度の適応度（10以上）の結果となったエージェントはたとえば次のようなものが見つかりました。

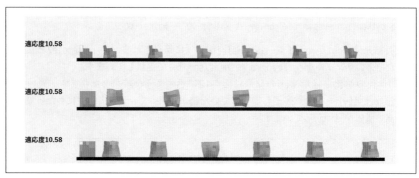

適応度10.58

適応度10.58

適応度10.58

図4-14 適応度が10以上となった個体

このように、行動記述子を変化させることで、進化してくるロボットの構造も異なってきます。

サンプルプログラムで用意している4つの行動記述子インスタンスを使うだけでも、6つの異なる行動記述子での実験結果を得られることができます。ぜひ他の行動記述子の結果も実験してみてください。思わぬ構造と動きをするロボットが見つかるかもしれません。

4.5 まとめ

本章では、自然進化の多様性原理を取り入れた品質多様性アルゴリズムを学びました。このアルゴリズムは、生態学的ニッチの概念を活用して探索空間を分割し、最適化の際に多様性と品質を両立させる解を見つけることができます。

また、品質多様性アルゴリズムの1つであるMap-Elitesアルゴリズムを取り上げ、行動記述子（BD）を用いてのニッチの分割と、各ニッチにおける最適な個体を見つける方法も学びました。Map-Elitesの特徴は、その広大な探索空間で多様な解を見つける能力にあります。実際に、3次元ソフトロボットの進化の例を通じて、このアルゴリズムが実際のロボット設計にも役立つことを確認しました。

さらに、Evolution Gymの実験を通じて、Map-Elitesを用いると適応度の高い多様なロボット構造を進化させることができることを学びました。

以上の内容を通して、品質多様性アルゴリズムを使って構造ごとにニッチに分け、行動を進化させる方法や、実際にさまざまなタスクに適用する方法を理解することができたと思います。

この章で学んだこと

- 品質多様性アルゴリズムの概要と仕組み
- 生態学的ニッチの概念と探索空間の分割
- Map-Elites アルゴリズムの概要と仕組み
- 行動記述子 (BD) を用いたニッチ分割とエリート選出
- Evolution Gym を利用した品質多様性アルゴリズムの実装

Ⅲ部
共進化による探索

5章
共進化アルゴリズム

5.1 共進化とは

　多様性を重視する発散的な探索を実現する品質多様性アルゴリズム、Map-Elitesを見てきました。しかし、Map-Elitesの探索範囲は、行動記述子によって既に定義されています。この範囲内を探索し尽くすと、新規性を求める能力が弱まり、探索は収束します。行動記述子によって定義された行動可能な範囲を探索し終えてしまうと、そこで探索は終わってしまうのです。たとえば、身長と高さで行動記述子を定義した場合、すべての身長と高さの探索を進めるうちに、新規性を求める力がどんどんと弱くなり、探索はやがて収束してしまいます。

　一方、自然界を見てみると私たちが「行動記述子」として定義するような明確な特徴に基づく指標でのニッチの区切りは存在しません。では、指標なしで自然はどのように進化を持続させているのでしょうか。その答えの1つは「共進化」の仕組みにあります。

　たとえば、キリンは頭頂が6メートルにも達する長い首を持っています。キリンの首の長さは、進化の過程で選択されてきた形質と考えられています [1]。キリンの祖先にあたる種の化石の首は短いこと、そして、キリンと同じ祖先を持つ近縁種であるオカピの首も短いことから、もともとは、キリンの首も短かったと考えられています。長い首のキリンが選択されて生き残ったのは、大きなアカシアの葉をエサとして独占的に摂取できるから、あるいは首の長いオスの方がメスをめぐる戦いに勝ってきたから、と諸説あります。いずれの説も、アカシアが高くなかったら、ライバルがいなかったら、キリンの首が選択されるというチャンスは生まれなかったかもしれません。進化しているものは、他のものが進化する機会を作り出します。オープンエンドな進化を実現するためには、この継続的な進化のプロセスが必要となるのです。キリンとアカシアの共進化に見られるのは、競争的な共進化のあり方です。競争に勝った個体に高い報酬を与えることが進化を促します。

　競争とは対照的に、協力的な共進化もあります。協力関係を築くことで、より大きな報酬が得られ、進化が促されます。その一例として、イソギンチャクとクマノミの共生関係が挙げられます。映画『ファインディング・ニモ』で人気のクマノミは、イソギンチャクの

毒性のある触手に耐性を持つことで知られています。この耐性は、クマノミが生まれたときから厚い粘着層を持っているためで、この粘着層が毒素からクマノミを保護する役割を果たします。クマノミはこの関係を利用して、イソギンチャクの近くにいることで外敵からの保護を受けています。逆に、クマノミはイソギンチャクに併設物による栄養を提供し、また、捕食者の魚を追い払う役割も果たしています [17]。

このように共進化は2つ以上の集団が相互に影響し合いながら、時間と共に進化していくプロセスを指します。地球上での生命や人間の文化は、絶えず変化している環境の中で、新しい課題や問題に直面しています。このような環境の変化があるからこそ、新しい解決策を求め、適応することが必要とされます。共進化の仕組みは、絶えず変化する環境や他の集団に対して対応するために、常に適応することで進化を促す役割を果たします。

本章と次章で、共進化を取り入れたオープンエンドなアルゴリズムを紹介します。

まず、本章では「最小基準を満たす」というシンプルな制約だけで進化するアルゴリズムを取り上げます。これは、自然界で見られる子孫を残すための基本的な制約を模倣しています。競争的でも協力的でもなく、「繁殖のために生き残る」という基準だけを満たすことで多様性と複雑さを持った発散的な探索が可能となります。このアイデアをベースにしたものが「最小基準共進化アルゴリズム（Minimal Criterion Coevolution：MCC）」です [4] [5]。

5.1.1 最小基準共進化アルゴリズム

迷路のタスクを用いて、MCCアルゴリズムを解説します。このアルゴリズムでは、迷路とそれを解くエージェントの集団が相互作用しながら進化します。そのキーとなるのは、「最小基準」を達成するだけというシンプルなルールです。本書でこれまでに紹介してきたアルゴリズムでは、高い適応性や新規性を持つエージェントが生き残るというアプローチを取ってきました。一方で、MCCアルゴリズムは、最小基準を満たすだけで生き残れるというアプローチを採用します。そして、この基準はエージェントだけでなく、環境にも適用されます。

共進化の仕組みでは、エージェントと同じく環境も変化します。新しい個体が生まれ、評価され、次の世代に生き残るかどうかが決まります。たとえば、エージェントの生き残りの基準として「1つの環境をクリアすること」、環境の生き残りの基準として「1つのエージェントに解かれること」という設定が考えられます。このルールにより、どのエージェントも解決できない難易度の高い環境や、どの環境にも対応できないエージェントは排除されることになります。

結果として、現世代で解決可能な環境と、少なくとも1つの環境に対応できるエージェントが選択され、世代を追って共進化を続けることが期待されます。

MCCアルゴリズムの大まかな流れは以下の通りです。

1. **初期集団の生成**：迷路とエージェントの初期集団をランダムに生成する。
2. **初期集団の評価**：それぞれの集団の個体が設定された最小基準を満たしているか評価する。最小基準を満たした個体を次世代に残す個体として選ぶ。通常の適応性の指標は考慮されず、最小基準の達成のみが重要となる。最小基準は迷路とエージェントにそれぞれ設定する。迷路タスクを例にする、エージェントは1つ以上の迷路を解く、迷路は1つ以上のエージェントに解かれることを最小基準とすることができる。
3. **選択**：最小基準を満たした個体を次世代に残す個体として選ぶ。通常の適応性の指標は考慮されず、最小基準の達成のみが重要となる。
4. **突然変異・交叉**：選択された個体に突然変異や交叉を適用し新しい世代を生成し2の評価ステップに戻る。

　MCCアルゴリズムの大まかな流れは遺伝的アルゴリズムと大きく変わらないことにお気づきかもしれません。違う部分は、異なる集団が相互に作用し、次世代に子を残す個体を決定する際に適応性ではなく最小基準を用いるという点です。遺伝的アルゴリズムは1つの集団が進化するだけですが、MCCアルゴリズムは2つの異なる集団が相互作用して同時に進化します。迷路集団の個体の変化が、エージェント集団の個体が次の世代に生き残るかどうかを影響するのです。逆もまた然りです。この共進化のプロセスにより、迷路集団の個体の変化がエージェント集団に新たな挑戦をもたらし、適応を促すことになります。同様に、エージェント集団の変化が迷路集団に影響を及ぼします。双方が常に適応し、探索空間が広がるためオープンエンドな探索が可能になります。

　次の世代に子孫を残すために最適な行動を示す必要はなく、定められた基準を満たすだけで生き残ることができるという点は、新規性探索アルゴリズムや品質多様性アルゴリズムと最も異なる部分です。新規性探索アルゴリズムや品質多様性アルゴリズムでは、次の世代に子孫を残すためには、その世代で最も新規な行動を示すか、そのニッチで最も高い適応性を示す必要がありました。しかし、MCCアルゴリズムでは「ベスト」の概念は存在せず、共進化する相手との関係の中で定義された「最小基準」を満たす個体はすべてが次世代に子孫を残すことができます。エージェントや迷路をランキングすることはなく、迷路が解けたか否か、あるいは解かれたか否かだけが次の世代に生き残る個体を決定する基準になるのです。

5.1.2　環境に制約を加える

　さて、このシンプルなMCCアルゴリズムだけでも世代を経るごとに迷路が複雑化していき、エージェントの動きも進化していきます。しかし、迷路の複雑性や、エージェントの動きの多様性はそこまで高くなりません。

　さて、このシンプルなMCCアルゴリズムだけでも世代を経るごとに迷路が複雑化していき、エージェントの動きも進化していきます。しかし、その進化の複雑性や多様性は限られています。これを解決するために、MCCアルゴリズムを拡張して、より高度な迷路や

エージェントを生成します [4]。

　品質多様性アルゴリズムでも見たように、自然界の生物は「種」という単位で生きています。それぞれの種は特定の生態学的ニッチを持っていることで、多様性が生まれます。この多様性は、限定的な資源によって生物の種類や行動の幅が制限されることから生まれます。

　シンプルなMCCアルゴリズムには、迷路を解くエージェントの数に制限がないため、簡単な迷路を解くエージェントが増えすぎると、迷路の複雑さが損なわれます。これは、資源が無制限にある状態を想定しているためです。1つの簡単な迷路が存在すると、それを解くエージェントも多くなり、迷路の多様性や複雑性が失われてしまうのです。そこで、自然界のように資源が限定されている状態をMCCアルゴリズムに導入することで、より多様で複雑な迷路やエージェントを生み出すことを目指します。

　そのための1つの方法が、1つの迷路を解くことができるエージェントの数を制限することです。たとえば、1つの迷路を解くことができるエージェントの数を5としてみましょう。つまり、その迷路を解いたエージェントが既に5つある場合は、他のエージェントは他に解ける迷路を探しにいく必要が出てきます。環境に制限を加えることでエージェントが最小基準を満たすために、別の環境を探索する必要が出てくるのです。その結果、必然的により多くの迷路が探索され、次世代に残る迷路に多様性が増します。

　実際にMCCアルゴリズムによって迷路とエージェントを共進化させた例を紹介します。**図5-1**は、環境に制限を設けずに迷路とエージェントを進化させた場合の結果です。世代を経るごとに迷路が複雑化していき、エージェントの動きも同時に進化していっている様子を見ることができます。

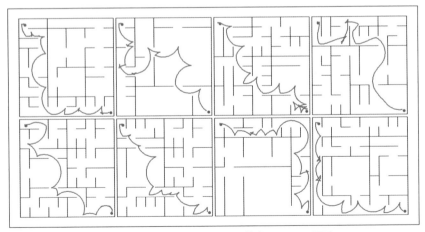

図5-1　環境制約なしでの迷路とエージェントの共進化結果（[5] のFig.3より引用）

　そして、**図5-2**が環境の制約を入れたアルゴリズムを実行した結果得られた迷路とエージェントの結果です。

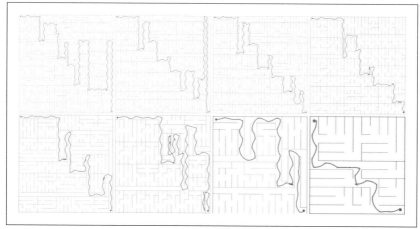

図5-2　環境制約ありでの迷路とエージェントの共進化結果（[4]のFig.7より引用）

　この結果が示すように、単純な環境への制約を入れるだけで集団の多様性が増し、複雑化していくことがわかりました。制約によって、エージェントが新しいチャレンジングな環境に挑むようになるためです。1つの迷路を解ける回数を制限することで、エージェントはさまざまなサイズや複雑さの迷路（ニッチ）を試みることになります。これにより、新しいニッチを築くことができたエージェントは、子孫を残す可能性も高まります。このニッチ空間の探索は、従来の種分化の手法を使わずとも、多様性を生み出します。

　次の章では、MCCアルゴリズムの実装方法について詳しく解説していきます。

5.2　MCCアルゴリズムの実装

　MCCアルゴリズムの実装について詳しく説明しましょう。

　MCCアルゴリズムの特徴は、複数の母集団を作成することです。そして、個体に対し、与えられた最小基準を満たすかどうかを評価し、満たした個体を元に次世代の集団を形成します。これまでに解説してきたアルゴリズムとMCCアルゴリズムの大きな違いは、進化の過程で複数の母集団間が相互に影響を与え合うことです。このような共進化的な進化は、個々の解の品質だけでなく、解の多様性も高めます。特に、MCCアルゴリズムは最小基準の概念を採用しているため、解の探索範囲をより広範にカバーすることにつながります。

　これらを実現するために、主に以下のような実装を行います。

- Population：集団AとBを保持し、それぞれの集団の子集団を生成できるようにする
- Reproduction：子集団を生成する
- MCCEvaluatorSerial：集団AとBを評価できるようにする

　初期集団は、最小基準を満たすように子集団を生成するのではなく、ランダムに生成された子集団から基準を満たした個体を選ぶことで構成します。各集団で生存のための最小基準を満たすことを評価し、個体を次世代に残すかどうかを与えられた最小基準を満たしているかどうかで決定することが、MCCアルゴリズムの重要な処理です。初期の集団が基準を満たしていなければ、そこから生成される子集団もなかなか基準を満たしません。

　そこで、MCCアルゴリズムを実行する前に、初期の集団Aと集団Bを作成するブートストラップ処理をあらかじめ行う必要があります。ブートストラップ処理とは、初期の集団Aと集団Bに含まれる個体が、最小基準を満たすように適当に調整するプロセスです。これにより、アルゴリズムが最初からより良い解の探索を開始できます。ブートストラップ処理の具体的な方法は、問題の性質や目的に応じて異なりますので、迷路実験の実装の際に詳しく説明します。

　これらの実装が適切に行われることで、MCCアルゴリズムは共進化的進化によって解の品質と多様性を維持しつつ、最小基準を満たす解を効率的に探索できます。それでは、迷路問題を用いて、MCCアルゴリズムの流れと共に、それらのクラスの役割と実装を見ていきましょう。

実際にはMCCEvaluatorSerialクラスではなく、並列処理で評価を行うMCCEvaluatorParallelクラスが実装されています。ここでは並列処理を省いて、処理の流れを追いやすくするためにMCCEvaluatorSerialを説明します。

5.2.1　アルゴリズムの流れ

　アルゴリズムの具体的な処理の流れは以下のようになります。概要は**図5-3**に示す通りです。

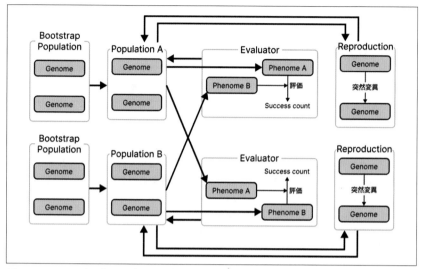

図5-3 MCCアルゴリズムの概念図

1. 共進化させるAとBの初期集団を生成する（Bootstrap）

MCCアルゴリズムでは、最小基準を満たすように子集団を生成するのではなく、ランダムに生成された子集団から基準を満たした個体を残していきます。そのため、初期の集団が基準を満たしたものでなければ、そこから生成される子集団もなかなか基準を満たしません。そこでMCCアルゴリズムを実行する前に、初期の集団Aと集団Bを作成するブートストラップ処理をあらかじめ行う必要があります。ブートストラップ処理の説明は迷路実験の実装の際に説明します。

2. AとBの子集団（子集団Aと子集団B）をそれぞれ生成する（Population・Reproduction）

MCCアルゴリズムでは1つの集団ではなく2つの集団を扱います。PopulationクラスとReproductionクラスでこれらの処理を実装します。

3. 子集団A（B）を親集団B（A）で評価する（Evaluator）

各集団の個体を次世代に残すかどうかを与えられた最小基準を満たしているかどうかで決定するMCCアルゴリズムの重要な処理です。MCCEvaluatorSerialクラスで実装します。

4. 基準を満たした子集団の個体をそれぞれの集団に加える（Population）

MCを満たした個体の集団への追加、集団数の上限に達した場合は古い個体の削除などを行い、集団を更新し、次世代の集団を形成します。Populationクラスでこれらの処理を実装します。

5. 2〜4を繰り返す

2から4の処理を指定された世代数だけ繰り返します。

それでは、Populationクラス、Reproductionクラス、MCCEvaluatorSerialクラスの詳細な実装を詳しく見ていきましょう。

5.2.1.1 Populationクラス

Populationクラスでは、MCCアルゴリズムで共進化させる集団Aと集団Bを管理し、アルゴリズムを進行させます。このクラスで実装される主な機能は、アルゴリズムを進行させるrun()関数です。コンストラクタとその内容について順番に説明します。なお、この節で示すコードはすべてlibs/mcc/population.pyからの抜粋です。

コンストラクタ

コンストラクタでは、まず設定から必要な値を取得し、2つの初期集団AとBを生成します。config引数には、Configクラスのインスタンスを渡す必要があります。次に、ブートストラップ処理で事前に生成された初期集団AとBをgenome1_pop_fileとgenome2_pop_fileから読み込みます。その後、各集団に対してReproductionクラスのインスタンスを作成します。集団Aは、genome1_pop、集団Bはgenome2_popとして扱われます。

```python
class Population:
    def __init__(self, config, genome1_pop_file, genome2_pop_file):
        # MCC の設定インスタンス
        self.config = config
        # 経過世代数
        self.generation = 0

        # 初期集団 A、B の読み込み
        self.genome1_pop = pickle.load(open(genome1_pop_file, 'rb'))
        self.genome2_pop = pickle.load(open(genome2_pop_file, 'rb'))

        # 集団 A、B から子集団を生成する Reproduction インスタンスを生成
        self.genome1_reproduction = Reproduction(
            self.genome1_pop, config.genome1_config)
        self.genome2_reproduction = Reproduction(
            self.genome2_pop, config.genome2_config)
```

集団の評価と更新：run関数

Populationクラスのrun()関数では、それぞれの集団の評価と更新を繰り返し行う処理が実装されています。

具体的には、以下の処理を指定された世代数だけ処理が繰り返されます。

1. 親集団A、Bから子集団A、Bを生成
2. 子集団A、Bを評価
3. 基準を満たす子集団の個体を選択
4. 親集団A、Bを更新

　最初に、一定数（genome1_offspring_size、genome2_offspring_size）の子集団の生成
をReproductionクラス内のcreate_offsprings関数で生成します。次に、run関数の引数
で与えられた評価関数を用いて、子集団AとBを評価します。この際、子集団Aは親集団
Bに対し、子集団Bは親集団Aに対し評価が行われます。そのため、親集団も評価関数の
引数に与えられます。その後、子集団AとBから最小基準（genome1_criterion、genome2_
criterion）を満たす個体のみを選択し、次に説明するupdate_pop関数を用いて親集団を
更新します。生成する子集団の数や、個体が満たすべき最小基準はconfigファイル内で指
定した値を用います。

```python
def run(self, evaluate_function, n):
    # 指定回数だけ世代を繰り返す
    while self.generation < n:

        # 集団 A,B の子集団を生成
        genome1_offsprings = self.genome1_reproduction.create_offsprings(
            self.genome1_pop, self.config.genome1_offspring_size)
        genome2_offsprings = self.genome2_reproduction.create_offsprings(
            self.genome2_pop, self.config.genome2_offspring_size)

        # 子集団の評価
        evaluate_function(genome1_offsprings, genome2_offsprings,
                          self.genome1_pop, self.genome2_pop,
                          self.config, self.generation)

        # 子集団を基準を満たしたものにフィルタリング
        genome1_survivors = {
            key: genome
            for key, genome in genome1_offsprings.items()
            if genome.fitness >= self.config.genome1_criteria
        }
        genome2_survivors = {
            key: genome
            for key, genome in genome2_offsprings.items()
            if genome.fitness >= self.config.genome2_criteria
        }

        # 集団を更新
        self.genome1_pop = self.update_pop(
            self.genome1_pop, genome1_survivors,
            self.config.genome1_pop_size,
            self.config.genome1_config)
        self.genome2_pop = self.update_pop(
            self.genome2_pop, genome2_survivors,
            self.config.genome2_pop_size,
```

```
        self.config.genome2_config)

    self.generation += 1

return
```

update_pop関数では、基準を満たす個体のみを含む子集団を親集団に統合し、更新を行います。統合後の集団の大きさが、configファイルであらかじめ設定された数（genome1_pop_size, genome2_pop_size）を超えないように、若い順に個体を並べ替え、古い個体を削除します。

```
@staticmethod
def update_pop(pop, survivors, pop_size):
    # 現在の集団と基準を満たした子集団を結合
    pop_unite = list(pop.items()) + list(survivors.items())
    # 若い順に並べ替え
    pop_unite = sorted(pop_unite, key=lambda z: z[0])
    # 若いものから一定数に絞る
    pop_alive = dict(pop_unite[-pop_size:])

    return pop_alive
```

このようにPopulationクラスで集団Aと集団Bの管理およびアルゴリズムの進行が行われます。一方で、Reproductionクラスでは子集団の生成に関する処理が実装されています。これら2つのクラスが連携することでMCCアルゴリズムが機能します。

5.2.1.2 Reproductionクラス

Reproductionクラスでは親集団から子集団を生成します。これにより、MCCアルゴリズムにおける進化の過程で新たな個体が生成されます。なお、この節で示すコードはすべてlibs/mcc/reproduction.pyからの抜粋です。

コンストラクタ

コンストラクタでは生成の対象となる集団の設定インスタンスを保持します。

```
class Reproduction:
    def __init__(self, population, config):
        # 対象とするゲノムの設定インスタンス
        self.config = config
        self.indexer = itertools.count(max(population.keys()) + 1)
```

子集団の生成：create_offsprings関数

親集団から子集団を一定数だけ生成します。ランダムに選択された親個体をコピーし、突然変異を適用して新しい個体を生成します。この過程を指定された子集団のサイズになるまで繰り返します。

```
def create_offsprings(self, population, offspring_size):
    offsprings = {}
    while len(offsprings) < offspring_size:
        key = next(self.indexer)
        parent_key = random.choice(list(population.keys()))
        offspring = copy.deepcopy(population[parent_key])
        offspring.mutate(self.config)
        offspring.key = key
        offsoring.fitness = 0

        offsprings[key] = offspring
    return offsprings
```

この Reproduction クラスを利用することで、Population クラス内で子集団の生成を簡単に行うことができます。

これまでに説明した Population クラスと Reproduction クラスによって、MCC アルゴリズムにおける集団管理や子集団の生成が実現されています。次に、MCCEvaluatorSerial クラスを説明します。このクラスでは、最小基準を満たしているかどうかで子集団Aと子集団Bの評価を行い、どの個体を次世代に残すかを判断します。

5.2.1.3 MCCEvaluatorSerial クラス

MCCEvaluatorSerial クラスは、Population クラスから子集団AとBを受け取り、子集団を評価します。受け取った各集団は遺伝子型なので、実際に評価シミュレーションを行うために表現型に変換する処理も行います。なお、この節で示すコードはすべて libs/mcc/reproduction.py からの抜粋です。

コンストラクタ

コンストラクタでは、遺伝子型A、Bそれぞれを表現型に変換する関数（decode_function1() と decode_function2()）と、表現型A、Bのペアを与えて評価する行う関数（evaluatie_function）を保持します。

```
class MCCEvaluatorSerial:
    def __init__(self, evaluate_function, decode_function1, decode_function2):
        # 評価シミュレーションを行う関数
        self.evaluate_function = evaluate_function
        # 表現型に変換する関数
        self.decode_function1 = decode_function1
        self.decode_function2 = decode_function2
```

子集団の評価：evaluate 関数

子集団Aと親集団B、および子集団Bと親集団Aの組み合わせをそれぞれ評価します。両方の組み合わせで同様の処理が行われるため、片方の組み合わせの評価する evaluate_one_side 関数を実装し、各組み合わせに適用します。

```
def evaluate(self, offsprings1, offsprings2,
             population1, population2, config, generation):
    # 子集団 A の評価
    self.evalute_one_side(
        offsprings1_genome, population2_genome, config, generation)
    # 子集団 B の評価
    self.evalute_one_side(
        population1_genome, offsprings2_genome, config, generation)
```

evaluate_one_side 関数は、受け取った集団Aと集団B内の各個体ペアに対して評価を実行します。まず、遺伝子型として渡された集団Aと集団Bをそれぞれ表現型に変換します。次に、集団Aと集団Bの個体ペアに対して評価を行います。しかし、以下の2つの条件のいずれかに該当する個体ペアについては評価を行いません。これら2つの条件が、最小基準となります。

1. 個体Aか個体Bのいずれかが、各々のリソースリミテーションを超えている場合
2. 個体Aと個体Bの両方が、それぞれの基準を既に満たしている場合

```
def evalute_one_side(self, genomes1, genomes2, config, generation):
    # 遺伝子型か表現型にそれぞれ変換
    phenomes1 = {
        key1: self.decode_function1(genome1, config.genome1_config)
        for key1, genome1 in genomes1.items()
    }
    phenomes2 = {
        key2: self.decode_function2(genome2, config.genome2_config)
        for key2, genome2 in genomes2.items()
    }

    # すべての個体ペアに対して
    for key1, genome1 in genomes1.items():
        for key2, genome2 in genomes2.items():
            # どちらかがリソースリミテーションを超えていればスキップ
            if (config.genome1_limit > 0 and \
                genome1.fitness >= config.genome1_limit) or \
                (config.genome2_limit > 0 and \
                genome2.fitness >= config.genome2_limit):
                continue
            # どちらも基準を満たしていれば評価の必要がないためスキップ
            if genome1.fitness >= config.genome1_criteria and \
                genome2.fitness >= config.genome2_criteria:
                continue

            # 評価シミュレーション
            success = self.evaluate_function(
```

```
phenoems1[key1], phenomes2[key2], generation)
# シミュレーションが成功すれば両方の fitness をインクリメント
if success:
    genome1.fitness += 1
    genome2.fitness += 1
```

　1つ目の条件はリソースリミテーション（Resource Limitation）と呼ばれる手法です。簡単に言うと、リソースリミテーションは、特定の問題（たとえば、迷路）を解くことができるエージェントの数を制限することで、エージェントの多様性を維持し、より多様な問題に対する解決能力を高めるための手法です。迷路問題を例に挙げると、ある簡単な1つの迷路が集団に存在すると、新たに生成されたエージェントがその迷路だけを解くだけで集団に残り、結果的に多様性のない似たようなエージェントばかりの集団が形成されてしまいます。新しい迷路もエージェント集団に解かれることで残るため、エージェントに多様性がないと迷路の多様性も失われ、複雑さが向上しにくくなります。この問題に対処するため、1つの迷路を解けるエージェントの数を制限するリソースリミテーションという方法が取られます。

　リソースリミテーションはハイパーパラメータ（genome1_limit, genome2_limit）として、AとBの両方に指定できますが、一方（たとえば迷路）に設定するだけで効果があります[3]。またこれらのパラメータに0を指定すると、リソースリミテーションは適用されません。

　2つ目の条件は、評価に必要なシミュレーション処理を削減する目的で適用されます。既に基準を満たしている場合、それ以上評価は不要であるため、関連するペアを省くことで処理を軽減できます。

　MCCEvaluatorSerialクラスを使用することで、MCCアルゴリズムにおける子集団Aと子集団Bの評価が行われ、次の世代に残すべき個体が決定されます。

実装のヒント
本来、子集団の個体だけが基準を満たしていれば省略できますが、実装上、子集団と親集団の区別をしていないため、AとB両方を対象としています。基準を満たす個体だけが親集団となり、AとBどちらか一方は必ず基準を満たしているため、実際には子集団の個体だけが条件に関与しています。どちらの条件も満たさない個体のペアに対しては、評価が実行されます。

5.3 迷路実験

　ここまで説明してきたコードを用いて、迷路問題における実験を行うコードを実装しましょう。章の始めに説明した通り、MCCの初期集団には既に基準を満たす個体が含まれている必要があります。そのため、実験は次の2段階に分けて実行されます。初期集団の生成を行うブートストラップ処理と、初期集団を進化させていくMCCのメイン処理です。それぞれの手順を順に説明していきます。

5.3.1　ブートストラップ

　MCCの初期集団を事前に生成するブートストラップとして、3章で取り上げた新規性探索アルゴリズムを利用します。初期集団として、ランダムに作成された迷路とそれを解くことができるエージェントのペアをいくつか用意します。

　まず、ランダムな迷路を作成するmake_random_maze関数を作成します。この関数では、生成される迷路の難易度を一定範囲内に保つため、迷路の遺伝子型（MazeGenome）が所定数の壁（WallGene）と通路（PathGene）を持つように設定します。MazeGenomeは、迷路のエンコーディングを管理し、迷路の形状を操作するための機能を提供しています。迷路の遺伝子型の関するエンコーディングの詳細については、本書のオンライン付録4（https://oreilly-japan.github.io/OpenEndedCodebook/app4/）で紹介していますので、詳細に興味のある方はそちらを参照してください。なお、この節で示すコードはすべてexperiments/Chapter5/bootstrap_maze_mcc.pyからの抜粋です。

```
def make_random_maze(config, key, wall_gene_num, path_gene_num):
    # 迷路の遺伝子型（MazeGenome）の初期化
    genome = config.genome2_type(key)
    genome.configure_new(config.genome2_config)

    # 壁の遺伝子型（WallGene）の追加
    for _ in range(wall_gene_num - 1):
        genome.mutate_add_wall(config.genome2_config)

    # 通路の遺伝子型（PathGene）の追加
    c = 0
    # 経路が交差しないような PathGene ができるまでやり直す
    while c < path_gene_num:
        valid = genome.mutate_add_path(config.genome2_config)
        if valid:
            c += 1

    genome.fitness = 0
    return genome
```

実装のヒント
最初に生成されたMazeGenomeには、ランダムなWallGeneが1つ含まれています。そのため、指定されたwall_gene_num-1個のWallGeneを新たに追加しています。また、最初はPathGeneを持っていないため、path_gene_num数だけPathGeneを追加します。PathGeneの追加する際には、迷路の整合性が必ずしも保証されていないため、整合性のあるPathGeneが繰り返し処理を行います。

　次に、ブートストラップの準備を行います。まず、MCCの設定と新規性探索アルゴリズムの設定のインスタンスを取得します。さらに、迷路シミュレーションの詳細設定を指定

し、MazeGenomeからシミュレーションを実行できる状態に変換するMazeGenomeDecoder
インスタンスを作成します。

```
# ブートストラッププログラムの実行引数を取得
args = get_bootstrap_args()
# 迷路の設定は MCC を実行するときに使用するので保存
save_args('bootstrap.json')

# MCC の設定インスタンス
mcc_config_file = 'maze_mcc.cfg'
mcc_config = mcc.make_config(mcc.DefaultGenome, MazeGenome, mcc_config_file)

# NoveltySearch の設定インスタンス
ns_config_file = 'maze_ns_neat.cfg'
ns_config = ns_neat.make_config(ns_config_file)

# 迷路シミュレーションの設定
maze_config = {
    'exit_range': args.exit_range,
    'init_heading': 45,
}
agent_config = {
    'radius': args.radius,
    'range_finder_range': args.range_finder,
    'max_speed': args.max_speed,
    'max_angular_vel': args.max_angular_vel,
    'speed_scale': args.speed_scale,
    'angular_scale': args.angular_scale,
}
MazeDecoder = MazeGenomeDecoder(
    mcc_config.genome2_config, maze_kwargs=maze_config,
    agent_kwargs=agent_config)
```

そして、迷路とエージェントの組み合わせを作成していきます。プログラム実行時には、
作成する迷路の数とエージェントの数を指定することができますが、1つの迷路に対して複
数のエージェントが解くことができることを想定しているため、迷路の数>エージェントの
数とします。処理の流れは以下の通りです。

1. ランダムな迷路を作成する
2. 新規性探索アルゴリズムによって、その迷路を解くことができるエージェントを作
   成する
3. エージェントの数が一定数になるまで手順2を繰り返す
4. 迷路の数が一定数になるまで手順1〜3を繰り返す
5. 迷路とエージェントを保存する

```
# 迷路1つにエージェントをいくつ作成するか
perMaze = args.agent_num // args.maze_num

maze_genomes = {}
agent_genomes = {}
a_i = 0
# 迷路の数が一定数になるまで繰り返す
while len(maze_genomes) < args.maze_num:

    # ランダムな迷路の作成
    maze_genome = make_random_maze(
        mcc_config, len(maze_genomes), args.wall_gene_num, args.path_gene_num)
    maze_env, timesteps = MazeDecoder.decode(maze_genome, mcc_config)

    # 作成された迷路に対してNoveltySearchを行うための準備
    evaluator = MazeControllerEvaluatorNS(maze_env, timesteps)
    serial = EvaluatorSerial(
        evaluate_function=evaluator.evaluate_agent,
        decode_function=ns_neat.FeedForwardNetwork.create
    )

    # 作成された迷路を解くことができるエージェントをperMazeだけ作成
    agent_genomes_tmp = {}
    not_found_count = 0
    while len(agent_genomes_tmp) < perMaze:
        # NoveltySearchの実行
        pop = ns_neat.Population(ns_config)
        agent_genome = pop.run(evaluate_function=serial.evaluate, n=400)

        # エージェントが迷路を解けていればエージェントを保持
        if agent_genome.score >= 1.0:
            agent_genome.key = a_i
            agent_genome.fitness = 1.0
            agent_genomes_tmp[a_i] = agent_genome

            maze_genome.fitness += 1
            a_i += 1
            not_found_count = 0
        # エージェントが迷路を解けなければやり直し
        else:
            not_found_count += 1
            # 一定回数、失敗すると迷路の生成からやり直し
            if not_found_count >= 5:
                break
```

```
# perMaze だけエージェントの作成が成功すれば迷路も保持
if len(agent_genomes_tmp) == perMaze:
    maze_genomes[maze_genome.key] = maze_genome
    agent_genomes.update(agent_genomes_tmp)

# 迷路とエージェントの集団を保存
maze_genome_file = 'maze_genomes.pickle'
with open(maze_genome_file, 'wb') as f:
    pickle.dump(maze_genomes, f)

agent_genome_file = 'agent_genomes.pickle'
with open(agent_genome_file, 'wb') as f:
    pickle.dump(agent_genomes, f)
```

実装のヒント

新規性探索アルゴリズムを使用しても、迷路を解くことができるエージェントが安定して得られるわけではありません。そのため、新規性探索アルゴリズムの世代をある程度繰り返しても解けない場合は、何度かやり直します。5回繰り返しても迷路を解けるエージェントが得られない場合には、迷路が難しいと判断し、迷路の生成からやり直します。

5.3.2 実行

ブートストラップによって迷路とエージェントの初期集団を作成した後、MCCを実行していきます。

まずは迷路とエージェントを引数として受け取り、エージェントが迷路を解くことができるかどうかを判定するsimulate_maze関数を作成します。なお、この節で示すコードはすべてexperiments/Chapter5/run_maze_mcc.pyからの抜粋です。

```
def simulate_maze(controller, maze_phenome, generation):
    maze, timesteps = maze_phenome
    maze.reset()
    done = False
    for i in range(timesteps):
        obs = maze.get_observation()
        action = controller.activate(obs)
        done = maze.update(action)
        if done:
            break
    return done
```

次に、MCCの実験を行うための準備をします。プログラム実行時に指定したパラメータ、あるいは設定ファイル (experiments/Chapter5/config/maze_mcc.cfg) に設定されている値

を設定ファイルから読み込みます。

```
args = get_args()

config_file = 'maze_mcc.cfg'
custom_config = [
    ('MCC', 'generation', args.generation),
    ('MCC', 'genome1_pop_size', args.agent_pop),
    ('MCC', 'genome2_pop_size', args.maze_pop),
    ('MCC', 'genome1_criteria', args.agent_criteria),
    ('MCC', 'genome2_criteria', args.maze_criteria),
    ('MCC', 'genome1_offspring_size', args.agent_batch),
    ('MCC', 'genome2_offspring_size', args.maze_batch),
    ('MCC', 'genome1_limit', args.agent_limit),
    ('MCC', 'genome2_limit', args.maze_limit)
]
config = mcc.make_config(
    mcc.DefaultGenome, MazeGenome, config_file, custom_config=custom_config)
```

　迷路シミュレーションの細かい設定はブートストラップの際に指定したものと同じものを使用する必要があるため、その設定を読み込み、MazeGenomeDecoderインスタンスを作成します。

```
bootstrap_args = load_args('bootstrap.json')
maze_config = {
    'exit_range': bootstrap_args['exit_range'],
    'init_heading': 45,
}
agent_config = {
    'radius': bootstrap_args['radius'],
    'range_finder_range': bootstrap_args['range_finder'],
    'max_speed': bootstrap_args['max_speed'],
    'max_angular_vel': bootstrap_args['max_angular_vel'],
    'speed_scale': bootstrap_args['speed_scale'],
    'angular_scale': bootstrap_args['angular_scale'],
}
MazeDecoder = MazeGenomeDecoder(
    config.genome2_config, maze_kwargs=maze_config, agent_kwargs=agent_config)
```

　そして、迷路の遺伝子型をデコードする関数（MazeDecoder.decode）とエージェントの遺伝子型を制御アルゴリズムにデコードする関数（mcc.FeedForwardNetwork.create）をそれぞれ設定します。FeedFowardNetworkは、エージェントがどのように行動するかを決定するニューラルネットワークを表しています。

　さらに、評価を行うためのインスタンスを作成します。迷路とエージェントの初期集団が保存されたファイル（agent_genomes.pickleとmaze_decode_function）を設定し、これ

らの初期集団を元に、MCCアルゴリズムを適用するためのPopulationインスタンスを作成します。

```
maze_decode_function = MazeDecoder.decode
agent_decode_function = mcc.FeedForwardNetwork.create

serial = MCCEvaluatorSerial(
    evaluate_function=simulate_maze,
    decode_function1=agent_decode_function,
    decode_function2=maze_decode_function,
)

# エージェントと迷路の初期集団のファイル
agent_bootstrap_file = 'agent_genomes.pickle'
maze_bootstrap_file = 'maze_genomes.pickle'
```

最後に、run関数で共進化のプロセスを開始します。

```
# MCC の実行
pop = mcc.Population(config, agent_bootstrap_file, maze_bootstrap_file)
pop.run(evaluate_function=serial.evaluate)
```

以上が、MCCアルゴリズムに関する主なクラスとその関数の説明になります。

それでは、MCCアルゴリズムを実際にPythonプログラムで実行し、どのような結果になるか次に見てみましょう。

5.3.3 サンプルプログラムの実行

5.3.3.1 迷路プログラムを実行する

MCCアルゴリズムの実行結果を実際にPythonでプログラムを動かしながら見ていきましょう。本章のサンプルプログラムでは、環境の制約を加えたアルゴリズムが実装されています。

最小基準共進化アルゴリズムは、次の2つのステップを実行する必要があります。

1. 初期集団生成ステップ：初期集団の迷路とエージェントを作成する
   (boostrap_maze_mcc.py)
2. 共進化ステップ：初期集団を用いて迷路とエージェントを共進化する
   (run_maze_mcc.py)

5.3.3.2 初期集団となる迷路とエージェントの探索

まず初期集団となる迷路とエージェントを用意するプログラムを実行しましょう。

プログラムの実行方法

プログラムは、GitHubリポジトリ（https://github.com/oreilly-japan/OpenEnded Codebook）のexperiments/Chapter5ディレクトリにあります。移動して実行してください。

```
$ cd experiments/Chapter5
$ python bootstrap_maze_mcc.py
```

初期集団として生成する迷路数とエージェント数は、それぞれ--maze-numと--agent-numオプションで設定します。デフォルト設定では、10の迷路と20のエージェントが生成されます。各迷路に対して、その解を見つけ出すエージェントは新規性探索アルゴリズムにより探索されます。1つの迷路あたりのエージェント数は、総エージェント数を迷路数で割った結果で決まります。デフォルトの設定では、各迷路に対するエージェント数は2となります（エージェント数20÷迷路数10＝2）。設定するエージェント数は迷路数以上である必要があります。また、エージェント数を迷路数で割った際の余りは無視されます。たとえば、迷路数を3、エージェント数を4に設定した場合、それぞれの迷路に対して1つのエージェントが探索されます（4÷3＝1余り1）。

実行結果はout/maze_mcc/bootstrapディレクトリに、-nオプションで指定した名前で保存されます。-nオプションを指定しない場合、デフォルト設定のout/maze_mcc/bootstrap/defaultに保存されます。-n sampleとして実行した結果のサンプルをout/maze_mcc/bootstrap/sampleで提供しています。

その他、用意されているオプションについてはオンライン付録2（https://oreilly-japan.github.io/OpenEndedCodebook/app2/）を参照してください。

プログラムを実行すると次のような出力がコンソールに表示されます。

```
maze 1
search for 2 solver agents

generation:   0  best: 0.391  elapsed: 00:00:24.5
```

出力の意味はそれぞれ次の通りです。

maze
　探索対象の迷路情報です。maze 1は1つ目の迷路を探索していることを表します。
Search for n solver agents
　探索するエージェント数nを示しています。
generation
　新規性探索アルゴリズムによる探索結果です。bestはこれまでの探索で見つかった最大の適応度を示しています。elapsed timeは実行開始からの経過時間です。世代が進むごとに値がアップデートします。

迷路を解くエージェントが見つかると次のように「found」と表示されます。52世代目でmaze 1を解けるエージェントが1つ見つかりました。例は次の通りです。

```
maze 1
search for 2 solver agents

generation:  52  best: 1.000  elapsed: 00:10:12.4  found
```

1つ見つかると、2つ目のエージェントの探索が始まります。

```
maze 1
search for 2 solver agents

generation:  52  best: 1.000  elapsed: 00:10:12.4  found
generation:   0  best: 0.466  elapsed: 00:00:21.0
```

1つ目と同様に探索を進めた結果、87世代目でmaze 1を解くことができる2つ目のエージェントが見つかりました。

```
maze 1
search for 2 solver agents

generation:  52  best: 1.000  elapsed: 00:10:12.4  found
generation:  87  best: 1.000  elapsed: 00:22:14.8  found
```

1つ目の迷路maze 1におけるエージェントの探索はこれで終了です。

同様にして2つ目以降の迷路を解くエージェントの探索が始まります。エージェントの探索は1回で400世代の進化が実行されます。ですが、迷路はランダムに作られるため迷路の難易度によってはエージェントが見つかりにくい場合もあります。そこで、もし5回の探索を試みても迷路を解けるエージェントが見つからない場合は、その迷路を破棄し、新たな迷路での探索を行います。

次の例はmaze 2でのエージェントの探索結果例です。迷路を解く1つ目のエージェントは1回目の探索で見つかっていますが、2つ目のエージェントは5回の探索を試みても見つけることができていません。そのためこの迷路は破棄されます。

```
maze 2
search for 2 solver agents

generation: 306  best: 1.000  elapsed: 00:52:46.0  found

generation: 399  best: 0.931  elapsed: 01:09:37.1
generation: 399  best: 0.941  elapsed: 01:07:35.7
generation: 399  best: 0.932  elapsed: 01:09:00.3
generation: 399  best: 0.946  elapsed: 01:09:30.9
generation: 399  best: 0.939  elapsed: 01:12:03.6
release this maze genome
```

そして、新たな迷路での探索を始めます。迷路の識別番号は「maze 2」として維持されます。新しい迷路を使った探索では2つのエージェントが、8世代目と139世代目にそれぞれ見つかっています。

```
maze 2
search for 2 solver agents
```

```
generation:   8  best: 1.000  elapsed: 00:01:25.4  found
generation: 139  best: 1.000  elapsed: 00:25:22.2  found
```

10個の迷路を解ける合計20個のエージェントが見つかると、実行が終了します。

実行結果のファイル構成

実行結果は、out/maze_mcc/bootstrap/ 以下の、-n オプションで指定した実験名のディレクトリに保存されます。

結果のファイル構成は次の通りです。

- agent_genomes.pickle：エージェントの遺伝子情報が保存される。run_maze_mcc.py
　　　　　　　　　　　　で読み込む初期集団のエージェントになる。
- arguments.json：プログラム実行時の設定が保存される
- maze_genomes.pickle：迷路の遺伝子情報が保存される。run_maze_mcc.py で読み込む
　　　　　　　　　　　初期集団の迷路になる。
- maze_mcc.cfg：最小基準共進化アルゴリズムに関するパラメータの設定ファイル
- maze_ns_neat.cfg：新規性探索と NEAT アルゴリズムに関するパラメータの設定ファイル
- maze*.jpg：作成された迷路。* は迷路の識別番号

作成された迷路は maze*.jpg ファイルとして保存されます。たとえば、上述の実行結果からは次のような迷路が10個作成されます。

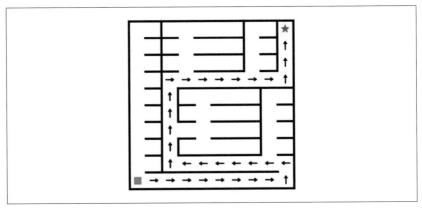

図5-4　初期集団として生成された迷路の例

作成する迷路の複雑さは --path-gene-num を変更することで調整できます。--path-gene-num の値を大きくするほど、ゴールに達するまでに必要な曲がる回数が増えます。そのため値を大きくするほど、より複雑な迷路が作成されます。もうひとつ迷路に関するパラメータが --wall-gene-num です。迷路はまず壁を作成し、その後エージェントが通れるように壁に穴を開けます。壁の情報をエンコードした遺伝子（Wall Gene）は、壁のどの位置

に穴を開けるかを保持しています。壁は再帰的に生成し、壁を生成するたびにWall Gene遺伝子が何度も呼び出されます。Wall Gene遺伝子が複数ある場合は、繰り返し呼び出す際に順番に呼び出されます。`--wall-gene-num`の数を増やすと、よりさまざまな位置に穴が開けられますが、迷路の複雑さにはそれほど影響しません。

たとえば、`--path-gene-num`を3、`--wall-gene-num`を2とした場合は次のような迷路が作成されます。

```
$ python bootstrap_maze.py --path-gene-num 2 --wall-gene-num 2
```

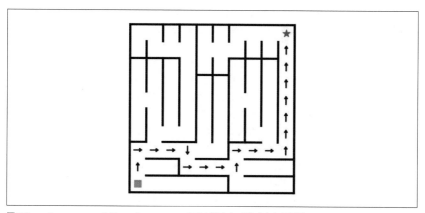

図5-5 path-gene-numを3、wall-gene-numを2と設定して作成された迷路

`--path-gene-num`を6、`--wall-gene-num`を2とした迷路は次のようになります。

```
$ python bootstrap_maze.py --path-gene-num 6 --wall-gene-num 2
```

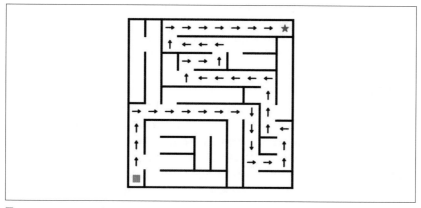

図5-6 path-gene-numを6、wall-gene-numを2と設定して作成された迷路

　上記の例のように`--path-gene-num`の値を大きくすることで、より複雑な迷路を作成することができます。ですが、初期集団の生成はあくまで、次の共進化ステップで複雑な迷路とそれを解くエージェントを進化させていく土台です。そのため難易度の高い迷路の生成は必須ではありません。

5.3.3.3　共進化プログラムの実行

　初期集団の迷路とエージェントを用いて、共進化プログラムを実行してみましょう。

```
$ python run_maze_mcc.py -b default
```

　迷路とエージェントの初期集団は、`-b`オプションで指定します。ここでは先ほど作成した初期集団`default`を指定しています（`out/maze_mcc/bootstrap/`ディレクトリ以下に存在するディレクトリ名を指定可能です）。

　本章のサンプルプログラムに実装されている最小基準共進化アルゴリズムは、1つの迷路を解くエージェント数の制限を設けることで、より多様な迷路（環境）に対応できるエージェントの進化を促します。1つの迷路を解くエージェント数は、`--maze-limit`で設定できます。デフォルト設定では4となっており、4つのエージェントが迷路を解いた時点で、他のエージェントがこの迷路を解くことはできなくなります。同様に、1つのエージェントが解くことができる迷路の数も制限できます。これは、`--agent-limit`で設定します。`--maze-limit`によって制限が設定されていれば、`--agent-limit`による制限は不要なため、デフォルトでは0が設定されています。

　迷路が次世代に残るために必要なエージェントによる解答数は、`--maze-criterion`で設定可能です。デフォルトでは1が設定されており、各迷路が少なくとも1つのエージェントに解かれれば、次の世代に持ち越されます。同様に、エージェントが次の世代に残るために解かなければいけない迷路数は、`--agent-criterion`で設定します。こちらもデフォルトでは1が設定されており、各エージェントが少なくとも1つの迷路を解けば、次の世代に残ることができます。なお、`--maze-limit`の値は`--maze-criterion`の値より大きく設定する必要があります。これは、迷路が次世代に残る条件を満たす前に、利用可能な資源が枯渇する事態を回避するための措置です。

　迷路集団の最大数とエージェント集団の最大数は、それぞれ`--maze-pop`と`--agent-pop`で指定できます。デフォルトでは、迷路集団の最大数が40、エージェント集団の最大数が160に設定されています。

　進化の世代数は`-g`オプションで指定します。デフォルトでは1,000世代に設定されています。1世代で評価するエージェント数は`--agent-batch`で指定します。デフォルト設定では40となっています。同様に、1世代で評価する迷路数は、`--maze-batch`で指定します。デフォルトでは10に設定されています。1つの迷路を解くことができるエージェント数（`--maze-limit`）はデフォルトで4に設定されているため、10の迷路では40（10×4）の環境が生成され、すべてのエージェントが条件を満たすために必要な環境数が用意されています。しかし、迷路の難易度が高いほど解けるエージェント数は減少し、エージェント集

団にとって過度に難易度が高い迷路は選択から外されます。同様に、1つの迷路も解けないエージェントも淘汰されます。

実行結果はout/maze_mcc/mainディレクトリに、-nオプションで指定した実験名で保存されます。-nオプションを指定しない場合、-bで指定した名前が実験名として使用されます。そのため、上記コマンドの実行結果はout/maze_mcc/main/defaultに保存されます。また、-n sampleとして実行した結果のサンプルをout/maze_mcc/main/sampleで提供しています。

その他のオプションについてはオンライン付録2（https://oreilly-japan.github.io/OpenEndedCodebook/app2/）を参照してください。

実行すると1つの世代の実行が終わるたびに、次のようにコンソールに出力されます。

```
****** Running generation 0 ******

agent survived:   4
maze  survived:   5
agent  population size:  24
maze   population size:  15  limited:   0
Generation time: 24.030 sec
   statistics        min      ave      max
                   =======  =======  =======
maze area        :  100.0    100.0    100.0
maze junctures   :    3.0      3.9      5.0
maze path length :   18.0     21.6     32.0
nn connections   :    8.0     16.0     21.0
```

出力の内容は次の通りです。迷路とエージェントの評価結果に関する出力結果に続いて、迷路集団とエージェント集団に関する情報がstatistics以下に出力されます。

- agent survived：評価されたエージェントのうち生き残った数
- maze survived：評価された迷路のうち生き残った数
- agent population size：エージェント集団内の個体数
- maze population size：迷路集団内の個体数。limitedは残りの資源数を示している
- Generation time：1世代の計算にかかった時間（秒）
- maze area：迷路の面積
- maze junctures：迷路の曲がり角の数
- maze path length：迷路の経路の長さ
- nn connections：エージェントのニューラルネットワークの有効なコネクション数

0世代目で評価されるエージェントと迷路は、初期集団で与えられた迷路とエージェントから作成された子集団となります。迷路は最大で--maze-batch（デフォルトでは10）、エージェントは最大で--agent-batch（デフォルトでは40）を親として作成された子集団が評価されます。集団内の迷路数やエージェント数が最大数よりも少ない場合は、集団内にいる

すべての個体が親となります。デフォルトの設定で初期集団を作成した場合は、10の迷路数と20のエージェント数から子集団が生成されます。子集団の迷路とエージェントがそれぞれ評価され、次世代に残るための条件をクリアできたエージェント（agent criterion: 1）と迷路（maze criterion: 1）のみが新たに集団に加わります。

　上記の例では、20のエージェントのうち生き残ることができたのは1つのエージェント（agent surviced: 4）、10の迷路のうち生き残ることができたのは5つの迷路（maze survived: 5）という結果になりました。初期集団にこれらのエージェントと迷路がそれぞれ追加され、エージェント集団は24（agent population size: 24）、迷路集団は15となりました（maze polulation size: 15）。またlimitedは、資源の上限に達した個体数を表しています。limitedが0とは、迷路の資源数（maze limit: 4）に達した迷路はなかったということを表しています。limitedの数が多いほど、その迷路を解くエージェントが多かったことを示します。

　たとえば、次の世代を実行した結果では、limitedが2となり、4つのエージェントによって解かれ、資源を使い果たした迷路が2つ存在したことを示しています。

```
****** Running generation 1 ******

agent survived:   5
maze  survived:   2
agent  population size:  29
maze   population size:  17  limited:   2
Generation time: 32.680 sec (28.355 average)
    statistics        min      ave      max
                    =======  =======  =======
maze area        :   100.0    100.0    100.0
maze junctures   :     3.0      3.8      5.0
maze path length :    18.0     21.2     32.0
nn connections   :     8.0     16.7     21.0
```

　オプションで指定した世代数（デフォルトでは1000）の実行が終了すると、プログラムが終了します。

実行結果

　実行結果は、maze_mcc/mainディレクトリ以下に--nameで指定したディレクトリ内に保存されます。

　ファイル構成は次の通りです。

- agent/：集団に追加されたすべてのエージェントの遺伝子情報が保存される
- arguments.json：プログラム実行時の設定が保存される
- history_agent.csv：集団に追加されたすべてのエージェントの世代番号と識別番号、親番号、success_keys の情報が記録される。success_keys はエージェントがクリアした迷路の識別番号

- history_maze.csv：集団に追加されたすべての迷路の世代番号、識別番号、親番号、success_keysの情報が記録される。success_keysは迷路が解かれたエージェントの識別番号。
- maze/：集団内のすべての迷路遺伝子の情報が保存される
- maze_mcc.cfg：最小基準共進化アルゴリズムに関するパラメータの設定ファイル
- figures/：迷路とエージェントが辿った軌跡を可視化したJPGファイルが保存される

デフォルトの設定でプログラムを実行すると、1,000世代の実行の結果、迷路は1万、エージェントは4万を超える数が作成されています。draw_maze_mcc.pyプログラムで可視化されるのは、1つの迷路を解いたエージェントの中からランダムに選ばれた1つのエージェントによる結果のみです。それでも、1万以上の迷路が可視化すると膨大な数になります。そこで、--start-generationと--end-generationオプションで描画を開始する世代と終了する世代をそれぞれ指定することができます。また、--colorbarオプションを指定すると、エージェントの辿った軌跡が青から白へと--stepsで指定した数に応じて可視化されます。

たとえば、0世代目のみの迷路とそれを解くエージェントのcolorbarオプションをオンにして可視化するコマンドは次の通りです。

```
$ python draw_maze_mcc.py default -sg 0 -eg 1 -cb
```

結果はfigures/ディレクトリに保存されます。
0世代目に作成された迷路とエージェントはたとえば次の通りです。

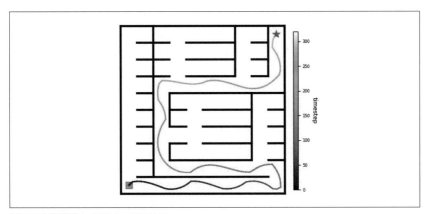

図5-7　初期世代（0世代目）の迷路結果

世代を重ねるごとに迷路とエージェントの動きが複雑化していく様子を見てみましょう。**図5-8**は1,000世代までの進化過程を抜粋して示したものです。

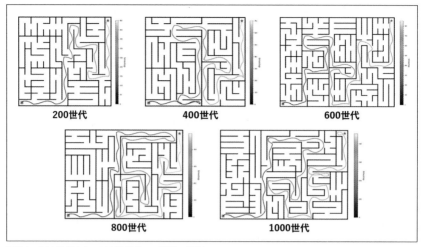

図5-8 200世代から1000世代までの進化の過程

　制約のないMCCアルゴリズムでは迷路の複雑化が限定的でした。しかし、制約を加えると、迷路は次第に複雑化し、それに適応するエージェントも共進化してきました。このように環境に制約と最低限の条件を設けるだけで、環境とエージェントの両方が多様化し複雑化していくというのが最小基準共進化アルゴリズムの面白い点です。

　環境の制約をもっと厳しくしたり緩めたり、あるいは、次世代に残るための条件をもっと厳しくしたり緩めたりすることで、共進化してくる迷路とエージェントの結果も異なってきます。ぜひパラメータを変化させ、どのような結果になるか実験してみてください。

5.4　まとめ

　本章のテーマは共進化でした。共進化とは、環境とエージェントが相互に影響し合い進化していく仕組みです。本章では、人為的な指標を最小限に抑え、生き残りを基本的な制約として導入した共進化アルゴリズムであるMCCアルゴリズムについて学びました。最適な行動や最高の適応度を求めずとも、最小基準を満たすことで次世代に生き残れる権利を得るという、非常にシンプルなアルゴリズムでも、共進化という仕組みを使うことで、環境もエージェントも進化していくことを見ました。

　また本章では、迷路（環境）と迷路を解くエージェントが共進化する実装方法を学びました。このときの最小基準は、エージェントが少なくとも1つの迷路を解くこと、迷路が少なくとも1つのエージェントによって解かれることです。この単純な制約だけでも、迷路とそれを解くエージェントの動きも複雑化していきますが限界もありました。それは、どんな迷路であっても解ければいいので、簡単な迷路を解くことで条件をクリアするエージェントが多くなってしまうことです。そこで、1つの環境を解くことができるエージェント数に制

限を設けることで、より多様な迷路を解くエージェントが進化するアルゴリズムについても学びました。

　MCCアルゴリズムの実装において重要となるのが、初期集団の生成です。初期集団はランダムに生成されますが、このときの個体が必ずしも最小基準を満たすとは限りません。そこで、初期集団に対して、新規性探索アルゴリズムを適用し、最小基準を満たすエージェントを進化させるブートストラップ処理を行うことを学びました。最初は保護された環境で生き残るために必要最低限の能力を与えるようなものです。しかし、実際の問題では、MCCアルゴリズムだけでは、うまく進化が進まないケースが多くあります。

　次章ではMCCアルゴリズムの問題点と、さらに進化を促す新たなアルゴリズムを見ていきます。

この章で学んだこと

- 最小基準共進化アルゴリズムの概要と仕組み
- 最小基準に関する制約とその意義
- 迷路の例を用いた環境とエージェントの共進化の例
- 初期集団の生成とブートストラップ処理の重要性
- 環境制約を設けることで多様なエージェントが進化する理由
- 最小基準共進化アルゴリズムの実装と詳細な説明

6章
POETアルゴリズム

6.1　共進化：複雑で多様な環境への適応

　5章では、オープンエンドな進化を促すMCCアルゴリズムを紹介しました。このアルゴリズムを使うと、エージェントは制約のある資源を持つ環境を探索し始めます。結果として、難易度の高い迷路が解かれ、環境とエージェントの共進化が促進される様子を確認しました。

　ですが、MCCアルゴリズムにはいくつかの課題もあります。特に、エージェントが一度解いた環境の最適化は行われないため、エージェントの能力が十分に引き出されにくいのです。これは、次世代に個体が残るための唯一の条件が「少なくとも1つの迷路を解けること」であるためです。

　これは我々の日常生活にも通じることです。コーヒーを淹れる例を考えてみましょう。ここでの「環境」は気温や湿度、水質など、「エージェント」はコーヒーのレシピです。MCCアルゴリズムを使用して特定の水質に適したレシピを見つける場合、最低条件（たとえば、まずまず美味しいコーヒーができること）を満たすレシピは見つけられますが、最適なレシピかどうかはわかりません。ここでの「最適」とは、特定の水質で最も美味しいコーヒーを淹れるためのレシピを意味します（何が最適なレシピかは、コーヒーを飲む人の好みによって異なりますが、評価者がいることを仮定します）。最適なレシピを見つけるには、豆の種類や挽き方、水温などの調整が必要ですが、MCCアルゴリズムでは最低条件を満たすレシピを見つけるために設計されており、最適なレシピを特定するための細かな調整は行いません。

　これは、より複雑な環境が次世代に継承されにくいという問題につながります。たとえば、基本的なコーヒーのレシピで十分な味が得られる環境Aと、水質の違いにより豊かな風味を引き出す必要がある少し高度な環境A'があるとします。環境A'を解くレシピが現在の集団にいなければ、その環境は次世代に引き継がれず、環境の進化が止まってしまいます。環境Aで美味しいコーヒーを淹れるレシピがあっても、環境A'で適用可能なレシピがなければ、そのレシピは次世代に引き継がれません。環境とエージェントの共進化におい

て、最小条件だけでなく、エージェントがより良い解を探し続けることが環境の進化を推進します。

　これらの問題を解決し、エージェントの試行錯誤を促進し、環境の複雑性と多様性を増すための共進化アルゴリズムがPOET（Paired Open-Ended Trailblazer）です [24] [25]。

6.1.1　POETアルゴリズムの概要

　POETアルゴリズムの詳細を、具体例を通じて見ていきましょう。ここでの例は、**図6-1**に示すような障害物や落とし穴が配置されたゲーム環境で、ロボットが前に進むことで報酬が得られるタスクです。

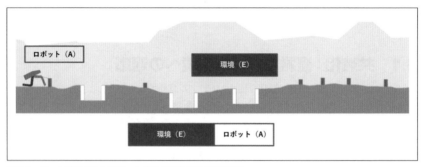

図6-1　ゲーム環境（E）とロボット（A）（[23] を参考に作成）

　ロボットは障害物や落とし穴を避けつつ、前に進むごとにポイント（報酬）を獲得します。ですが、転倒したり穴に落ちたりすると、ペナルティとしてポイントが減ります。ロボットには地形や障害物を認識するセンサーが付いており、この情報を基にニューラルネットワークがモーターを制御して脚を動かします。ロボットに与えられた目的は制限時間内にできるだけ多くのポイントを獲得すること。ロボットの構造は最初に与えられたものから変化せず、ニューラルネットワークだけが進化する仕組みとなっています。また、環境側では障害物や落とし穴の大きさを変更できます。POETアルゴリズムは、このロボットの動作と環境を同時に進化させていきます。

　POETアルゴリズムによるロボットと環境の共進化の概念図を**図6-2**に示します。ランダムに初期化された環境（E）とロボット（A）のペアからスタートし、時間と共にペアの数が増加する様子を示しています。

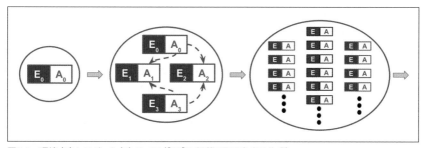

図6-2 環境（E）とロボット（A）のペア（[33] に掲載の図を参考に作成）

アルゴリズムの大まかな流れは次の通りです。

1. **環境とロボットの初期化**：最初の集団となる環境とロボットのペアを生成する。
2. **ロボットの学習**：各ロボットはペアの環境で動きを学び、より良い解を探索する。
3. **ロボットの転送**：同じ世代の他の環境にロボットを転送し、学習を促進する。
4. **環境とロボットの進化**：新しい環境を作成する。このとき「環境の難易度を調整する」工夫により、現在のロボットの能力に適した難易度へと環境が変化する。また、「環境の多様性を保つ」工夫を通じて、異なるタイプの環境が生成されることを確保する。新たに生成された環境とロボットをペアにし、次世代の集団を作成した後、ステップ2に戻る。

このアルゴリズムには、環境とロボットの共進化を促進するためのさまざまな工夫が施されています。ロボットは、ステップ2とステップ3でペアの環境で学習を進め、同じ世代の他の環境に転送することで、さらに学習を深めます。一方、環境はステップ4で新たな環境を作成する際に、「環境の難易度を調整する」と「環境の多様性を保つ」という工夫が施されています。これらの工夫により、エージェントはペアとなった環境で最適化され、転送によりさらに多様な環境に適応するように学習が進みます。この結果、性能の高いエージェントが見つかり、現在の集団に対して適度な難易度の環境が進化し、エージェントと環境の共進化がさらに進む構造になっています。

各ステップについて詳しく見ていきましょう。

6.1.1.1　環境とロボットの初期化

ステップ1では、最初の一組の環境とロボットを生成し、初期集団を形成します。初期集団には一組の環境とロボットで十分です。ここでの環境は、障害物や落とし穴のないフラットなものとします。一方、ロボットのニューラルネットワークはランダムに初期化され、最初は適切な行動を取れない状態からスタートします。

6.1.1.2　ロボットの学習

ステップ2では、それぞれのロボットがペアになっている環境で動きを学習します。学習には遺伝的アルゴリズムや強化学習などの技術が用いられます。これによりロボットは

与えられた環境でより良い解を探索し、それに適応する能力を獲得します。学習を通じて、ロボットの潜在能力を最大限に引き出すことが可能となります。

6.1.1.3　ロボットの転送

　ステップ3では、それぞれのロボットを、同じ世代の他の環境に「転送」します。これにより、ロボットが学習した行動が他の環境にも適応できるかを試すのです。1つの環境で学んだスキルが他で役立つかもしれないからです。この転送を通じて、環境の多様性を最大限に生かし、ロボットの性能を向上させることを目指すのです。もし転送先の環境での性能が、その環境と既にペアとなっているロボットよりも優れていれば、既存のロボットと置き換えます。このプロセスにより、環境Aで最適化されたロボットが、より難易度の高い環境A′でさらに最適化され、環境A′にも対応するロボットへと進化していきます。

　この転送プロセスは、スポーツにおけるクロストレーニングに例えることができます。クロストレーニングは、複数のスポーツを行うことでアスリートの性能向上につながる訓練法です。1つのスポーツで獲得したスキルや体力が他のスポーツでも有効に働くことが多いからです。同様に、ロボットが1つの環境で獲得したスキルが、他の環境でも有効に機能することが期待されます。

6.1.1.4　環境とロボットの進化

　ステップ4では、次世代の環境とロボットの組み合わせを生成します。新しい世代が形成され、環境とロボットの双方が更新されます。各ロボットは、各々の環境で評価され、最も優れた性能を示したロボットが選ばれます。この「勝者」は、次世代のロボットを生み出す親となります。

　新たな環境は、現在の環境に基づいて生成されます。環境とロボットの共進化がより促進されるように、新たな環境を生成するとき、その難易度と多様性を保つための工夫が行われています。

環境の難易度を調整する

　環境とロボットの共進化を促すためには、環境の難易度が1つの大きな鍵となります。現在のロボットにとって環境が難しすぎても簡単すぎても、ロボットの行動学習は進みません。もし環境が難しすぎると、どのロボットにとっても解けない環境となってしまいます。そこでPOETでは、現在の集団にとって難しすぎず、易しすぎない環境を優先して次世代に残します。

　新しい環境は、現在の環境に変化を加えて生成されます。新しく生まれた子環境の難易度は、現世代のロボットによって評価されます。評価値が設定した閾値より低ければ、その環境は難易度が高すぎると判断され、逆に評価値が高すぎると、簡単すぎると判断されます。適切な難易度の環境だけが、次世代へと引き継がれます。

　たとえば、まだ進化の初期段階のロボットが平坦な地形を歩くことができるようになったとしましょう。このロボットに大きな穴や起伏の激しい地形を与えた場合、ロボットは穴に落ちたり転んだりし、前に進むことができません。難易度が高すぎる環境は、ロボット

の学習には逆効果で、計算リソースを無駄にします。スポーツにおける個々のレベルに合わせたトレーニングのように、自分のレベルに合った環境を選ぶことが効率的な学習につながります。

環境の多様性を保つ

環境の多様性は、オープンエンドな進化において重要です。これは、新規性探索アルゴリズムや品質多様性アルゴリズムでも確認されています。POETアルゴリズムも集団の多様性を高めるための方法を取り入れています。

1つの方法として、新規性を活用しています。次世代に残す環境の候補集団は、新規性に基づいてランク付けされ、上位の候補が集団に加えられます。新規性は、既存の環境とどれだけ異なるかを定量的に評価することで決定されます。

また、環境の多様性を維持するために、集団の上限数が設定されています。一定の数に達したとき、最も古い環境が取り除かれます。この仕組みにより、新規性の高い環境が次世代に引き継がれ、古い環境が取り除かれることで、可能な限り多様な環境を保持することができます。

POETアルゴリズムは、ロボットの学習、転送、新しい環境の生成といったステップを繰り返し、ロボットの能力を総合的に向上させ、さまざまな環境に対応できるよう進化させます。

6.1.2　POETアルゴリズムがうまくいく理由

POETアルゴリズムによって進化が促されるのは、環境の変化が新たな才能を引き出すからです。ロボットの実験でのその具体例を図6-3に示します。

実験では、ロボットはまず平らな環境でその動きが強化学習によって最適化されます。このとき、ロボットは低い姿勢で安定して歩く行動を学習します。低い姿勢のため歩く速度はゆっくりです。その後、「転送」によって、小石のような障害物が散らばるやや難しい環境に移されます。すると、ロボットは小石につまずいてしまいます。脚を十分に高く上げることができないからです。ですが、この新しい環境でのさらなる最適化により、ロボットは高い姿勢で歩くことを学び、小石につまずかずに歩けるようになります。

この学習を経たロボットが、再び「転送」によって元の平らな環境に戻されると、高い姿勢での歩行をさらに最適化します。その結果、摩擦が少ないエネルギー効率の良い歩き方を獲得することで、ロボットはより速く歩けるようになっています。

興味深い点は、もし最初の平らな環境のみでロボットを学習させても、このような高い姿勢での歩行は学習されないことです。実験から、異なる環境を経験することでのみ、ロボットの潜在的な能力や行動が引き出されることが示されました。

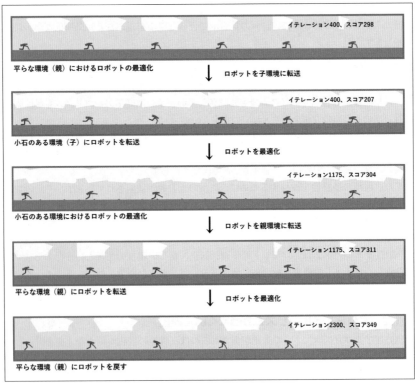

イテレーション400、スコア298

平らな環境（親）におけるロボットの最適化 　↓　ロボットを子環境に転送

イテレーション400、スコア207

小石のある環境（子）にロボットを転送 　↓　ロボットを最適化

イテレーション1175、スコア304

小石のある環境におけるロボットの最適化 　↓　ロボットを親環境に転送

イテレーション1175、スコア311

平らな環境（親）にロボットを転送 　↓　ロボットを最適化

イテレーション2300、スコア349

平らな環境（親）にロボットを戻す

図6-3 ロボットの進化の例（[34]のFig5をもとに作成）

　この結果は、ただ偶然に発見されたものではありません。「転送」によるロボットのクロストレーニングの効果は顕著であることが報告されています。POETアルゴリズムの開発者、ルイ・ワン（Rui Wang）らによれば、転送されたロボットの約半分はそれまでよりも高い適応度となり、ロボットの進化につながるとのことです。

　チャレンジングな目的ほど、解決への手がかりを見つけにくく、予測も困難です。こうした状況では、さまざまな状況でトライアンドエラーすることが、問題解決に有効なのです。この点は、POETアルゴリズムと本書でこれまで紹介してきたアルゴリズムとの共通点でもあります。チャレンジングな目的を解決する足がかりは、直接最適化するよりも、発散的なプロセスを通じて探る方が見つけられる可能性が高いのです。

　実際、POETで進化させた環境とロボットを、その環境のみでロボットをゼロから最適化しても、ロボットはすぐに停止してしまうことが多いです。その一例を**図6-4**に示します。上段がゼロから最適化した場合、下段がPOETアルゴリズムによる結果です。

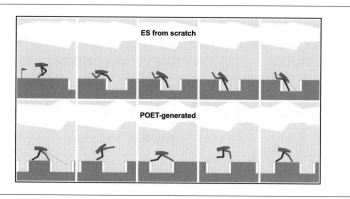

図6-4 上：ポイントが減らないように落とし穴で止まる選択をするロボット、下：POETで落とし穴を乗り越えるように進化したロボット（[23]のFig.2より引用）

ロボットが置かれた環境は、広い落とし穴がある難易度の高い環境です。この環境のみでロボットを最適化しても、突破が難しい落とし穴で止まることを学んでしまいます。ロボットは、片脚をゆっくり出して落とし穴の底に触れ、制限時間までほとんど動かずに、わずかなポイントを維持しようとする戦略を学習します。転倒するとポイントが減るため、落とし穴を超えることを学習しないのです。その結果、落とし穴を超える方法を学ぶのではなく、動かないことでポイントが減らないような戦略に収束してしまいます。

一方、POETアルゴリズムを用いた場合は、ロボットは脚をしっかりと高く上げ、落とし穴を乗り越える賢い動きを学習します。これは、環境の難易度を適切に制御することの重要性を強く示唆しています。ロボットにとって過度に困難な環境を与えても、効果的な学習にはつながりません。ロボットは、その持っている能力を発揮すれば、落とし穴を乗り越えられるはずです。しかし、そのポテンシャルを発揮する機会が与えられなければ、学習は早々に終わってしまうのです。

適度な難易度の環境を生成し、集団内の環境の多様性を維持することが学習にとっては重要です。これにより、ロボットを効率的に最適化し、新しい環境に適応させることができます。POETアルゴリズムは、この原理を利用し、シンプルな環境からスタートし、次第に複雑な環境へと進化していく中で、各環境の最適化を活用して進化を続けるのです。

このように、POETアルゴリズムは環境の変化を利用してロボットの新たな才能を引き出し、進化させる手法を提供しています。それでは、次節から実際のコードを動かしながらPOETアルゴリズムの振る舞いを見ていきましょう。

6.2 POETアルゴリズムの実装

POETアルゴリズムの実装について詳しく説明しましょう。

POETアルゴリズムの特徴は、MCCアルゴリズムと同様に、エージェントと環境が相互

に影響を及ぼしながら進化する点です。MCCアルゴリズムではエージェントや環境が次世代に残る条件は、最小基準を満たせばよかったのに対し、POETアルゴリズムは、エージェントは与えられた環境でその行動が最適化されます。そのため、エージェントの性能がより引き出されるのです。また、他の環境にエージェントを転送するというプロセスを通して、それまでに獲得したスキルを新たな環境に適応させます。これにより、さらに複雑な問題や多様な課題への解決策を生み出します。

これらを実現するために、主に以下のクラスの実装を行います。

- POET：環境とエージェントのペアの初期集団を生成し、アルゴリズム全体の処理を制御する。
- Niche：環境と最適化アルゴリズムをペアとして保持する。
- Optimizer：エージェントの行動を保持し、与えられた環境でエージェントを評価し、学習する。
- Environment：環境の状態を保持し、変異により新しい環境を生成する。

ここでは、Evolution Gymプラットフォームを用い、地形（環境）とロボットの動きを共進化していく例を通して、POETアルゴリズムを実現していきます。地形の進化は、2章で紹介したCPPNを用います。また、ロボットの動きはPPOアルゴリズムを用いて最適化していきます。サンプルプログラムは、GitHubリポジトリのexperiments/Chapter6ディレクトリにあります。

> Nicheクラスは、環境と最適化アルゴリズムをペアとして保持します。「ニッチ（niche）」は生物学の用語で、それぞれの生物が生態系内で果たす特定の役割や、生存に適した環境を指します。POETアルゴリズムでも、特定の環境（タスク）とそれに最適化されたアルゴリズムの組み合わせを表現するために、このクラスを「Niche」と名付けています。

6.2.1　アルゴリズムの流れ

アルゴリズムの具体的な処理の流れは、以下のようになります。また、概要を**図6-5**に示します。

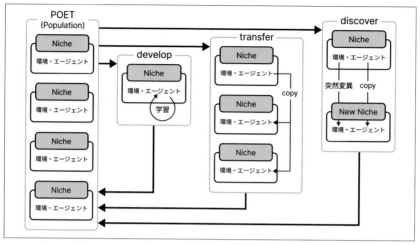

図6-5 POETアルゴリズムの概念図

1. 初期の環境 (Environment) とエージェント (Optimizer) のペアを作成する (POET)

POETクラスで、環境とエージェントのペアを保持するNicheクラスの初期化を行い、初期集団を準備します。

2. それぞれのペアでエージェントを学習する (develop)

ペアとなった環境でエージェントを学習します。POETクラスのdevelop関数で、ペアごとに学習を進め、その結果を評価します。実際の学習の実装は、Optimizerクラスで実装されています。

3. 2の学習を一定回数繰り返すごとに、ペア間でエージェントを転送し合う (transfer)

エージェントを同世代の環境に転送し、他の環境にエージェントを適応させます。POETクラスのtransfer関数で実装しています。

4. 2の学習を一定回数繰り返すごとに、新しいペアを作成する (discover)

Environmentクラスで保持されている環境の状態に対し、POETクラスのdiscover関数で、親となる環境を選択し、新しい環境を生成します。エージェントは選択された環境とペアとなっているエージェントがそのままコピーされます。実際に新たな環境やエージェントを生成する実装は、それぞれEnvironemntクラスとOptimizerクラスで実装されています。

5. 2～4を繰り返す

2から4の処理を指定された世代数だけ繰り返します。

　本書ではEvolution Gymの環境を扱うためのEnvironmentクラス、エージェントの行動をPPOで学習するためのOptimizerクラスをそれぞれ作成します。これらのクラスを変更することで、別の環境や最適化アルゴリズムを用いることができる構造となっています。

プログラムの詳細は、それぞれ libs/poet/poet_algo.py と libs/poet/niche.py を参照してください。以下で説明するコードは、アルゴリズムの処理を理解するために読みやすく、非効率な書き方をしています。実際の実装では処理を並列化するため異なる書き方をしている部分が多々あるため留意してください。

　それでは、POETクラス、Nicheクラス、Environmentクラス、Optimizerクラスの実装を詳しく見ていきましょう。

6.2.1.1　POETクラス

　POETクラスでは、EnvironmentオブジェクトとOptimizerオブジェクトのペアであるNicheオブジェクトを保持し、次の関数でNicheオブジェクトを操作します。

- 初期のペアの生成（initialize_niche関数）
- 繰り返しの処理（optimize関数）
- 各ペアの学習（develop関数）
- ペア間でエージェントの相互転送（transfer関数）
- 新しいペアの生成（discover関数）

　コンストラクタについて説明したのち、上の各処理を行う関数について順に説明していきます。なお、この節で示すコードはすべて libs/poet/poet_algo.py からの抜粋です。

コンストラクタ

　コンストラクタでは、POETアルゴリズムの各種ハイパーパラメータを保持します。

```
class POET:
    def __init__(self,
                 environment_config,
                 optimizer_config,
                 niche_num=10,
                 reproduce_interval=30,
                 transfer_interval=15,
                 repro_threshold=5.0,
                 reproduction_num=10,
                 admit_child_num=1,
                 mc_lower=1,
                 mc_upper=10,
                 clip_reward_lower=0,
                 clip_reward_upper=10,
                 novelty_knn=1):

        # 環境の設定オブジェクト
        self.env_config = environment_config
        # 最適化アルゴリズムの設定オブジェクト
        self.opt_config = optimizer_config
```

```
# 保持するペアの数
self.niche_num = niche_num

# 関数を呼び出すインターバル
self.reproduce_interval = reproduce_interval
self.transfer_interval = transfer_interval

# ペア生成に関わるパラメータ
self.repro_threshold = repro_threshold
self.reproduction_num = reproduction_num
self.admit_child_num = admit_child_num

# 生成したペアを受け入れる閾値
self.mc_lower = mc_lower
self.mc_upper = mc_upper

# ペアの新規性計算に関わるパラメータ
self.clip_reward_lower = clip_reward_lower
self.clip_reward_upper = clip_reward_upper
self.novelty_knn = novelty_knn

# インスタンス変数
self.iteration = 0
self.niches = {}  # 新しいペアを niche_num だけ保持する
self.niches_archive = {}  # 古いペアをこちらに移動する
self.niche_indexer = itertools.count(0)
```

env_config、opt_configは環境、最適化アルゴリズムのハイパーパラメータを保持しているオブジェクトです。また、それぞれの初期状態を生成するmake_init関数も持っています。

初期ペアの生成：initialize_niche関数

POETの一番初めのペアを作成します。初めはエージェントの学習が十分安定して行えるような、シンプルで簡単な環境を生成する必要があります。環境の初期状態は、後で説明するEnvironmentEvogymConfigクラスのmake_init関数で生成されます。まず新しいペアの識別番号（ID）をget_new_niche_key関数で取得します。その後、環境と最適化アルゴリズムの初期状態を作成し、新しいNicheのインスタンスを作成し、環境でエージェントを評価できるように準備します。作成したNicheインスタンスをadd_niche関数でリストに追加し、初期ペアの生成は完了です。

```
def initialize_niche(self):
    # 新しいペアの識別番号を取得
    key = self.get_new_niche_key()
```

```
# 環境と最適化アルゴリズムの初期状態を作成
environment = self.env_config.make_init()
optimizer = self.opt_config.make_init()

# 新しいペアのインスタンスを作成
niche = Niche(key, environment, optimizer)

# 環境と最適化アルゴリズム間で情報交換し、
# エージェントを評価できるように準備
niche.unite(self.env_config, self.opt_config)

# ペアのリストに追加
self.add_niche(key, niche)
```

　ここで呼び出されているget_new_niche_key関数とadd_niche関数は以下でもう少し詳しく説明します。

　get_new_niche_key関数は新しいペアの識別番号を取得する関数で、新しいペアを生成する際には毎回呼び出されます。

```
def get_new_niche_key(self):
    return next(self.niche_indexer)
```

　add_niche関数で生成したペアをインスタンス変数nichesに登録します。このときnichesのサイズが上限のサイズであるniche_numを超えた場合には、超えた数だけ古いペアをniches_archiveに移動します。archiveに移動したペアは学習や転送などには関与せず、新しいペアが生成されたときの新規性スコアを計算するときにのみ使用されます。デフォルトでは、niche_numは10に設定されています。

```
def add_niche(self, key, niche):
    # 学習を進められるように学習器などを準備
    niche.admitted(self.env_config, self.opt_config)
    self.niches[key] = niche

    # 保持できるペアの数を超えた場合、古い順に archive に移す
    flood = len(self.niches) - self.niche_num
    archive_keys = sorted(self.niches.keys())[:flood]
    for key in archive_keys:
        niche = self.niches.pop(key)
        self.niches_archive[key] = niche
```

繰り返しの処理：optimize関数

　初期集団を生成した次の処理がPOETアルゴリズムを進行するメインのoptimize関数です。この関数の中では、以下の3つの処理を実行する関数を繰り返し呼び出します。

1. 各ペアの学習（develop関数）
2. ペア間でエージェントの相互転送（transfer関数）
3. 新しいペアの生成（discover関数）

　基本的には1の学習を何度も繰り返していき、一定回数になるたびに2の転送や、3の新しいペアを生成する処理を行います。2の処理は自身のペアだけでは学習がうまく進まない場合に、他のペアの学習結果を利用するいわば学習を促進する役割を担います。また、3は新しいペアを生成し古いペアと入れ替えるため、頻繁に実行するのではなく、ペアの学習がじっくり行えるようなインターバルで実行することが望ましいです。そのためペアを生成するインターバル（reproduce_interval）中に、ある程度転送が実行されるように転送のインターバル（transfer_interval）を設定します。また転送や新しいペアの生成は保持しているペアの数が多いほど実行時間が長くなってしまうため、実行するインターバルをある程度大きくとる必要があります。一方で、reproduce_intervalが大きすぎても環境の複雑化に時間がかかります。学習の進行速度と環境の複雑化の兼ね合いで適切に設定します。POETで使用する環境と最適化アルゴリズムによって調整する必要がありますが、本書のEvolution GymとPPOの実装では、transfer_intervalは15、reproduce_intervalは30に設定されています。

```
def optimize(self, iterations):
    while self.iteration < iterations:
        # 指定したインターバルごとにペア間でエージェントを転送
        if len(self.niches) > 1 and \
            self.iteration % self.transfer_interval == 0:
            self.transfer()

        # 指定したインターバルごとに新しいペアを生成
        if self.iteration > 0 and \
            self.iteration % self.reproduce_interval == 0:
            self.discover()

        # 各ペアの学習を進める
        self.develop()

        self.iteration += 1
```

　それでは、optimize関数で呼び出している主な3つの関数（develop関数、transfer関数、discover関数）に関して詳しく説明します。

各ペアの学習：develop関数
　各ペアでのエージェントの学習を進めます。その後、rewardを記録するために学習結果のエージェントを評価します。

```python
def develop(self):
    for key, niche in self.niches.items():
        # ペアごとに学習を進める
        niche.step(self.env_config, self.opt_config)
        # 学習した結果を評価
        niche.evaluate(self.env_config, self.opt_config)
```

ペア間での転送：transfer関数

　ペアの学習を進めながら、転送するインターバル（transfer_interval）ごとにペア間でエージェントを転送し合います。環境によってはエージェントの学習がうまく進まず頭打ちになってしまう場合があります。そういった場合に、まったく別の環境で学習されたエージェントを転用することで、頭打ちとなった状況を打破できることがあります。

```python
def transfer(self, reciever_niches=None):
    # 受け手側のペアが指定されない場合、# すべての現存するペアに対して転送
    if reciever_niches is None:
        reciever_niches = self.niches

    # 転送側（現存するペア）のエージェントを取り出す
    imigrant_niche_cores = {niche_key: niche.get_optimizer_core()
                            for niche_key, niche in self.niches.items()}

    # 受け手側と転送側のすべての組み合わせについて処理
    for reciever_key, reciever_niche in reciever_niches.items():
        for imigrant_key, imigrant_core in imigrant_niche_cores.items():
            # 受け手側と転送側が同じであれば処理しない
            if imigrant_key == reciever_key:
                continue

            # 受け手側の環境で転送側のエージェントを評価
            reward = reciever_niche.evaluate(
                self.env_config, self.opt_config,
                imigrant_core=imigrant_core)
            # 受け手側の現在の reward を超えているか判定
            accepted = reciever_niche.judge_acceptance(reward)

            if accepted:
                # 転送側のエージェントを受け手側の環境で学習
                adapted_core = reciever_niche.step(
                    self.env_config, self.opt_config,
                    imigrant_core=imigrant_core)

                # 学習後のエージェントの評価を行い
                # 受け手側の直近 reward を超えていれば置き換える
```

```
reciever_niche.evaluate(
    self.env_config, self.opt_config,
    imigrant_core=adapted_core, invasion=True)
```

　ここで、imigrant_coreのようにcoreと名前の付いた変数はエージェントを表しています。たとえば、最適化アルゴリズムがPPOの場合は、この変数にはニューラルネットワークのパラメータが入ります。また次に説明する新しいペアを生成する関数内で、新しいペアに対して転送を行う必要があるため、引数でreciever_nichesを指定できるようにしています。指定がなければ上で説明しているようにすべてのペアに対して転送を行います。

新しいペアの生成：discover関数

　新しいペアを生成するインターバル（reproduce_interval）ごとに新しいペアをいくつか（admit_child_num）生成します。新しいペアは現存するペア集団の中から親を1つ選び、変異させることで生成されます。ただ新しいペアを生成していけば良いのではなく、ペアの多様性を確保しつつ、エージェントの学習が着実に進むように複雑化していくことが大切です。そのための工夫がいくつか設けられています。

　まず親となるペアの候補をある程度学習ができているものに絞る（reproduce_threshold）ことで、難易度が高すぎて学習が進まないペアが生成されることを抑制します。また複数の新しいペアの候補をいくつか生成し（reproduce_num）、その中から過去のペアと比較して新規性スコアが高い（get_novelty_score関数）ものを選ぶことで多様性が維持されます。

　さらに、新しいペアの環境を既存のエージェントで評価することで、学習する余地がない、もしくは難しすぎるような難易度のペアを候補から外します。新しいペアの難易度の判定には、そのペアに対して現存するすべてのペアのエージェントを転送する必要があるため、計算量が大きくなってしまいます。そのため転送での処理と同様にフィルタリングを行います。（転送の処理時のフィルタリングとは異なり、転送の関数を実行するかどうかのフィルタリングです）。

　新しいペアは親となるペアの環境を変異させることで生成されますが、エージェントはそのままコピーされます。この時点でのエージェントで評価を行うことで、突拍子もない環境が生成されたのか、あるいはまったく変化していない環境が生成されたのか、評価（reward）からある程度判断することができます（pass_mc関数）。そのどちらでもない、つまり着実に複雑化したもののみに、子ペアの候補を絞ることで転送の処理を減らします。

```
def discover(self):
    # 評価rewardが一定以上のペアを親ペアの候補として取得
    parent_niches = [niche for niche in self.niches.values()
                     if niche.reward > self.repro_threshold]
    if len(parent_niches) == 0:
        return

    child_niches = []
```

```
# 新しいペアの候補を一定数生成
for _ in range(self.reproduction_num):
    # 親ペアの候補からランダムに1つ取得し
    # それを変異させて子ペアを生成
    parent_niche = random.choice(parent_niches)
    child_key = self.get_new_niche_key()
    child_niche = parent_niche.reproduce(
        child_key, self.env_config, self.opt_config)

    # 子ペアを初期状態（親ペアのエージェントと同一）で評価
    child_niche.evaluate(self.env_config, self.opt_config)
    # 評価rewardを基に、子ペアがちょうどよい難易度であるか判定
    if self.pass_mc(child_niche):
        # 子ペアの新規性スコアを計算し、候補リストに追加
        novelty_score = self.get_novelty_score(child_niche)
        child_niches.append((child_key, child_niche, novelty_score))

if len(child_niches) == 0:
    return

# 候補リストを新規性スコアが高い順に並べ替え
child_niches = sorted(child_niches, key=lambda x: x[2], reverse=True)

admitted = 0
# 新規性スコアが高い候補ペアから取り出し、受け入れの判断
for niche_key, child_niche, _ in child_niches:
    # 候補ペアに他のペアのエージェントを転送
    self.transfer(reciever_niches={niche_key: child_niche})
    # 転送後にもう一度難易度を確認し、受け入れを判定
    if self.pass_mc(child_niche):
        self.add_niche(niche_key, child_niche)
        admitted += 1
        if admitted >= self.admit_child_num:
            break
```

　ペアの難易度がちょうどよいかを判定するpass_mc関数、ペアの新規性スコアを評価するget_novelty_score関数をそれぞれ以下で説明します。
　pass_mc関数では、新しいペアの難易度が適切かどうかを評価rewardで判定します。処理は単純で、rewardが一定（mc_lower）以上かつ一定（mc_upper）以下であれば適切であると判定します。デフォルトでは、mc_lowerは0.1、mc_upperは0.8に設定されています。

```
def pass_mc(self, niche):
    return niche.reward > self.mc_lower and niche.reward < self.mc_upper
```

　get_novelty_score関数では、新しいペアの新規性スコアを計算します。計算方法は

新規性探索と同様で、計算したいペアのベクトルと、過去すべてのペアのベクトルとの距離における（ハイパーパラメータ novelty_knn で指定可能な）k 近傍の平均で算出されます。初期の POET アルゴリズムでは、ペアの環境をパラメータ化したものがベクトルでした。しかし、この方法では適切にパラメータ化の設計をしなければ、ペアの難易度の差を適切に捉えることができません。また使用する最適化アルゴリズムによっても学習する難易度が異なるため、パラメータ化の設計は難しいです。そこで、POET アルゴリズムを改良した Enhanced POET では、このベクトル化方法が改善されました。方法はシンプルで、過去すべてのペアのエージェントで対象のペアを評価し、その評価 reward をベクトルとします。これにより、使用する最適化アルゴリズムにも依存しない、より本質的な難易度の差を捉えられるようになりました。

　POET アルゴリズムで扱う環境によっては、reward の下限や上限が明確に決まっていない場合があります。もしくは2つの reward が、一定以下（以上）同士であれば、難易度に差がないと判断できる場合には、reward を一定の範囲（下限：clip_reward_lower、上限：clip_reward_upper）に切り取ること（クリッピング）で、難易度の差の捉え方を調整することが可能です。

```python
def get_novelty_score(self, niche):
    # 現在と過去すべてのペアをまとめ、エージェントを取り出す
    archives = dict(**self.niches, **self.niches_archive)
    archive_cores = {key: niche.get_optimizer_core()
                     for key, niche in archives.items()}

    # 計算対象のペアに対してすべてのエージェントで評価
    reward_vector = [
        niche.evaluate(self.env_config, self.opt_config,
                       imigrant_core=core)
        for core in archive_cores.values()
    ]
    # reward をクリッピングする
    reward_vector = np.clip(
        reward_vector, self.clip_reward_lower, self.clip_reward_upper)

    distances = []
    # 計算対象のペアのベクトルと過去のペアのベクトルとの距離を計算
    for archive_key, archive_niche in archives.items():
        reward_vector_archive = [
            archive_niche.evaluate(
                self.env_config, self.opt_config, imigrant_core=core)
            for core in archive_cores.items()
        ]
        reward_vector_archive = np.clip(
            reward_vector_archive, self.clip_reward_lower,
            self.clip_reward_upper)
```

```
                # ユークリッド距離
                distance = np.linalg.norm(reward_vector - reward_vector_archive)
                distances.append(distance)

            # k近傍の平均を新規性スコアとする
            knn_distances = np.sort(distances)[:self.novelty_knn]
            novelty_score = knn_distances.mean()
            return novelty_score
```

6.2.1.2　Nicheクラス

このクラスは環境と最適化アルゴリズムをペアとして保持します。POETクラス内の関数でも呼び出されていましたが、用意されている関数は主に以下の3つです。

- エージェントの学習（step関数）
- エージェントを評価（evaluate関数）
- 新しいペアを生成（reproduce関数）

これらの関数は具体的な処理を行わず、保持しているEnvironmentクラスやOptimizerクラス内の関数への仲介を行います。プログラムの構成上必要なクラスではありますが、処理の流れを理解する上ではあまり重要ではないので、関数の呼び出し関係を厳密に追わないのであれば読み飛ばしても問題ありません。なお、この節で示すコードはすべてlibs/poet/niche.pyからの抜粋です。

コンストラクタと諸関数

コンストラクタではペアとなる環境（Environment）と最適化アルゴリズム（Optimizer）を登録し、現在のrewardとrewardの履歴も変数recent_rewardsをインスタンス変数として持たせています。

```
class Niche:
    def __init__(self, key, environment, optimizer):
        # ペアの識別番号
        self.key = key

        # ペアとなる環境と最適化アルゴリズム
        self.environemt = environment
        self.optimizer = optimizer

        # 学習した回数
        self.step = 0
        # 現在の reward
        self.reward = float('-inf')
        # 直近の reward 履歴
        self.recent_rewards = []
```

Nicheクラスのインスタンスを作成した後、unite関数を実行します。実際の学習や評価はOptimizerクラスで実行するため、環境の情報をOptimizerクラスに渡す処理を行っています。

```
def unite(self, env_config, opt_config):
    env_info = self.environment.get_env_info(env_config)
    self.optimizer.set_env_info(env_info, opt_config)
```

そして、get_optimizer_core関数でエージェントを取得します。

```
def get_optimizer_core(self):
    return self.optimizer.get_core()
```

エージェントの学習：step関数

エージェントの学習を進めるstep関数です。基本的にはペアとなる環境とエージェントで学習を進めるために呼び出されますが、転送処理の際には別のエージェントを学習するために呼び出されます。具体的な学習処理はOptimizerクラスで記述されます。

```
def step(self, env_config, opt_config, imigrant_core=None):

    # 引数imigrant_coreの有無で呼び出す目的を切り替える
    if imigrant_cores is None:
        self.optimizer.step(opt_config)
        self.steps += 1

    # 転送されたエージェントの学習の際には、学習後のエージェントを返す
    else:
        core = self.optimizer.step(opt_config, core=imigrant_core)
        return core
```

エージェントの評価：evaluate関数

エージェントの評価を行うevaluate関数です。こちらも具体的な評価の処理はOptimizerクラスで記述されています。この関数は3通りの呼び出され方があります。そのうち2つはstep関数と同様で、評価するエージェントが環境のペアとなるエージェントの場合、あるいは別のペアのエージェントの場合です。もうひとつは転送を行いエージェントを置き換える場合です。転送するエージェントのrewardが、直近のrewardを超えていればエージェントが置き換わり、最適化アルゴリズムの進行状態がリセットされます。

```
def evaluate(self, env_config, opt_config,
             imigrant_core=None, invasion=False):

    # 引数で与えられたエージェントでrewardを評価し
    # Noneの場合には自身のエージェントを適用
    reward = self.optimizer.evaluate(opt_config, core=imigrant_core)
```

```
        # 自身のエージェントで評価を行った場合は
        # インスタンス変数の reward 履歴を更新
        if imigrant_core is None:
            self.reward = reward
            self.recent_rewards.append(reward)
            # 履歴は一定数を超えると古いものから削除
            while len(self.recent_rewards) > 5:
                self.recent_rewards.pop(0)

        # エージェントの置き換え
        elif invasion:
            if reward > self.reward:
                self.optimizer.set_core(imigrant_core, opt_config)
                self.reward = reward
                self.recent_rewards = [reward]

        return score
```

また、POETクラスで実行される転送処理の際に、転送するエージェントの学習を行うか
どうかのフィルタリングを行う関数 judge_acceptance は次の通りです。直近の一定期間内
の reward 履歴の中での最大値よりも高いことが条件となります。

```
    def judge_acceptance(self, reward):
        return reward > max(recent_rewards)
```

新しいペアの生成：reproduce関数

保持している Environment、Optimizer インスタンスから新しいインスタンスを生成し、
それをペアとした新しいインスタンスを作成します。具体的な生成の処理は Environment と
Optimizer それぞれのクラスで記述されます。

```
    def reproduce(self, new_niche_key, env_config, opt_config):
        # 新しい環境・最適化アルゴリズムのインスタンスを生成
        new_environment = self.environment.reproduce(env_config)
        new_optimizer = self.optimizer.reproduce(opt_config)

        new_niche = Niche(new_niche_key, new_environment, new_optimizer)
        new_niche.unite(env_config, opt_config)
        return new_niche
```

6.2.2 Evolution Gym での実装

ここまでに説明した POET クラスと Niche クラスに対して、Evolution Gym で実行するた
めの Environment クラスと Optimizer クラスを実装します。

Environmentクラスを通じて、Evolution Gymの地形を変異させ、複雑化させてしていきます。地形はマス目上にセルを配置することで表現されます。マス目ごとのセルをランダムに変化させては一貫性のある地形を生成することは困難です。そのためCPPNを用いた間接エンコーディングによって地形を生成し、CPPNを変異させることで効率的に環境を複雑化していきます。また、CPPNでは生成される難易度の制御は難しいため、穴の大きさや段差の高さなどの範囲を別のパラメータで制御できるようにします。このパラメータはCPPNと一緒に変異させていきます。以上を踏まえEnvironmentは以下のクラスで実装します。

- EnvironmentEvogym：メインとなるEnvironmentクラス
- EvogymTerrainDecoder：CPPNからEvolution Gymの地形を生成するクラス
- TerrainParams：地形の難易度を制御するパラメータを持つクラス
- EnvironmentEvogymConfig：Environmentに関係するハイパーパラメータなど、実験を通して不変なものを保持するクラス

Evolution Gymであらかじめ用意されているタスクは、決まった地形情報を読み取るようになっています。POETアルゴリズムを実行可能にするために、変化した地形情報を受け取れるように、Parkour-v0という新しいタスクを実装しました（envs/evogym/custom_envs/parkour.py:Parkour）。このタスクではWalker-v0などと同様に右に進むと報酬が得られるようになっています。また、ロボットが回転することにも報酬を与えたParkour-v1というタスクも実装してあります。報酬を変えることでより面白い動きが見られます。次の節で実行結果の例を示していますので、興味のある方は試してみてください。

6.2.2.1 EnvironmentEvogymクラス

これはペア内で最適化アルゴリズムと一緒にペアとして保持される環境のクラスです。CPPNと地形の形状を制御するパラメータを持っており、それらを変異させることで新しいEnvironmentを生成します。実装される処理は以下です。

- CPPNから地形情報生成（make_terrain関数）
- 最適化アルゴリズム実行のための環境情報取得（get_env_info関数）
- 新しいEnvironmentの生成（reproduce関数）

なお、この節で示すコードはすべてlibs/poet/environment_evogym.pyからの抜粋です。

コンストラクタ

コンストラクタでは、地形を生成するためのCPPNインスタンス（cppn_genome）と、地形を制御するパラメータインスタンス（terrain_params）を登録します。

```python
class EnvironmentEvogym:
    def __init__(self, key, cppn_genome, terrain_params):
        self.key = key
        self.cppn_genome = cppn_genome
```

```
self.terrain_params = terrain_params
self.terrain = None
```

CPPNからの地形情報生成：make_terrain関数

この関数ではCPPNと地形パラメータから地形情報を生成します。

```
def make_terrain(self, config, genome_config):
    self.terrain = config.decoder.decode(
        self.cppn_genome, genome_config, self.terrain_params)
```

実際にCPPNからEvolution Gymの地形を生成する関数を持つ EvogymTerrainDecoder は、どのペアでも共通なため EnvironmentEvogymConfig で保持しており、上記のように呼び出します。

シミュレーション実行のための環境情報の取得：get_env_info関数

この関数ではGymの環境を作成するときに必要となる環境情報を取得します。この情報はNicheクラスを経てOptimizerインスタンスに渡され、学習・評価を行えるようになります。

```
def get_env_info(self, config):
    # config で保持しているロボット情報と地形情報を結合
    structure = config.structure + (self.terrain,)

    # gym 環境を生成するための引数
    make_env_kwargs = {
        'env_id': config.env_id,
        'structure': structure,
    }
    return make_env_kwargs
```

新しいEnvironmentEvogymの生成：reproduce関数

この関数ではCPPNと地形パラメータを変異させ、新たな EnvironmentEvogym を生成します。

```
def reproduce(self, config):
    key = config.get_new_env_key()
    child_cppn = config.reproduce_cppn_genome(self.cppn_genome)
    child_params = config.reproduce_terrain_params(self.terrain_params)
    child = EnvironmentEvogym(key, child_cppn, child_params)
    child.make_terrain(config, config.neat_config.genome_config)
    return child
```

実際に変異を行う関数は EnvironmentEvogymConfig クラスで実装されています。

6.2.2.2 EvogymTerrainDecoderクラス

このクラスはCPPNと地形の難易度を制御するパラメータを用いてEvolution Gymの
地形情報を生成します。実装する関数は、地形を生成する関数のみです。生成の際には
CPPNから得た地形情報をEvolution Gymで読み込むためのデータ形式に変換する必要
がありますが、その処理のコードは冗長で量も多いため、本書ではCPPNから地形情報を
決定している関数 (decode関数) のみの説明に留めます。なお、この節で示すコードはすべ
て libs/poet/environment_evogym.py からの抜粋です。

コンストラクタ

コンストラクタで定義するハイパーパラメータは、地形の最大幅 (max_width) とスタート
地点の足場の幅 (first_platform) です。スタート地点の足場はロボットが体勢を整えるた
めに重要であり、凸凹していたり穴が空いていたりすると学習ができなくなってしまう恐れ
があります。そのためCPPNに依存せずに、必ず一定の幅の平坦な足場を作るようにしま
す。

```
class EvogymTerrainDecoder:
    def __init__(self, width, first_platform=10):
        self.max_width = max_width
        self.first_platform = first_platform
```

地形の生成：decode関数

この関数では、図6-5に示した概要通り、CPPNを使って地形を生成します。CPPNは1
入力5出力のニューラルネットワークです。x座標を入力として、セルの種類 (rigid、soft、
empty) の値と足場の幅、足場の段差の合計5つの足場に関する値を出力します。処理の流
れは以下で書くように、x座標をCPPNに入力し、出力された足場の幅だけずらしたx座
標を再度CPPNに入力して、・・・といった繰り返しになります。

1. 変数x, yを初期化
2. xをCPPNに入力してセルの種類を出力
3. xをCPPNに入力して足場の幅を出力
4. xをCPPNに入力して足場の段差を出力
5. 変数xに足場の幅を加算
6. 変数yに足場の段差を加算
7. xが最大値を超えるまで2〜6を繰り返す

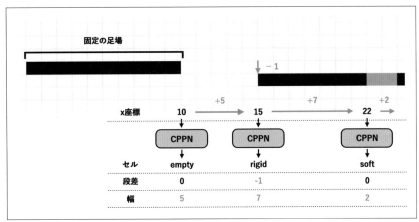

図6-6 CPPNを使った地形の生成

　ここで、最初のxはコンストラクタで設定したスタート地点の足場の幅（start_platform）で初期化されます。繰り返しが終わるx座標の最大値もコンストラクタで設定（max_width）されます。

```
def decode(self, genome, config, terrain_param):
    # genome から CPPN にデコード
    cppn = neat_cppn.FeedForwardNetwork.create(genome, config)

    x, y = self.first_platform, 0
    platforms = [(0, y, x)]
    # x 座標が最大値に達するまで繰り返す
    while x < self.max_width:
        # CPPN に x 座標を入力、出力は sin 関数
        rigid, soft, empty, height, width = cppn.activate([x])

        # セルの種類を決定
        rigid, soft, empty = (rigid + 1) * terrain_param.rigid_bias, \
            (soft + 1) * terrain_param.soft_bias, \
            (empty + 1) * terrain_param.empty_bias

        voxel_type = np.argmax(np.array([rigid, soft, empty]))

        # 足場の幅を決定
        width = width / 2 + 0.5
        if voxel_type == 2:
            width = int(width * terrain_param.max_empty_width) + 1
        elif voxel_type == 1:
            width = int(width * terrain_param.max_soft_width) + 1
```

```
else:
    width = int(width * terrain_param.max_rigid_width) + 1
width = min(width, self.max_width - x)

# 足場の段差を決定
height = round(height * terrain_param.max_up_step) if height > 0 \
    else round(height * terrain_param.max_down_step)

# 足場として追加
platform.append((x, y + height, width))

x += width
y += height
```

また、生成される地形の難易度はパラメータによって制御されます。各セルの選ばれや
すさや足場の幅の最大値、足場の段差の最大値といったパラメータで、TerrainParam イン
スタンスが保持しており、次で説明します。

6.2.2.3 TerrainParams クラス

CPPNのみでの地形生成では難易度の制御、つまり最初は簡単な地形から始めて徐々に
難しくしていく、ということができません。そのため以下の要素をパラメータ化して、生成
される地形を制御します。

- 各セル (rigid、soft、empty セル) の選ばれやすさ
- 各セルの足場の幅の最大値
- 段差 (上り、下り) の最大値

このパラメータを変異させていくことで生成される地形の難易度を変化させます。

コンストラクタ

コンストラクタでは各パラメータを定義します。rigid、soft、empty (穴) セルの選ば
れやすさ、rigid、soft、emptyセルの足場の最大幅と、上り、下りの段差の最大値の合
計8つのパラメータです。POETアルゴリズムで一番最初に生成する難易度が低い地形は、
softセルの選ばれやすさが0、emptyセルの選ばれやすさが0、段差の最大値が0とした、
すべてrigidセルの平坦な1つの足場です。なお、この節で示すコードはすべてlibs/poet/
environment_evogym.pyからの抜粋です。

```
class TerrainParams:
    def __init__(self, key,
                rigid_bias=1,
                soft_bias=0,
                empty_bias=0,
                max_rigid_width=10,
                max_soft_width=3,
```

```
        max_empty_width=1,
        max_down_step=0,
        max_up_step=0,):

    self.key = key
    self.rigid_bias = rigid_bias
    self.soft_bias = soft_bias
    self.empty_bias = empty_bias
    self.max_rigid_width = max_rigid_width
    self.max_soft_width = max_soft_width
    self.max_empty_width = max_empty_width
    self.max_down_step = max_down_step
    self.max_up_step = max_up_step
```

新しいTerrainParamsの生成：reproduce関数

　新しいパラメータは、現在のパラメータを基にランダムに変化させることで生成されます。このランダムな変化に0より大きい平均を持つ正規分布を用いることで、世代を重ねるごとに着実に値が高くなるようにし、生成される地形の難易度を徐々に高くなるようにします。

```
def reproduce(self, key):
    # 新しいパラメータを作成
    rigid_bias     = max(0, min(1, self.rigid_bias     \
        + np.random.normal(0.05, 0.1)))
    soft_bias      = max(0, min(1, self.soft_bias      \
        + np.random.normal(0.05, 0.1)))
    empty_bias     = max(0, min(1, self.empty_bias     \
        + np.random.normal(0.05, 0.1)))
    max_rigid_width = max(1, min(10, self.max_rigid_width \
        + np.random.normal(0.00, 0.8)))
    max_soft_width = max(1, min(8, self.max_soft_width  \
        + np.random.normal(0.15, 0.8)))
    max_empty_width = max(1, min(7, self.max_empty_width \
        + np.random.normal(0.15, 0.8)))
    max_down_step  = max(0, min(4, self.max_down_step  \
        + np.random.normal(0.10, 0.2)))
    max_up_step    = max(0, min(3, self.max_up_step    \
        + np.random.normal(0.10, 0.2)))

    child = TerrainParams(
        key,
        max_down_step=max_down_step,
        max_up_step=max_up_step,
        rigid_bias=rigid_bias,
        soft_bias=soft_bias,
        empty_bias=empty_bias,
```

```
        max_rigid_width=max_rigid_width,
        max_soft_width=max_soft_width,
        max_empty_width=max_empty_width,
    )
    return child
```

6.2.2.4 EnvironmentEvogymConfigクラス

このクラスはEvolution Gymの環境に関わるハイパーパラメータを保持します。また
POETアルゴリズムの初期のEnvironmentEvogymインスタンスを生成する関数と、CPPN
を変異させる関数、TerrainParamを変異させる関数を持ちます。なお、この節で示すコー
ドはすべてlibs/poet/environment_evogym.pyからの抜粋です。

コンストラクタ

コンストラクタではハイパーパラメータを定義します。このクラスで保持するハイパー
パラメータはロボットの構造とGymで環境を呼び出すためのタスクの識別子（env_id）、
CPPNを扱うためのNEATライブラリのconfigです。また、CPPNから地形を生成する
EvogymTerrainDecoderインスタンスもここで作成しておきます。

```
class EnvironmentEvogymConfig:
    def __init__(self,
                 structure,
                 neat_config,
                 env_id='Parkour-v0',
                 max_width=80,
                 first_platform=10):

        self.env_id = env_id
        self.structure = structure
        self.neat_config = neat_config
        self.env_indexer = itertools.count(0)
        self.cppn_indexer = itertools.count(0)
        self.params_indexer = itertools.count(0)

        decoder = EvogymTerrainDecoder(
            max_width, first_platform=first_platform)
```

EnvironmentEvogymの初期状態の作成：make_init関数

make_init関数はPOETクラスのinitialize_niche関数内で呼び出され、最初の
EnvironmentEvogymインスタンスを生成します。

```
    def make_init(self):
        # 初期CPPNの作成
        cppn_key = next(self.cppn_indexer)
```

```
cppn_genome = self.neat_config.genome_type(cppn_key)
cppn_genome.configure_new(self.neat_config.genome_config)

# 初期 TerrainParams の作成
params_key = next(self.params_indexer)
terrain_params = TerrainParams(params_key)

# 初期 Environment インスタンスの作成
env_key = self.get_new_env_key()
environment = EnvironmentEvogym(env_key, cppn_genome, terrain_params)
environment.make_terrain(
    self.decode_cppn, self.neat_config.genome_config)
return environment
```

新しい EnvironmentEvogym インスタンスの識別番号は get_new_env_key 関数で取得します。この関数は EnvironmentEvogym クラスの reproduce 関数でも同様に呼び出されます。

```
def get_new_env_key(self):
    return next(self.env_indexer)
```

新しいCPPNとTerrainParamsの変異：reproduce_cppn_genome、reproduce_terrain_params関数

CPPNの変異、TerrainParamsの変異を行う2つの関数は EnvironmentEvogym クラスの reproduce 関数内で呼び出されます。この2つの処理は共通であるため EnvironmentEvogymConfig クラスで実装します。

```
def reproduce_cppn_genome(self, genome):
    key = next(self.cppn_indexer)
    child = copy.deepcopy(genome)
    child.mutate(self.neat_config.genome_config)
    child.key = key
    return child

def reproduce_terrain_params(self, terrain_params):
    key = next(self.params_indexer)
    child = terrain_params.reproduce(key)
    return child
```

6.2.2.5　OptimizerPPOクラス

最後に Optimizer クラスの実装を見ていきます。本書で実装している POET アルゴリズムの Optimizer クラスでは PPO を最適化アルゴリズムに採用して実装しています。PPO アルゴリズムの詳細な説明は本書で取り扱う範囲を超えてしまうため、特に重要な次の3つの関数についてのみここでは説明します。これらの関数は、Niche クラスから呼び出されている関数です。

- step関数：エージェントの学習を実装している
- evaluate関数：エージェントの評価を実装している
- reproduce関数：新しいエージェントの生成を実装している

なお、この節で示すコードはすべてlibs/poet/learner_ppo.pyからの抜粋です。

エージェントの学習：step関数

Nicheクラスで呼び出している、エージェントの学習を進めるstep関数の具体的な実装を行っています。step関数は、エージェントが環境内で行動を取り、その結果を収集するためのもので、それらを基に行動ポリシーを更新する役割を果たしています。各ステップで、エージェントはその時点での状態に基づいて行動を選択し、その結果を用いて自身の行動ポリシーを更新します。このプロセスを繰り返すことで、エージェントは最終的により良い行動ポリシーを獲得します。

```
class OptimizerPPO:

    #...

    def step(self, results, config, core=None, update=True):
        """
        この関数は、前の学習ステップの結果 (results)、設定パラメータ (config)、以
        前の状態 (core)、および更新フラグ (update) を入力として受け取る。

        core は以前のポリシーの状態を格納するためのもので、update は学習の途中で
        ポリシーを更新するかどうかを制御する。
        """
        if core is None:
            # 最初のステップの場合、現在のポリシーと観測値の平均と標準偏差を
            # 取得する。これらはそれぞれ self.policy.state_dict() と
            # self.envs.obs_rms から取得され、params と obs_rms に
            # 格納される。
            self.params = self.policy.state_dict()
            self.obs_rms = self.envs.obs_rms
            return self.params, self.obs_rms
        else:
            # 後続のステップの場合、新しい結果からポリシーのパラメータと観測値
            # の平均と標準偏差を更新する。これらは、入力の results 辞書から
            # 取得する。この辞書は 'hoge' キーで前のステップの結果を格納
            # している。
            params, obs_rms = results['hoge']
            return params, obs_rms

    #...
```

エージェントの評価：evaluate関数

Nicheクラスで呼び出している、エージェントの評価を行うevaluate関数の具体的な実装を行っています。evaluate関数は、エージェントが現在の環境でどれくらいよく動作するかを評価するための関数です。これは、エージェントの性能を定量的に測定するための重要な手段で、エピソードの総報酬を使って評価しています。具体的には、評価対象となるエージェントのパラメータ（params）と観測値の平均・標準偏差（obs_rms）、そして環境の設定（env_kwargs）を引数として受け取ります。エージェントは与えられた環境において動作し、その性能は最後のエピソード全体で得られた報酬によって評価されます。この報酬がevaluate関数の返り値となります。

```python
def evaluate(env_kwargs, params, obs_rms):
    # 環境を初期化する
    envs = make_vec_envs(**env_kwargs)
    envs.training = False  # 訓練モードをオフにする
    envs.obs_rms = obs_rms  # 観測の正規化を設定する

    # ポリシーを設定し、与えられたパラメータで初期化する
    policy = Policy(envs.observation_space, envs.action_space, device='cpu')
    policy.load_state_dict(params)

    # 初期状態を取得する
    obs = envs.reset()
    done = False
    while not done:
        # アクションを決定する
        with torch.no_grad():
            action = policy.predict(obs, deterministic=True)
        # アクションを環境に適用し、新しい状態と報酬を取得する
        obs, _, done, infos = envs.step(action)

        # エピソードが終了したら、そのエピソードの総報酬を取得する
        if 'episode' in infos[0]:
            reward = infos[0]['episode']['r']

    # 環境を閉じる
    envs.close()

    # 最後のエピソードの報酬を返す
    return reward
```

エージェントの生成：reproduce関数

Nicheクラスで呼び出している、エージェントの生成を行うreproduce関数の具体的な実装を行っています。ここでは単純にエージェントのdeepcopyを行っています。具体的に

は、新たなエージェントの識別番号を生成し、現存するエージェントのパラメータと観測
の平均と標準偏差（paramsとobs_rms）をコピーして新たなエージェント（child）を作成し
ます。新たなエージェントはdeepcopyが行われているため、元のエージェントの状態に
影響を与えず、独立した行動が可能です。

```
def reproduce(self, config):
    key = config.get_new_opt_key()
    params, obs_rms = self.get_core()
    child = OptimizerPPO(
        key, params=copy.deepcopy(params), obs_rms=copy.deepcopy(obs_rms))
    return child
```

6.2.2.6 実行
Evolution GymでのPOETアルゴリズムの実行するコードを説明します。ア
ルゴリズムのメインとなるPOETクラスと、環境のハイパーパラメータをまとめた
EnvironmentEvogymConfigクラス、最適化アルゴリズムのハイパーパラメータをまとめた
OptimizerPPOConfigクラスの3つのクラスだけを使用して実行することができます。

experiments/Chapter6/run_evogym_poet.pyからの抜粋

```
# ハイパーパラメータ等の読み込み
args = get_args()

# ロボットの構造の読み込み
structure = load_robot(ROOT_DIR, args.robot)

# NEAT ライブラリの Config インスタンスの作成
config_file = 'terrain_cppn.cfg'
cppn_config = neat_cppn.make_config(config_file)

# Evogym 環境の設定インスタンスの作成
env_config = EnvironmentEvogymConfig(
    structure,
    cppn_config,
    env_id='Parkour-v0',
    max_width=args.width,
    first_platform=args.first_platform)

# 最適化アルゴリズムの設定インスタンスの作成
opt_config = OptimizerPPOConfig(
    steps_per_iteration=args.steps_per_iteration,
    transfer_steps=args.steps_per_iteration,
    clip_param=args.clip_param,
    ppo_epoch=args.epoch,
    num_mini_batch=args.num_mini_batch,
```

```
    num_steps=args.steps,
    num_processes=args.num_processes,
    lr=args.learning_rate)

# タスクに想定される最大 reward
maximum_reward = 10

# アルゴリズム実行のインスタンス作成
poet_pop = POET(
    env_config,
    opt_config,
    save_path,
    num_workers=args.num_cores,
    niche_num=args.niche_num,
    reproduction_num=args.reproduce_num,
    admit_child_num=args.admit_child_num,
    reproduce_interval=args.reproduce_interval,
    transfer_interval=args.transfer_interval,
    save_core_interval=args.save_interval,
    repro_threshold=maximum_reward*args.reproduce_threshold,
    mc_lower=maximum_reward*args.mc_lower,
    mc_upper=maximum_reward*args.mc_upper,
    clip_score_lower=0,
    clip_score_upper=maximum_reward,
    novelty_knn=1,
    novelty_threshold=0.1)

# 初期状態を作成
poet_pop.initialize_niche()

# アルゴリズム実行
poet_pop.optimize(iterations=args.iteration)
```

6.3　サンプルプログラムの実行

　それではサンプルプログラムを実行し、Evolution Gymでロボットの動きと環境を
POETアルゴリズムで共進化させるとどうなるかを見ていきましょう。

6.3.1　前に進むタスク：Parkour-v0

　それでは、まずデフォルトのParkour-v0タスクを実行します。

プログラムの実行方法

　プ ロ グ ラ ム はGitHubリ ポ ジ ト リ（https://github.com/oreilly-japan/OpenEnded

Codebook）のexperiments/Chapter6ディレクトリにあります。移動して以下を実行してください。

```
$ cd experiments/Chapter6
$ python run_evogym_poet.py
```

エージェントの構造は-rオプションで指定できます。「猫のような構造（cat）」がデフォルトの構造です。

構造の指定は結果に大きな影響を与えます。catの他にも、サンプルプログラムには32種類の構造が含まれています（env/evogym/robot_filesディレクトリ内）。その他にも、全体の学習回数を決定するイテレーション数（--iteration, -i）、新たな子孫を生成する間隔（--reproduce-interval, -r-iv）、エージェントを転送する間隔（--transfer-interval, -t-iv）なども重要なパラメータであり、結果に影響を与えます。デフォルトの設定では、イテレーション数は3,000（-i 3000）、子孫の生成間隔は30イテレーション（-r-iv 30）、エージェントの転送間隔は15イテレーション（-t-iv 15）です。子孫は30イテレーションごとに生成されるため、3,000イテレーションでは100世代に相当します。1回のイテレーションでは、強化学習（PPO）を用いてロボットの動きを指定された回数（steps数×steps_per_iteration回）学習します。

集団がどれだけの環境とエージェントのペア（Niche）を保持するかは、--niche-numパラメータで設定します。デフォルトでは10に設定されています。この値を増やすことで、集団がより多くのペアを保持できるようになりますが、同時に計算時間も増えます。

また、新たなペアの候補は、--reproduce-intervalの間隔で--reproduce-num個生成されます。その中から、--admit_child_num個だけが集団に加わることになります。デフォルトでは、これは1に設定されています。すなわち、デフォルトの設定では30イテレーションごとに新たな環境とエージェントのペアの候補が10個生成され、その中から1つが集団に追加されます。そして、15イテレーションごとにエージェントが他の環境へ転送されます。

-nオプションで実験名を指定し、実行結果がout/evogym_poetディレクトリに実験名で保存されます。-nオプションを指定しない場合、デフォルト設定のout/evogym_poet/defaultに保存されます。また、-n sample1として実行した結果のサンプルをout/evogym_poet/sample1で提供しています。

その他のオプションについてはオンライン付録2（https://oreilly-japan.github.io/OpenEndedCodebook/app2/）を参照してください。

プログラムを実行すると各イテレーションの結果がコンソールに表示されます。

```
-----  Initialize  -----
initialized niches:     0

********************  ITERATION 1  ********************
-----  Develop  -----
  niche    steps    reward     best
  =====  ========  ========
```

```
       0 :      1  -  0.01  -  0.01
```

elapsed time: 4.1 sec

　環境とエージェントのペアがまず1つ作られています。その後、イテレーションごとの計算結果がコンソールに表示されます。各ペアの学習フェーズ結果が Develop 以下に出力されます。出力内容は、ペアの識別番号、強化学習のステップ数（steps）、steps でのエージェントの適応度（reward）、これまでで最も高い適応度（best）です。イテレーションが進むにつれて best reward の値も更新されていきます。

> POETアルゴリズムでは、環境もエージェント（ロボット）の動きと共に進化していきます。そのため地形情報の変化を読み取るタスクの設定が必要となります。そこで、地形情報の変化も受け取れるようにした Parkour-v0 と Parkour-v1 という新たに2つのタスクを実装してあります（envs/evogym/custom_envs/parkour.py:Parkour）。デフォルトで設定されているタスク Parkour-v0 では右に進むと報酬が得られるようになっています。Parkour-v1 タスクは、ロボットが回転することにも報酬を与えるように評価関数を変更したタスクです。また、環境は3種類のセル（rigid、soft、empty）を使って自動生成されます。rigid は黒色で硬いセル、soft は灰色で弾性のある柔らかいセル、empty はセルがない状態です。エージェントはプログラム実行時に与えた形態が使われます。

6.3.1.1　新しいペアの生成

　reproduce_interval（デフォルトでは30）ごとに、新しいペアの候補が作成されます。新しいペア候補の生成結果は、次のように Discover 以下に出力されます。

```
******************** ITERATION   31  ********************

-----  Discover  -----
reproduce child niches
  no parent niches
  no child niches, continue
-----  Develop   -----
Using Evolution Gym Simulator v2.2.5
  niche   steps    reward     best
  =====  ========  ========
     0 :    31  +   1.13  +   1.45
```

elapsed time: 4.2 sec

　ここでは、no parent niches、no child niches と表示されているように新しいペアは生成されませんでした。これは、新しいペアの親となるペアに制限を設けているためです。親になれるペアは、そのイテレーションでの reward の値が reproduce_threshold を超えているもののみです。この制限は、集団内のエージェントによって難しすぎる環境が親とならないために設けています。reproduce_threshold は、タスクに設定された最大 reward に

対する割合を示し、デフォルトで0.5に設定されています。Parkour-v0タスクに設定された
最大rewardは10のため、既存のペアのスコアが5を超えない限り、そのペアや親の候補
となりません。reproduce_thresholdの値を低く設定すると、そのときの集団にとって、比
較的難しい環境でも親候補となります。親候補となったペアからは、ランダムに親が選ば
れます。

　既存のペアは、0番のペアのみですが、bestな適応度が1.45とまだ基準に達していない
ため、親候補のペアには選ばれず、新しいペアは生成されていません。

　さらに30イテレーションの学習を進めた60イテレーション目では、エージェントの学習
が進みbest rewardが9.67となりました。

```
******************** ITERATION    60   ********************

-----  Develop  -----
Using Evolution Gym Simulator v2.2.5
  niche     steps    reward     best
            =====   ========  ========
    0 :       60   +   9.05   +   9.67

elapsed time: 4.2 sec
```

　既存のペアによるスコアが--reproduce-thresholdの値（10 * 0.5 = 5）を超えたため、
niche 0が親候補となり、次の61イテレーション目で--reproduce-num個（デフォルトでは
10）の新しいペアが生成されています。

```
******************** ITERATION    61   ********************

-----  Discover  -----
reproduce child niches
  child    parent    reward     mc    novelty
          ======   ========   ====   ========
    1 :      0    +   5.16    pass      3.90
    2 :      0    +   8.97    fail
    3 :      0    +   3.81    pass      5.24
    4 :      0    +   8.56    fail
    5 :      0    +   0.02    fail
    6 :      0    +   7.53    pass      1.52
    7 :      0    +   6.20    pass      2.86
    8 :      0    +   8.87    fail
    9 :      0    +   7.20    pass      1.86
   10 :      0    +   8.96    fail
transfer to child niche
  niche    transferred    from    reward    admitted
          ===========   ======  ========  ========
    3 :        no                              yes
```

```
-----   Develop   -----
  niche     steps    reward       best
  =====    ========   ========
    0 :       61   +   4.15   +   9.67
    3 :        1   +   8.82   +   8.82
```

elapsed time: 12.7 sec

　1番から10番までのペアが、niche 0を親として新たに生成されました。そこで、これら
10個のペアが既存のペアにとって簡単すぎず、難しすぎない環境となっていないかが、次
にチェックされます。

　そのために用いるパラメータが、--mc-lower（デフォルトでは0.1に設定）と--mc-upper
（デフォルトでは0.8に設定）です。これらのパラメータは、--reproduce-thresholdと同
様にタスクに設定された最大スコアに対する割合を表します。Parkour-v0タスクではタス
クの最大スコアは10に設定されているため、--mc-lowerが1、--mc-upperは8となります。
新たに生成された10個のペアの環境に、それぞれの親となったペアのエージェントを転送
し、mcの範囲内にrewardが収まるか否かを評価します。適応度（reward）が、--mc-lower
と--mc-uppperの範囲内に収まるペアのみを残し、他は候補から外します。この評価の結
果を示しているのが、mcの欄に表示されています。閾値の範囲内に収まったペアは、条件
をパス（pass）し、収まらなかったペアは条件から外れた（fail）と表示されています。

　上記の例では、niche 1、niche 3、niche 6、niche 7、niche 9の5つのペアの適応
度がmcの上限と下限内に入っているため、条件をパスしています。その他のペアは最大
rewardが8以上、あるいは最大rewardが1以下となり、mcの条件をクリアしていません。
mc条件をクリアしたペアに対してのみ、環境の新規性スコアが計算されます。

　noveltyの欄に表示されているのが新規性スコアの値です。新規性スコアの高いペアか
ら順にここでもう一度mcの条件をクリアしているかどうかを評価します。上記の例では、
最も新規性スコアの高いniche 3をまず評価します。ここでのniche 3の評価は、親ペア
からだけでなく、現在の集団内のすべてのペアのエージェントを受け手側に転送して評価
します（ここではniche 0しか集団内に存在しないため、niche 0のエージェントのみが転
送されます）。転送されたエージェントの方が受け手側の既存のエージェントよりも高い適
応度を示した場合は、さらにniche 3の環境でそのエージェントを最適化します。最適化
されたrewardが、niche 3の直近rewardを超えていれば既存のエージェントを転送された
エージェントに置き換えます。

　このようにして集団内のすべてのペアから転送されたエージェントのrewardのうち最大
rewardがmcの条件をクリアしていれば、そのペアは新たに集団に加えられます。満たさな
い場合は、集団には追加されません。この操作を候補となるペアがなくなるか、--admit-
child-num個（デフォルトでは1）に達するまで続けられます。

transfer to child nicheに評価結果が表示されます。上記の例では、niche 3に集団
内のすべてのペア（niche 0のみ）のエージェントが転送された結果を示しています。エー
ジェントを転送し、rewardが更新された場合は、transferredにyes、そのときの親ペアの
番号がfromに表示されます。niche 3ではrewardが更新されなかったため、transferred
にはnoと表示され、fromとrewardも空欄になっています。mcの評価の結果はadmittedに
表示されます。mcの条件をクリアした場合はyesと表示され、クリアしなかった場合はno
と表示されます。niche 3はmcの条件をクリアしたため、新たに集団に加わるペアとして
認定されました。--admit-child-numは1に設定されているため、ここで新たに集団に加わ
るペアのチェックは終わりになります。

6.3.1.2　ペア間でのエージェントの転送

　集団内のペア数が2つ以上になると、現存の集団内におけるペア間のエージェントの転
送が--transfer-intervalごとに行われます。その結果は「Transfer」の項目に表示されま
す。
　たとえば、次は76回目に転送が行われたときの結果を示しています。

```
-----  Transfer  -----
 niche    transferred    from     reward
          ===========   ======   ========
    0 :        no
    3 :        no

-----  Develop  -----
 niche    steps    reward      best
          =====   ========   ========
    0 :     76   +  2.00    +  9.67
    3 :     16   +  0.75    +  8.82
```

　集団内のペア間ですべてのエージェントの転送が行われます。既存のエージェントに
よる適応度よりも転送されたエージェントの適応度が高かった場合のみ、既存のエージェ
ントが転送されたエージェントに置き換えられます。上記の例では、適応度が更新されず
エージェントの置き換えは行われていません。
　転送によるエージェントの置き換えが発生した場合は、たとえば次のように表示されま
す（121回目のイテレーション）。niche 3は、niche 0のエージェントによる適応度が高かっ
たため置き換わっています（transferredにyes、fromに0が表示されています）。
　このイテレーションは同時に新しいペアの候補の生成も行われています。集団にはniche
0とniche 3が存在し、どちらのbest rewardも--reproduce-threshold（5）を超えている
ため、親候補となっています。niche 0とniche 3がランダムに選ばれ親となり、新しく10
個のペアが生成され、条件をチェックした後、niche 20が新たに集団に追加されています。

```
******************* ITERATION   121   *******************

----- Transfer -----
niche     transferred    from     reward
          ===========    ======   ========
   0 :        no
   3 :        yes          0   +    9.33

----- Discover -----
reproduce child niches
child     parent   reward    mc     novelty
          ======   ========  ====   ========
  11 :       3   -  1.56    fail
  12 :       0   +  7.11    pass     2.02
  13 :       0   +  9.03    fail
  14 :       0   +  9.45    fail
  15 :       3   +  9.30    fail
  16 :       0   +  9.03    fail
  17 :       3   +  9.30    fail
  18 :       0   +  9.03    fail
  19 :       3   -  0.94    fail
  20 :       3   +  2.05    pass     4.18
transfer to child niche
niche     transferred    from     reward     admitted
          ===========    ======   ========   ========
  20 :        yes          0   +    5.46         yes

----- Develop -----
niche     steps    reward     best
          =====    ========   ========
   0 :     121   +  4.40   +   9.67
   3 :      61   +  0.55   +   9.33
  20 :       1   +  1.43   +   5.46

elapsed time: 32.9 sec
```

6.3.1.3　古いペアは新しいペアに取って代わられる

　上記で説明した新しいペアの生成と集団内のペア間でエージェントに転送の操作を iterationで指定しイテレーション数（デフォルトでは3,000）繰り返し行います。

　また、ペアの数が--niche-numで指定した最大ペア数（デフォルトでは10）に達すると古いペアが集団から外され、より新しいペアが集団に加わるようになっています。

　たとえば、次の例はペア数が10に達し最も古いペアが集団から外され、新しいペアが加わったときの様子を示した結果です。新規性スコアの高いペア順に、mcの条件が評価さ

れ、ペア101が新しく集団に加わるペアとして選択されています。集団には既に--niche-num個（デフォルトでは10に設定）のペアが存在しています。そこで、最も古いペアであるペア0がアーカイブに移動されています（archived niche: 0）。

```
******************** ITERATION   391   ********************

-----  Transfer  -----
  niche    transferred    from    reward
         ===========   ======   ========
    0 :       yes         33  +   9.68
    3 :       no
   20 :       no
   28 :       no
   33 :       yes         62  +   9.66
   44 :       yes         20  +   9.32
   51 :       yes         33  +   5.24
   62 :       yes          3  +   6.99
   82 :       no
   96 :       yes         62  +   1.74

-----  Discover  -----
reproduce child niches
  child    parent    reward     mc    novelty
         ======   ========   ====   ========
  101 :      62  +   2.99    pass    7.28
  102 :       0  +   9.20    fail
  103 :      62  +   8.82    fail
  104 :      33  +   2.08    pass    9.91
  105 :      62  +   9.67    fail
  106 :       0  +   9.20    fail
  107 :      62  +   5.19    pass    5.83
  108 :      51  +   5.85    pass    9.79
  109 :      82  +   0.72    fail
  110 :       0  +   7.21    pass   10.60
transfer to child niche
  niche    transferred    from     reward    admitted
         ===========   ======   ========   ========
  110 :       yes         62  +   9.68       no
  104 :       yes          0  +   9.62       no
  108 :       yes         44  +   8.79       no
  101 :       yes          3  +   3.05       yes
archived niche:    0
```

集団から外され、archiveに移動したペアは学習や転送には関与することはありませんが、新しいペアが生成されたときの新規性スコアを計算するときには使われます。新規性

の高い新しいペアを集団に加えるようにすることで、より多様性のある集団に保つように
なっているのです。

　新しいペアの生成、エージェントの転送を繰り返しながら、--iterationで指定された回
数の進化を続けていきます。たとえば、デフォルトの値、3,000イテレーションの実行が終
了すると次のように表示され実行が終了します。

```
******************** ITERATION   3000   ********************

----- Develop -----
  niche    steps    reward       best
           =====    ========    ========
    871 :    300  +   5.23  +    9.78
    883 :    270  +   2.13  +    9.78
    897 :    240  +   3.11  +    9.38
    906 :    210  +   5.15  +   10.00
    912 :    180  +   4.39  +    9.89
    927 :    150  +   9.56  +    9.79
    931 :    120  +   2.86  +    9.66
    942 :     90  +   3.84  +    9.68
    955 :     60  +   6.05  +    6.80
    967 :     30  +   2.62  +    9.77

elapsed time: 32.5 sec
```

6.3.1.4　実行結果
　それでは、環境とエージェントを3,000イテレーション実行した結果を見てみましょう。
　実行結果は、out/evogym_poet/以下の、-nオプションで指定した実験名のディレクトリ
に保存されます。
　結果のファイル構成は次の通りです。

- arguments.json：プログラム実行時の設定が保存される
- evogym_terrain.cfg：環境に関する設定ファイル
- niche/：ペアごとの環境と最適化アルゴリズム（エージェント）の情報が保存される
- niches.csv：各ペアの作成されたステップ数（iteration）、識別番号（key）、親番号
  （parent）の情報が記録される

　niche/ディレクトリには、0からの識別番号が割り当てられた各ペアの情報がディレクト
リで保存されます。各ペアのファイル構成は次の通りです。

ペア（niche）の識別番号 /
- core/：最適化アルゴリズム（エージェント）の情報が保存される
- cppn_genome.pickle：環境の遺伝子情報が保存される
- history.csv：各ステップのエージェントの適応度（reward）が記録される。エージェ
  ントが転送されてきた場合は、転送元の識別番号も記録される

- `terrain_params.json`：環境に関するパラメータ情報が保存される
- `terrain.jpg`：環境の JPG 画像
- `terrain.json`：環境の情報

系統樹を可視化する

まずは、次のコマンドを実行し、ペアの親子関係、転送、そしてそれぞれのペアにおけるエージェントの適応度の変化を表した系統樹を作成してみましょう。

第1引数には-nオプションで指定した実験名を指定します。ここでは、実行済みのサンプルとして提供している sample1 を指定します。結果は、out/evogym_poet/sample1/transition.jpg ファイルに保存されます。run_poet_evogym.py プログラムのすべての実行が終了するには、環境によって数時間から数十時間かかる場合もあります。実行途中でも、draw_transition.py プログラムでそれまでの結果を可視化することも可能です。

```
$ python draw_transition.py sample1
```

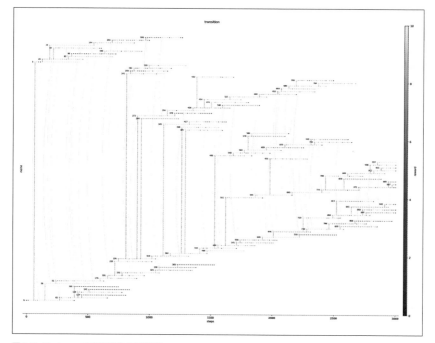

図6-7 Parkour-v0 実行結果の系統樹

--transfer-intervalごとに、各ペアで最も適応度の高いエージェントの結果が可視化されています。集団に追加されたペアが識別番号と共に表示されています。横軸はイテ

レーション数が示されています。縦方向の点線は新しいペアの生成の親子関係を表し、矢印は「転送」処理が行われたことを示しています。ペアには固有の色が割り当てられており、転送矢印の色はその色で描かれています。ペアの数が増えていくと転送元がどこなのか目に追いにくいため、矢印の色が同じであれば同じペアから転送されていると判断できるようにしています（使用している色は10色のため、11個目からのペアは同じ色が割り当てられます）。また、すべてのtransferを描画すると数が多くなりすぎてしまい図が見にくくなってしまうため、1つ前のtransferでのrewardを更新したtransferのみを描画の対象としています。

　この図6-7から各ペアにおけるエージェントの進化の様子を見て取ることができます。たとえば、系統樹の一部を拡大した図6-8を見てみましょう。

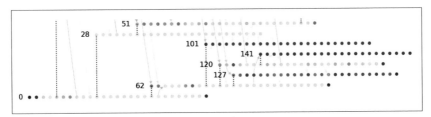

図6-8　系統樹の一部を拡大表示

　niche 0からniche 28、niche 62が派生している様子を見ることができます。さらに、niche 62からは、niche 101, 120, 127が派生し、niche 120からniche 141が派生しています。丸の色は--transfer-intervalごとの最も高かった適応度の値を示しています。黄色いほど適応度が高く、青いほど適応度が低いことを表しています。青い色の丸が多いペアはそのときのエージェント集団にとって難易度の高い環境であったことを示しています。矢印はペア間でエージェントの転送が発生したことを示しています。たとえば、niche 62に注目すると、niche 0からのエージェントが転送されていることがわかります。転送元のペアは図中の矢印が示す通りさまざまです。ペアによっては複数のペアからのエージェントの転送が発生している様子が観察できます。

　系統樹全体を観察すると、適応度の低いエージェントしか進化してこなかったことを示す青い色の丸が目立つペアもいくつかありますが、その他の多くのペアでは、適応度が高いエージェントが進化してきたことを示す黄色い色の丸が目立ちます。共進化が進むにつれて環境の難易度も高くなる傾向があり、高い適応度を出すことが難しくなっているはずです。ですが、POETアルゴリズムによって徐々に難易度を上げながら環境を進化させ、エージェントを相互に転送することで効果的に学習を進め、ほぼすべてのペアにおける環境で高い適応度を獲得するエージェントが出現している結果となっています。

各ペアの結果を可視化する

　それでは次に各ペア（niche）の結果を可視化して、どのような環境とエージェントが進

化していったかを具体的に見ていきましょう。次のコマンドを使って各ペアで最高の適応
度を獲得したエージェントの結果がJPGファイルとして保存されます。

ここでは、実行済みのサンプルとして提供している sample1 を第1引数に指定します。

```
$ python draw_evogym_poet.py sample1 -st jpg
```

可視化の結果は、out/evogym_poet/sample/figure/jpg ディレクトリに保存されます。
集団に一度でも追加されたペアが可視化の対象です。デフォルトの設定で実行した結果、
3,000 イテレーションで100前後のペアの結果が生成されます。

たとえば、一番最初の niche 0 は次の通り、落とし穴も階段もない真っ平らなペアから
共進化が始まっています。

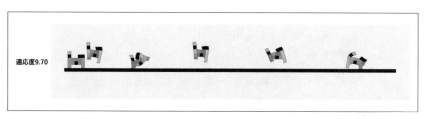

図6-9 niche 0 の結果

その後、niche 0 から分岐した niche 62 や niche 101 のような平らな環境に落とし穴を
持つ系統のペアが作られています。niche 101 はかなり大きな幅の落とし穴が作られてお
り、それを超えるエージェントは進化してこなかった様子が観察できます。また niche 101
は、新しくペアが生成される時点で評価された reward が reproduce_threshold（5）を超え
ることはなかったため、他のペアの親候補となることはなく、niche 101 を親とする子ペア
も作られていません。そして、最終的にはイテレーションを経て、新しく集団に加わった
ペアに席を譲りアーカイブに移動しています。

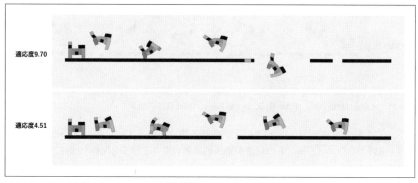

図6-10 niche 62（上）と niche 101 の結果（下）

　一方、他のペアは集団にとって適度な難易度をキープし子ペアを作り続けることで系統
を発展させていっています。その結果、次に示すような多様でかつ難易度の高い環境を持
つペアが作られると共に、高い適応度を示すエージェントが進化していきています。

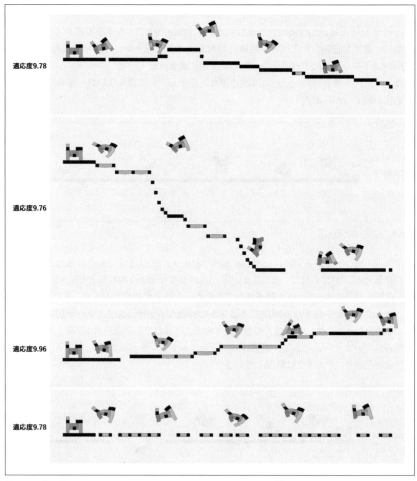

図6-11　上から niche 706、niche 813、niche 866、niche 871の結果

　こうした結果にエージェントの転送が有効に働いています。たとえば、niche 813は
niche 830からのエージェントの転送が効果的に働いている様子を**図6-12**からも確認でき
ます。

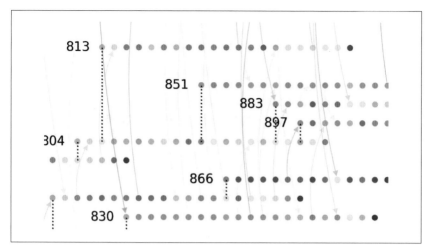

図6-12 niche 830 から niche 813 へのエージェントの転送

　niche 830は上に登る階段のある環境で学習されたエージェントですが、このエージェントが崖のような階段を降りる環境を持つniche 813を攻略するためにも有効だったのです。このようにPOETアルゴリズムの結果は、目的を達成するための足がかりはどこにあるかわからないということをその実験から示してくれます。

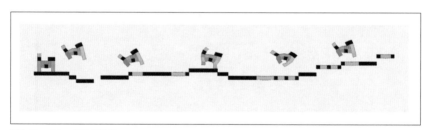

図6-13 niche 830の結果

6.3.2　回転することに報酬が与えられるタスク：Parkour-v1

　もう1つのタスクParkour-v1も実行してみましょう。Parkour-v1はエージェントが回転することにも報酬を与えるように評価関数を変更したタスクです。このタスクに用いるエージェントの構造はデフォルトのcatではなく、回転に適したwindmillという次のような形を使ってみましょう。

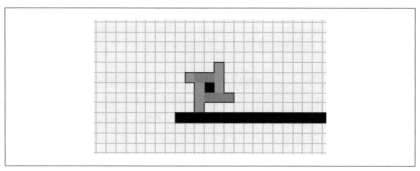

図6-14 回転に適したwindmillの構造

Parkour-v1のタスクをwindmillで走らせるには、次のコマンドを実行します。

```
$ python run_evogym_poet.py -t Parkour-v1 -r windmill -n default2
```

環境によってはここでもかなり実行に時間がかかると思いますので気長に待ちましょう。

実行結果は、out/evogym_poet/default2に保存されます。また、-n sample2として実行した結果のサンプルをout/evogym_poet/sample2で提供しています。

まずは、3,000イテレーション実行させた結果の系統樹はこちらです。

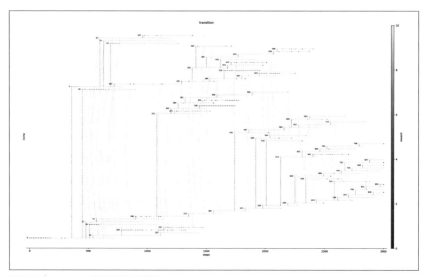

図6-15 Parkour-v1実行結果の系統樹

系統樹の色から、ほとんどすべてのペアで最大の適応度（10）を表す黄色の丸が表示されていることから、適応度の高いエージェントが進化したことがわかります。また突然変異

によって分岐を繰り返し、多様な環境も生成されています。どのような環境とエージェントが生成されたのか次のコマンドで各ペアの結果を可視化してみましょう。ここでは、実行済みのサンプルとして提供している sample2 を第1引数に指定します。

```
$ python draw_evogym_poet.py sample2 -st jpg
```

可視化の結果は、out/evogym_poet/sample2/figure/jpg ディレクトリに保存されます。niche 0 では、真っ平らな環境でエージェントがくるくるとうまく回転しています。

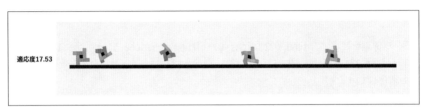

図6-16 niche 0 の結果

niche 0 から、niche 45、niche 128 を経て生成された niche 241 は、niche 0 の形質を色濃く受け継ぎつつ平らな地面に大きな穴を空けることで難易度を増しています。かなり幅広い落とし穴ですが、見事にジャンプして前に進めるエージェントが進化しています。

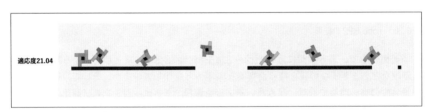

図6-17 niche 241 の結果

niche 0 から、niche 4、niche 63 を経て異なる系統として進化した niche 187 は、灰色の柔らかい地面を持つような環境へと進化しています。

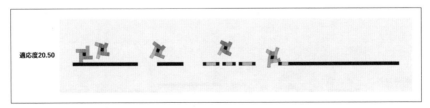

図6-18 niche 187 の結果

さらに、niche 0 から niche 4 を経てまた別の系統として（niche 0→niche 4→niche 107→niche 291→niche 380）進化した niche 469 は、上に登るような段差を持つように進

化しています。

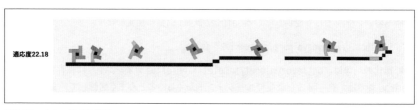

図6-19　niche 469の結果

　別 の 系 統 と し て niche 622 (niche 0→niche 21→niche 54→niche 168→niche 313→niche 384→niche 445→niche 487→niche 582) は、下へと向かう段差を持つ環境へと進化しています。

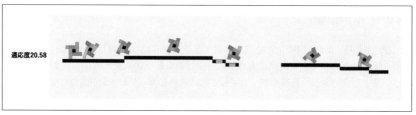

図6-20　niche 622の結果

　系統樹の中で、最も枝葉に近いniche 824やniche 838は、落とし穴、登る階段、降りる階段などさまざまな形質を持った複雑な環境へと進化しています。そして同時にこうした難易度の高い環境でも前に進み高い適応度を獲得できるエージェントが進化してきています。

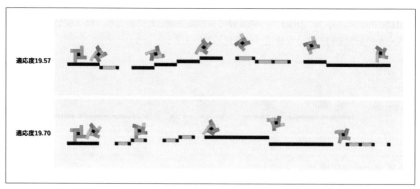

図6-21　niche 824（上）とniche 838の結果（下）

　これらの結果が示すように、POETアルゴリズムは、環境の難易度を制御しながら、多様性を保つような新たな環境を自ら生成し、エージェントを最適化しながら、エージェントを転送し合うことで、さまざまな環境に適応できる頑健なエージェントを進化させることができるのです。エージェントを転送するか否かを評価するため計算コストがかかりますが、エージェントの持つ潜在能力を引き出す非常に有効なアルゴリズムであることを実感していただけたのではないかと思います。

6.3.3　環境に関するパラメータ

　本節の最後に環境に関するパラメータを紹介します。環境に関するパラメータは2つ用意されています。

　1つ目は、タスクにおける地面の長さを設定する--widthパラメータです。デフォルトでは100に設定されています。長く設定すればするほど、長い地面が用意されます。もうひとつが、開始部分の地面に平坦な足場を確保するための--first-platformパラメータです。地面の最初から穴や段差があるとそもそも歩き出すように学習が進まないため、--first-platformパラメータで指定した長さだけ、平坦な足場が確保されます。デフォルトでは10に設定されています。ただ、Parkour-v0、Parkour-v1の両方のタスクでエージェントが進めるステップ数は500に設定されています。そのため、長すぎる環境を用意してもステップ数以上は進まずにシミュレーションは終了します。

　たとえば、Parkour-v0で地面の長さを150、最初の平坦な足場を15とパラメータを設定する場合の実行コマンドは次の通りです。

```
$ python run_evogym_poet.py --width 150 --first-platform 15 -n default3
```

　実行結果は、out/evogym_poet/default3に保存されます。また、-n sample3として実行した結果のサンプルをout/evogym_poet/sample3で提供しています。

　3,000回のイテレーションを実行した結果の一部を紹介します。

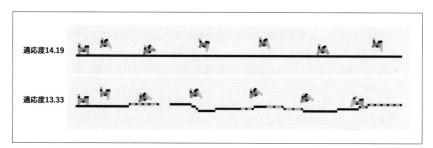

図6-22　niche 0（上）とniche 808の結果（下）

　このように地面の長い環境を設定してあげることで、よりダイナミックな動きで前に進もうとするエージェントが進化し、またより遠くまで進む環境であるため適応度も高くなっています。

上記で紹介したようにPOETアルゴリズムは結果に影響する多くのパラメータがあり、パラメータの値によって結果が異なってきます。ぜひ試行錯誤してより難易度の高い環境やそれを解くエージェントが共進化してくるようなパラメータを見つけてみてください。

6.4　まとめ

本章では、それぞれの環境でエージェントの動きを最適化しながら環境とエージェントが共進化するPOETアルゴリズムを見てきました。前章のMCCアルゴリズムによる共進化ではより複雑な環境が次世代に残りにくいことが問題になることを指摘し、環境での最適化や異なる環境への転送が有効であることを説明しました。特に、同じ世代の異なる環境への転送により、単体の環境では発揮されなかったエージェントの進化が促すことを可能にしました。

また、本章ではEvolution Gymプラットフォームを拡張し、POETアルゴリズムを実装しました。環境はCPPNアルゴリズムによって進化させ、環境の難易度を制御することで、各世代のエージェント集団にとって、簡単すぎず、難しすぎない環境を生成しました。さらに、エージェントの効果的な転送により、難しい環境も高い適応度を獲得するエージェントを進化させることにも成功しました。さらに、POETアルゴリズムによって自動生成する環境も、世代を経ることに着実に複雑化する様子を確認することができました。

ですが、環境の複雑さもエージェントの動きの多様性も世代を経るごとに終わりなく増していくというわけではありません。どこかでその進化は止まってしています。次章では、これらの限界が何に起因しているかについて述べ、よりオープンエンドなアルゴリズムの実現に向けた最先端の研究の動向を紹介します。

この章で学んだこと

- 環境でエージェントを最適化することでより複雑な共進化へとつながる
- 環境の多様性を確保しつつ、エージェントの学習が着実に進むように複雑化させていくために、新規性が高いもの、難易度が高すぎない環境を親とするといった工夫をしている
- 新しい環境の生成が促されるように新規性探索アルゴリズムを用いると効果的である
- 環境によってはエージェントの学習がうまず進まず頭打ちになってしまう場合があるが、まったく別の環境で学習されたエージェントを転用することで、頭打ちとなった状況を打破できることがある
- 環境をCPPNでエンコーディングし、環境の難易度の制御はセルの種類の選ばれやすさ、足場の幅や段差の最大値といったパラメータで制御している

IV部
オープンエンドな探索のこれから

7章
おわりに

7.1 生成モデルによるオープンエンドなアルゴリズムの新展開

　本書はニューラルネットワークを進化させるNEATアルゴリズム、複雑なパターンや構造を生成するアルゴリズムであるCPPNとCPPN-NEATに始まり、オープンエンドの実現を目指した4つのアルゴリズム ── 新規性探索（3章）、品質多様性（4章）、MCC（5章）、そしてPOET（6章）── を紹介してきました。従来の問題解決手法が特定の最適解を求めることを中心に据えていたのに対し、これらのアルゴリズムは多様な「解」を生み出しながら複雑な問題に対応することを目指しています。

　本章では、これらのアルゴリズムのさらなる可能性を探求します。それは、ChatGPTやBERTなどの大規模言語モデルや、DALL・E 2、StableDiffusion、Midjourneyといった画像生成AIとの融合の可能性を探ることです。このような大規模モデルの生成能力を、新しいものを絶えず生成し続ける特性を持つオープンエンドなアルゴリズムと組み合わせることで、さらなる創造性を引き出すことが可能となります。生成モデルやオープンエンドなアルゴリズムの文脈では、これまで私たちが「解」と呼んでいたものは、「生成物」や「アウトプット」として、または「表現」と捉えられるように変化しているように感じます。具体的研究例の紹介を通じて、この変容の魅力を感じてもらえればと思います。

7.2 多様なゲームステージを生成する

7.2.1 大規模言語モデルを利用したゲームステージの生成

　まず、大規模言語モデルを使って、独創的なゲームステージを容易に作成する研究「MarioGPT」を紹介します。MarioGPT [22] では、よく知られたアクションゲーム「スーパーマリオブラザーズ」のステージ条件を文章で入力するだけで、ゲームステージが自動生成されます。たとえば、「たくさんのパイプ、少ない敵、いくつかのブロック、高い高低差」といった条件を文章で入力すると、その条件に適合したゲームステージが作られます。デ

モはサイト［27］で公開されており、生成されたゲームステージは、コマンド操作で実際に
プレイすることもできます。**図7-1**の「P」は、モデルが生成したゲームステージでクリア可
能なルートを示しています。

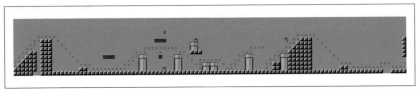

図7-1　パイプ多数、敵少数、ブロック一部、高低差は高めから生成されたゲームステージ（［27］から生成）

　このようにプレイ可能なゲームステージを簡単に作成できるのは、大規模言語モデルの
力が大きいです。それに加えて、ゲームの要素を文章のように扱えるようにした工夫があ
ります。ゲームの部品や設定を文字として表現し、その文字情報を基にステージを設計す
るという方法をとっています。まるで、経験豊富な建築家が顧客の要望に応じて設計図を
描くように、大規模言語モデルは文章で入力されたゲームステージの条件を理解し、それ
に応じた独創的なゲームステージを瞬時に構築することができます。

7.2.2　新規性探索アルゴリズムを活用した多様なステージ生成

　MarioGPTでは、遺伝的アルゴリズムがゲームステージを自動生成する基盤として用
いられています。そのため、自動的に新しいステージを作成する際には、突然変異が加え
られます。ここでは、ステージの一部を取り出し、ランダムに選んだ条件を文章で入力し、
新しいステージを生成しています。ただし、この方法だけではステージの一貫性が保てな
いことがあるため、変更した部分と残りの部分をうまくつなげる処理が追加されています。

　ただ、ランダムに突然変異を加えるだけでは、似たようなステージばかりができてしま
うかもしれません。そこで、新規性探索アルゴリズムを用いて、多様なステージを生成し
ます。これまでに作成されたステージをアーカイブに保存し、新しいステージが十分に新
規性がある場合に限り、ステージを採用し、アーカイブに追加します。ステージの新規性
は、生成されたステージでプレイヤーがどのように移動するかの予測に基づいて評価され
ます。キャラクターのマリオがどのように動くかを予測したパスが、最も類似したステージ
と一定量異なる場合に、新たにアーカイブに追加されます。

　その結果、非常に多様なステージを自動的に生成できることが示されました。**図7-2**は、
実際に生成されたステージでのマリオの行動に対して、t-SNEという次元削減手法を用い
て2次元に可視化した結果です。つまり、どのようなパスでステージをクリアしたのかとい
う情報が、2次元平面上の一点で表されています。生成プロセスの後半で追加されたステー
ジほど暗い色で表示されています。このように生成プロセスの後半においても、埋め込み
空間の未使用領域が徐々に埋められていることが確認できます。これは、新たな行動パス
を生み出すステージが次々と生成されていくことを示しています。

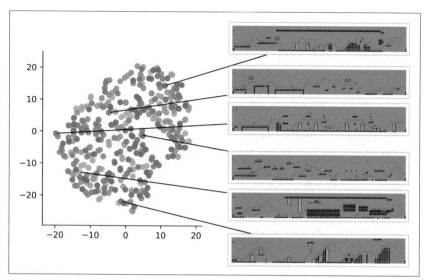

図7-2 新規性アルゴリズムによる多様なゲームステージの生成([22]のFig.10より引用)

このように新規性探索アルゴリズムを用いることで、ゲームステージ生成というタスクにおいても、大規模言語モデルの潜在能力を最大限に引き出すことができます。多様であると同時に、実際にプレイ可能なゲームステージを次々と生成できるのです。大規模言語モデルによる突然変異は、「賢い突然変異」とも言えるでしょう。

7.3　多様なエージェントを生成する

ゲームステージのような「環境」だけでなく、「エージェント」を大規模言語モデルで生成する研究も行われています[11]。この研究では、**図7-3**に示す「Sodarace」というエージェントを取り上げています。SodaraceはPythonでエンコードされています。目標は、多様で高品質なSodaraceエージェントの生成です。そこで活躍するのが品質多様性アルゴリズムです。

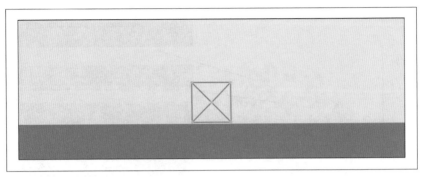

図7-3　Sodarace（[11] のFig.6より引用）

　具体的には、**図7-4**で示すようなロボットの特性（高さ、幅、質量など）を基にした行動記述子（Behavioral Descriptor：BD）でMapを作成し、その中で最適なロボットを探索します。そのために、まずSodaraceをPythonでエンコードした少数のサンプルを用意します。これは人間が提供します。Sodaraceでは、エージェントをエンコードしたPythonプログラムを4つ用意しています。

　そして、大規模言語モデルによる突然変異によって、エージェントのバリエーションを進化させ増やしていきます。突然変異には、GitHubデータを用いて学習された大規模言語モデルを用いています。このモデルは、GitHubの機能であるdiff（コードの差分）を使ってプログラムの改変前後を取得したデータを用いて学習されたものです。このdiffモデルを使うと、ランダムでない人間がPythonプログラムを変更したように、突然変異させることができます。

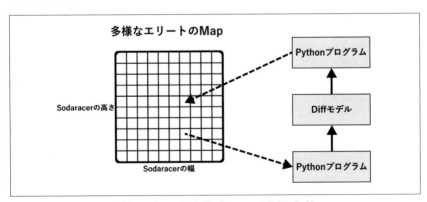

図7-4　Map-Elitesによる多様なロボットの探索（[11] のFig.3を参考に作成）

　大規模言語モデルを使った突然変異と、品質多様性アルゴリズムを組み合わせて発散的に探索していった結果、**図7-5**に示すような多様なSodaraceエージェントが生成できるこ

とが示されています。

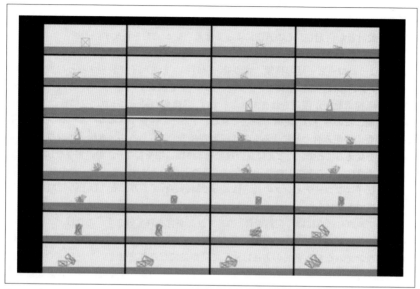

図7-5 大規模言語モデルとMap-Elitesによって生成された多様なロボット（[31]の動画よりキャプチャ）

　さらにこの研究は、Sodaraceのようなこれまでに存在しない新しいドメインにおける学習データを自ら生み出せることを示しています。これによって、新しいドメインにおいても大規模言語モデルの生成能力を活用できるようになります。つまり、大規模言語モデルを用いて独自の学習データを自動生成することで、未知のタスクに適応する能力を向上できるのです。まるで赤ちゃんが言葉を学ぶときに、周囲から聞こえる言葉のサンプルを基に、自分自身で新しい言葉や表現を次々と作り出しながら学んでいくのと似ているかもしれません。

　MarioGPTやSodaraceの研究は、大規模言語モデルとオープンエンドなアルゴリズムを組み合わせることで、これまでのオープンエンドなアルゴリズムが抱える「エンコーディング」と「突然変異」の2つの課題を解決できることを示しています。そこで、これらの課題と解決策について詳しく見ていきましょう。

7.4　大規模言語モデルの可能性

7.4.1　従来の遺伝子エンコーディングとランダムな突然変異の限界

　本書で紹介した遺伝的アルゴリズムを基礎とするアルゴリズムでは、エージェントや環境を進化させるためにそれらを遺伝子としてエンコードする必要があります。たとえば、

迷路を解くロボットでは、その形態や動作、ニューラルネットワークは遺伝子としてエンコードされます。また、迷路やロボットの動作環境についても、壁の数や位置、ブロックの種類や位置などを遺伝子としてエンコードします。このエンコーディング方法は、プログラムの設計者が決定し、その方法によって探索空間が制約されます。

どのように制約されるのか、コーヒーレシピを遺伝子エンコーディングする場合を考えてみましょう。コーヒー豆の種類、豆の量、粉の粗さを遺伝子で表現するとします。エンコーディング自体は非常に単純で、3つのパラメータを調整するだけです。これらの要素の範囲でのみ探索範囲が限定されます。たとえば、3種類のコーヒー豆、豆の量は10gから30gの範囲、粉の粗さは3段階で表現できるとすると、探索できるコーヒーレシピは、それぞれの要素の組み合わせによるものに限定されます。もちろん、遺伝子エンコーディングの設定を変えることで、たとえば豆の種類を5種類に増やしたり、粉の粗さを5段階で表現できるようにすることで、探索範囲を広げることができます。しかし、その範囲は依然として遺伝子エンコーディングの設定によって制約されており、それ以上の特徴を持つレシピは生成できません。

また、アルゴリズムには「突然変異」のステップが含まれています。これは、エージェントや環境の遺伝子をランダムに変化させて新たなバリエーションを作り出すプロセスです。しかし、ランダムな突然変異の方法は決して効率的ではありません。この方法では、遺伝子の一部をランダムに変更することが一般的ですが、このような変更が常に有益な結果をもたらすわけではありません。それは、目隠しをしてコーヒーレシピのいずれかの要素をランダムに選んで変えるようなものです。たとえば、コーヒー豆の種類をランダムに選んで変えたとしても、それが美味しいコーヒーにつながるとは限りません。

さらに問題なのは、すべての要素の重要さが同じではないという点です。コーヒー豆の種類を変えることは、コーヒーの味に大きな影響を与えますが、一方で豆の量を1gだけ増減させることは、味にほとんど影響を与えません。しかし、ランダムな突然変異ではこれらの要素が等しく扱われ、重要な要素が適切に探索される保証はありません。このように、ランダムな突然変異は、特に探索するべき要素やその範囲といった探索空間が広い場合や、探索するべき要素が多い場合には、効率的な探索手法とは言えません。

7.4.2　大規模言語モデルによるエンコーディングと賢い探索

そこで必要となってくるのが広大な探索空間を適切にエンコーディングする方法と賢い探索方法です。

先に紹介したMarioGPTで、仮に遺伝子エンコーディングすることを考えた場合、ゲームステージの各要素（敵の数、パイプの位置、ブロックの種類など）を遺伝子として表現し、これらの組み合わせがゲームステージの全体像を形成することになります。しかし、遺伝子エンコーディングはその表現力に制約があります。設計者がエンコーディングする要素とその範囲をあらかじめ決定しなければならず、その結果、探索空間が制約されます。

たとえば、敵の数を遺伝子としてエンコードすると、敵の数は固定された範囲でのみ調整されます。また、この方法では、「敵が少ない」というような抽象的な概念を表現するこ

とが難しくなります。さらに、それぞれの要素の間の相互関係や結びつきを適切に表現することも難しいでしょう。

それに対して、大規模言語モデルを用いてゲームステージをエンコーディングする場合、より豊かな表現が可能となります。特にMarioGPTのようなモデルでは、テキストプロンプトでゲームステージを記述することで、遺伝子エンコーディングよりも豊かな表現が可能になります。「言語」は極めて抽象度が高い人間の発明であり、それを遺伝子として使用することで無限の表現力を持つことができます。文章を用いてエンコードすれば、具体的な数値や配置だけでなく、抽象的な概念や意図も表現することが可能となります。「敵が少ない」といった表現や、特定の要素の配置に対する特別な要求なども容易に表現できるのです。これにより、より独創的でユーザのニーズに適合したゲームステージの生成が可能になります。

Sodaraceの研究では、エージェントはプログラムでエンコードされています。この方法は、遺伝子エンコーディングと比べ、直感的に理解しやすく、多様なエージェントを表現することが可能となっています。

新たなエージェントを作成する際にも、大規模言語モデルを活用し、ランダムでない突然変異を実現しています。ニューラルネットワークの重みをランダムに変化させることは探索手法として効果的ですが、プログラムへのランダムな変更は、文法的な問題を引き起こすリスクがあり、プログラムが機能しなくなる可能性があります。そのため、突然変異を加える際には、文法を崩さない範囲での変更が必要です。しかし、この制約は探索範囲を制限する要因ともなります。

この問題を解決するのに、大規模言語モデルを用いた突然変異が効果的です。人間のプログラム変更履歴を学習しているため、まるで人間がプログラムを修正するときのような「賢い」突然変異を模倣し、文法を守った有効な子プログラムを生成できます。Sodarace研究の成果は、この方法の有効性を示唆しています。

もちろん、大規模言語モデルを用いた進化的プログラミングが万能なわけではありません。まず、大規模言語モデル自体が非常に大きな計算リソースを必要とします。さらに、大規模言語モデルはデータを元に学習されるため、そのデータに含まれていない情報を適切に処理することは得意ではありません。これは、遺伝的アルゴリズムと同じように、大規模言語モデルもその表現能力と探索空間は学習データによって制約されるということを意味します。

それでも、大規模言語モデルを取り入れた進化的プログラミングは、新たな探索手法を開拓する可能性を秘めていると期待が持たれています。言語によるエンコーディングと「賢い」突然変異は、オープンエンドなアルゴリズムの実現において新しい道筋を示しており、これまでにない表現力と柔軟性を与えてくれます。この新しいアプローチが、オープンエンドなアルゴリズムの発展にどのように寄与するのか、今後の展開が期待できます。

7.4.3　Picbreederによる人間との相互作用を取り入れた オープンエンドな探索

　ここまで、コンピュータによるオープンエンドなアルゴリズムについて説明してきましたが、人間との相互作用を取り入れることで、さらに多様な結果を得られることがあります。その1つが、2章で紹介したPicbreederというシステムです。

　Picbreederは、進化生物学者リチャード・ドーキンス（Richard Dawkins）が提案した、ユーザが誰でも面白い絵を作成できるコンピュータシステムです。操作はシンプルで、1) ユーザが画像を選び、2) 選ばれた画像のバリエーションをコンピュータが自動生成する、というステップを繰り返します。

　たとえば、ユーザに対して15枚の画像が表示されると、その中から好きな画像を選びます。システムは選ばれた画像を親とし、突然変異を加えた14枚の新しい画像を生成し（CPPN-NEATアルゴリズムを用いています）、再びユーザに提示します。この操作を繰り返すことで、何世代にもわたってユーザが選択した画像が進化していきます。

　ただし、一人でこのステップを行うと数十回程度で飽きてしまうことが多く、面白い画像がなかなか現れません。そこでPicbreederをウェブシステム化し、集団で画像の進化を行うようにしたところ、多様な画像が生成されるようになりました。ユーザは自由に絵を投稿し、他のユーザが育てた絵を選択して継続的に育てることが可能です。人々の好みが多様であるため、1つの画像がさまざまな方向に分岐し、系統が広がります。これにより、何百世代も進化し続けることができ、単純なパターンから複雑な画像が進化していきます。その結果、たとえば、「骸骨のような画像」「りんごのような画像」「イルカのような画像」など、初期のシンプルなパターンからは想像もつかないような複雑な絵が生まれます。そして、新たな絵が終わりなく発見されていきます。

　このオープンエンドな探索を可能にする重要な要素は、人間による画像の選択です。多くの人々が関与することで、異なる価値観や好みが反映され、探索の幅が広がります。しかし、一定の価値観だけでの選択は、絵の収束を招くリスクがあります。その証拠に、「いいね」の数が多い絵を親に選ぶような進化の場合、同じような絵に収束してしまう傾向が示されています。これは、広大な探索空間にも関わらず、同じ価値観に基づく集団による選択を行うと、同じような絵に収束し、発散的なパワーが発揮されないことを示しています。

　この点は、生態学的ニッチの概念や、Map-Elites、MCC、POETのような進化的アルゴリズムにも共通しています。これらのアルゴリズムでは、多様な解の探索を目指しており、特定のニッチやタスクに特化したエージェントが進化することを促します。このように、多様な環境や目標を設定することで多様性が保持される原理は、Picbreederにおける多様な人間による選択と似ています。

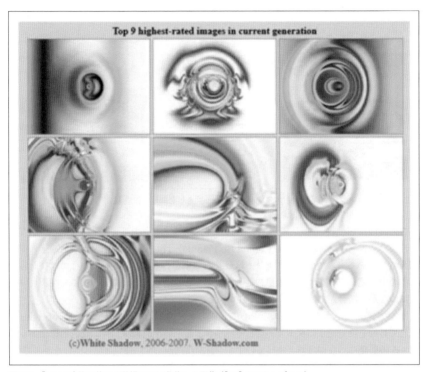

図7-6　「いいね」数に基づく選択により進化した画像（[35] よりキャプチャ）

　Picbreederでは、人間との相互作用を通じて、オープンエンドな探索を実現しています。多様な価値観により、新たな絵が次々と生まれていくのです。

　たとえば、**図7-7**に示す抽象的な丸や線から「骸骨のような顔」が進化する過程を追ってみましょう。すると、最終的な絵と途中の絵はまったく似ていないことがわかります。

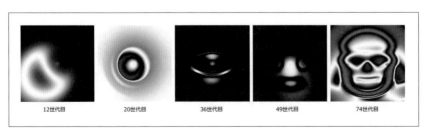

図7-7　「月」から「骸骨のような顔」への進化経路（[35] よりキャプチャ）

　また、**図7-8**に示すエイリアンのような絵から最終的に車のような絵に進化する例もあり

ます。

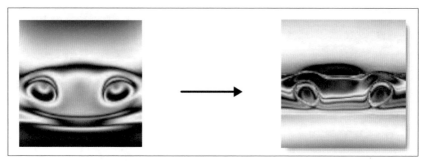

図7-8　「エイリアン」から「車」へ（本に掲載されている図を参考にして作成 [20]）

　この画像はPicbreederシステムの開発者であるケン・スタンリー（Ken Stanley）が作成
し、彼の著書『Why Greatness Cannot Be Planned: The Myth of the Objective』の中で
紹介されているものです。スタンリーは最初から車を作ろうとしていたわけではなかった
と本の中で述べています。この車の発見を通じて、目的を持たずに進めることが新しい発
見につながる場合があるということに気づいたと述べています。

　本書で紹介したアルゴリズムの中心的な開発者でもあるスタンリーは、Picbreederを
通じて目的を設定せずに探索することで見つかる新しい発見に気づき、発散的探索アルゴ
リズムの開発につながったと述べています。目的に向かっていないと思っていたとしても、
実は目的に近づいていたということは、後から振り返ると初めてわかることがあります。逆
に、目的に向かっていると思っていたら、実はその道は行き止まりで目的には辿り着けない
道であったということもあります。発散的探索アルゴリズムは、目的に囚われすぎずに探
索することと集団での多様な視点を活用することを重視しており、これが本書で紹介した4
つの発散的探索アルゴリズムに共通する特徴です。

　そして、Picbreederの探索能力は、大規模言語モデルを活用した画像生成AIの導入に
よって、さらに向上します。

7.4.4　現代版Picbreederとその進化

　Midjourneyという画像生成AIを用いた集団的な画像生成実験も行われています。現代
版のPicbreederです。言語によるエンコーディングと賢い突然変異を活用することで、創
造的な画像が次々と生み出されます。**図7-9**に示されているのは、「an organism（生命体）」
というテキスト（プロンプト）から生成された画像を、Discordというコミュニケーションア
プリを通じて、さまざまなユーザがMidjourneyが提示するバリエーションから画像を選
択し、進化させていった様子を系統樹として可視化したものです。そして系統樹の後半部
分には、初期の画像からは想像もつかない非常に複雑な「生命体」が描かれています。

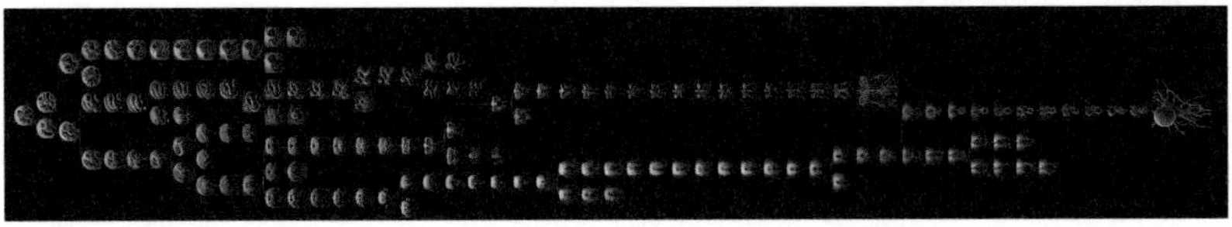

図7-9 Midjourney上で生成された「生命体 (an organism) の系統樹」(著者の許可を得て [36] より引用)

　画像の探索空間は非常に広大で、たとえば32×32サイズの低解像度のRGBカラー画像だけでも、仮に1ピクセル32ビットで計算した場合、$(2^{32})^{(32*32)}$パターンという、宇宙の原子数を遥かに超えるピクセルのバリエーションが存在します。その中には多くのノイズのような画像も含まれていますが、Midjourneyを使うことで、言語表現を遺伝子とし賢い突然変異を実現しています。Picbreederでは、親画像からのランダムな突然変異によって子画像を生成していましたが、Midjourneyでは、代わりに言語（プロンプト）と画像のマッピングを学習した潜在空間 (Latent Space) を使用しています。この潜在空間の利用により、膨大な探索空間から、従来見逃されていた創造的な画像をより高い確率で発見することを可能としているのです。

7.5　オープンエンドなアルゴリズムのさらなる発展に向けて

　大規模言語モデルの導入は、エンコーディングの表現力を向上させ、「賢い」突然変異を可能にしました。さらに、より高度なオープンエンドなアルゴリズムの実現に向けて、人間との相互作用だけでなく、エージェント間の相互作用を学習や進化に用いることが考えられます。

　地球上の生物の多様性や複雑性は、生物間の競争、協力といった相互作用と共に環境と共進化してきました。本書の5章と6章では、エージェントとその環境の共進化をアルゴリズムに組み込んでいますが、それは基本的に単一のエージェントが対象です。複数のエージェントが同じ環境で相互作用し、共に学習や進化を遂げるという観点はまだ扱われていません。自然の進化と同様に、さらにオープンエンドな進化を実現するためには、エージェント間の相互作用を取り入れることが重要です。エージェント間での競争や協力が進化を加速させるのです。

7.5.1　複数エージェントによる戦略の共進化

　OpenAIの研究により、複数のエージェント間の相互作用によって複雑な振る舞いを進化させることが可能であることが示されています [2]。この研究では、かくれんぼ (hide-and-seek) を題材とした実験が行われ、鬼役と隠れ役、それぞれのエージェントが報酬を得るために強化学習を行い、相互に戦略を学習しながら共進化します。実験が進むにつれて、エージェントはオブジェクトを利用した隠れ方や、スロープを利用して部屋に侵入す

る方法など、多様な戦略を発見していきます。

　実験の初期段階では、隠れ役がオブジェクトを壁のように使って隠れる戦略や、鬼役が隠れ役を追い詰める方法を学習します。また、ゲームが繰り返されるにつれて、隠れ役は部屋をブロックする方法や、仲間同士で協力してスロープやブロックを利用する方法を獲得します。一方で、鬼役はスロープを利用して部屋に入る方法や、ブロックに乗って移動する方法などの新たな戦略を発見します。

図7-10　スロープを利用して部屋へ入る手法を学習した鬼役 ([28] の動画よりキャプチャ)

　次に環境の複雑性を増加させると、より進化した共進化が観察され、エージェントがさらに洗練された戦略を発見する可能性が示されています。たとえば、この複雑な環境では、「部屋」はあらかじめ設定されていないのですが、ゲームを繰り返すことで隠れ役は板を使って自分自身を隠すことができる「部屋」を構築する方法を学習します。その後、鬼役は、より単純な環境で見られたように、スロープを利用する方法を獲得します。そして、数千万回以上のゲームを経て、隠れ役はスロープを固定し、鬼役が使用できないようにする方法を学習します。さらに、数億回を経ると、鬼役は固定されたスロープまでブロックを移動させ、スロープを利用してブロックの上に乗り、部屋の中に隠れている隠れ役を見つける新たな戦略を開発します。

図7-11　スロープを利用してブロック上に乗り、隠れ役を探し出す鬼役（[28] の動画よりキャプチャ）

　この共進化の過程は、最終的に隠れ役がスロープやブロックなどのすべてのオブジェクトを固定し、鬼役が使えないようにしつつ自身がシェルターに隠れるという戦略を学習するところで完了します。このような共進化を用いたエージェント同士の戦略進化は、さらなる研究が進むことで、さらに発展する可能性があります。環境内の使用可能なブロックの種類を増やす、エージェントの数を増やす、さらにエージェントの能力に多様性を持たせるなどの手段により、さらに多様な共進化パターンを観察することができるかもしれません。また、エージェント間の相互作用にも大規模言語モデルを用いることで、さらに洗練された戦略を発見することにつながるかもしれません。

　このようなエージェント同士の共進化の研究は、オープンエンドなアルゴリズムを発展させるための重要な要素となります。

7.6　さいごに

　大規模言語モデルによるエンコーディング、賢い突然変異、そして、エージェント間の相互作用という要素が組み合わさることで、オープンエンドに新しいアイデアや創作物が次々と自動的に生み出される世界が実現するかもしれません。そうするとその影響は、私たちのさまざまな面に及んでくるでしょう。

　たとえば、エンターテイメント業界に大きな変化を与える可能性があります。新しい音楽、映画、アート、文学といった創作物がオープンエンドなアルゴリズムによって絶えず生み出されることで、無限のコンテンツが手の届く世界が広がります。同時に、人間のアーティストたちがコンピュータの創造性に対抗するために、より独自の表現を追求するように

なると思われます。たとえば、人間のアーティストはコンピュータの創造性を利用して、従来では考えられなかった新しい表現手法やアイデアを発見し、それを自分たちの作品に取り入れるといった共進化が期待できます。

また、教育分野でも大きな変化が起きるでしょう。個々の学習者のニーズに合わせた学習プランを探索的に作成することで、各自のペースで学習が進められるようになるだけでなく、学習者が難しい問題に取り組むときに、新たな解決方法やアプローチを提案することができるようになります。その結果、学習の効率や理解度が向上したり、新たな発見が促されることが期待できます。

ビジネスにおいても、オープンエンドなアルゴリズムが新しいアイデアを提供し、新たなサービスや製品の開発を支援することで、市場はよりスピーディーに進化するようになるかもしれません。同時に、企業は新しいビジネスモデルを素早く探索できるようになり、顧客のニーズにより効率的に対応できるようになるかもしれません。

さらに、社会的な交流やコミュニケーションにもオープンエンドなアルゴリズムによる創造性が影響を与えることが考えられます。新しいトレンドの発見や新たなインターネットミームの生成などが、アルゴリズムで次々と行われることで、ソーシャルメディア上での人間の交流のスタイルが変化する可能性があります。たとえば、個々のユーザの興味や嗜好の多様化を促すようにコンテンツを提供することで、より多様な意見や視点が共有されるようになることが考えられます。その結果、人々が異なる考え方や文化に触れ合う機会が増えることが期待されます。

オープンエンドなアルゴリズムが実現される未来は未知のものであり、私たちがまだ見たことのない世界です。けれども、それは確実に近づいており、その到来に備えるためには、その可能性と課題を理解し、準備を始めることが必要です。人間の創造性や知識を超越するオープンエンドなアルゴリズムが現実のものとなると、人間との関係性、倫理、社会への影響など、さまざまな問題が浮かび上がるでしょう。また、それらのアルゴリズムが持つパワフルな能力をどのように制御し、利用するかについても慎重に考える必要があります。アルゴリズムの創造性が人間の創造性を置き換えるのではなく、人間の創造性を強化し、新たな可能性を開く道具として利用することを追求していく必要があると考えています。

いずれにせよ、この新たなテクノロジーの利点と懸念点のバランスを取りつつ、人間に役立つような方向性を模索するためには、多くの領域からの視点や意見が必要だと考えています。本書で紹介した探索的アルゴリズムを通じて、オープンエンドの実現に向けた取り組みの魅力や可能性が多くの人に伝わり、一緒にこの分野を押し進めたいと思う仲間が増えることを願っています。

7.7 まとめ

ここまで説明してきたアルゴリズムがまだ完全にオープンエンドとは言えない点について、この章で述べてきました。現行のアルゴリズムでのボトルネックは、エンコーディングや突然変異の制約です。これに対処するために、大規模言語モデルを使ったオープンエンドなアルゴリズムは、自然言語の持つ表現力を利用し、「賢い」突然変異で効率的な探索を行います。

具体的な例としては、MarioGPTやSodaraceのゲームステージやエージェントの生成、画像生成AIのMidjourneyなどが挙げられます。これらの例から、大規模言語モデルを活用したオープンエンドなアルゴリズムが、エンコーディングや突然変異の制約を乗り越え、AIの可能性をさらに広げることが示されています。

さらに、多数のエージェント間の相互作用を取り込み、よりオープンエンドな方向に進むと考えています。この過程で、計算量などの問題を解決する必要があるものの、技術の進歩スピードを見ていると、これらの課題も解決すると思います。

オープンエンドなアルゴリズムの今後の発展において、賢い突然変異とエージェント間の相互作用が重要な役割を果たし、多くの分野に大きな影響を及ぼすことが予想されます。オープンエンドなアルゴリズムの未来はまだ未知数ですが、その可能性と課題を理解し、準備を始めることが大切です。

この章で学んだこと

- オープンエンドなアルゴリズムはまだ完全には実現されていない
- 現行のアルゴリズムにはエンコーディングと突然変異に関する制約がある
- 大規模言語モデルを活用したオープンエンドなアルゴリズムは、豊かな表現力と「賢い」突然変異をもたらす
- MarioGPTやSodaraceなどが、大規模言語モデルを利用したオープンエンドなアルゴリズムの成功例を示している
- オープンエンドなアルゴリズムの発展には、賢い突然変異とエージェント間の相互作用が重要となる
- オープンエンドなアルゴリズムが達成された場合、多様な分野において大きな影響を及ぼす可能性がある
- オープンエンドなアルゴリズムが実現する未来に向けて、その可能性と課題を理解し、準備を始めることが重要である

付録A
Evolution Gym入門

本書ではEvolution Gymというプラットフォームを使い、アルゴリズムの実験を行います。そこでEvolution Gymとは何か、どんなことができるのかなどアルゴリズムの詳細について説明します。

A.1　Evolution Gymと仮想世界のロボット

物理法則に従った仮想世界の中で歩いたり、跳ねたり、登ったりするロボットの構造や動きを人工的に進化させる研究が長年にわたって行われています。1994年に発表されたカール・シムズ（Karl Sims）による仮想生物の研究「Virtual Creatures」がその先駆けです。その後もさまざまな仮想生物の研究が行われました。しかし、その多くは研究者が独自に開発した環境で実験が行われることが多く、アルゴリズムの性能を比較することは困難でした。

この状況を変えるべく、2021年に誰でも手軽にロボットを設計して動かせるプラットフォームが誕生しました。アメリカのマサチューセッツ工科大学の研究チームが開発したEvolution Gymです。Evolution Gymの登場によって、さまざまなアルゴリズムを同じ環境で比較することが可能となったのです。本書ではその仮想生物をロボットと呼ぶことにし、Evolution Gym上で動きや構造を進化させていきます。

Evolution Gymではロボット構造の設計、タスクの設定、動きの学習、さらには動きとロボットの構造も共進化させることができるプラットフォームです。システム概要を図A-1に示します。Evolution Gymは、ロボットのシミュレータ（AとB）と、タスクを設定した環境（C）から構成されています。ロボットの構造とその動きを学習するエンジンは、ユーザがカスタマイズしたアルゴリズムを組み込むことができます。本書のサンプルプログラムもこの仕組みを使って、新たに実装したアルゴリズムを組み込んでいます。

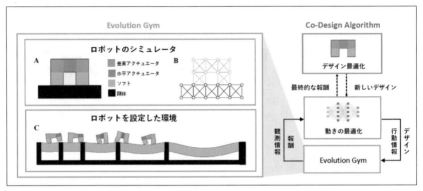

図A-1 Evolution Gymの概要図（[3] を参考に作成）

ロボットは複数のセルで構成され、これらのセル同士はバネのような構造でつながれています。これにより、ロボット全体は柔軟に動き、さまざまな形状をとることができます。

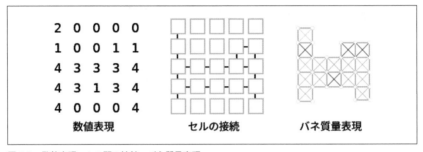

図A-2 数値表現・セル間の接続・バネ質量表現

各ステップにおいて、コントローラから送られてくる行動情報（action）をロボットは受け取ります。この行動情報に基づき、actuator voxelが水平または垂直に変形することで、ロボットは前進、後退、回転などの動きをします。たとえば、特定のセルが膨張すると、ロボットはその方向に進むことができます。

ロボットが動いたり、環境との相互作用を経て得た情報は、観測情報（observation）としてコントローラに送り返されます。コントローラがニューラルネットワークで構成されている場合、この観測情報が入力として用いられ、次の行動情報を出力する判断が行われます。

迷路タスクと同様に、このニューラルネットワークの構造や重みが、ロボットの具体的な動きや反応を決定します。

また、ロボットの行動を評価する関数も備えられています。報酬（reward）はステップごとに計算されます。評価関数はタスクに強く依存するため、タスクごとに設定されます。

A.2　ロボットの設計

　まずは、本書のサンプルプログラムで重要な役割を担うロボット構造の設計から見ていきましょう。

　ロボットは2次元のマス目に並べられたセルに次の5種類のタイプの数字を並べることで設計します。

- 0：なし
- 1：剛体（黒）
- 2：ソフト（灰色）
- 3：水平アクチュエータ（オレンジ色）
- 4：垂直アクチュエータ（水色）

　それぞれの数字がロボットの構成要素となっているセルタイプを表しています。「1」は剛体セル。変形せず骨のような役割を果たします。「2」はソフトセル。脂肪のような役割を果たします。「3」と「4」はアクチュエータで、それぞれ水平方向と垂直方向に駆動します。筋肉のような役割を果たします。0としたセルは空白になります。

　たとえば、左図のように並べられた数字は、右図に示す「猫のような構造」のロボットとなります。

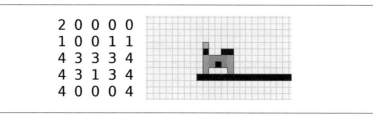

図A-3　ロボットの数値表現と対応するロボット構造

　本書で提供するサンプルプログラムでは、設計したロボットのファイルをテキストファイルで保存し、プログラムを実行するときにオプションで指定することができます。猫のような構造のロボットをcat.txtというファイル名で作成し、envs/evogym/robot_filesディレクトリに保存することで、プログラムから指定できるようになります。

A.3　ロボットの観測値

　ロボットは環境内での自分自身の状態を読み取ることができます。本書の実験では主に位置、速度、角度、高度の値を観測し、それを基に次の行動を決定します。

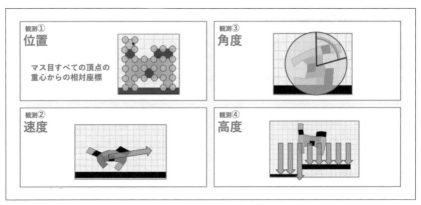

図A-4　ロボットの観測値

A.4　サンプルプログラムを実行する

実際にプログラムを実行してみましょう。

プログラムの実行方法

プログラムはGitHubリポジトリ（https://github.com/oreilly-japan/OpenEnded Codebook）のexperiments/Appendixディレクトリにあります。移動してrun_evogym_ppo. pyを実行してください。Chapter2ディレクトリのrun_evogym_ppo.pyは、Proximal Policy Optimization（PPO）という強化学習の手法でロボットの動きを学習します。

```
$ cd experiments/Appendix
$ python run_evogym_ppo.py -r cat -i 200
```

-rオプションで拡張子（.txt）を除いたファイル名でロボットの構造を指定します。-iオプションで動きのPPOというアルゴリズムによる動きの学習回数を指定しています。

実行すると次のようにコンソールに出力され、ウィンドウが立ち上がり指定した構造のロボットが動いている様子を確認できます。実行環境によって描画までに時間がかかることがありますので、しばらく待ってみてください。しばらく待つとロボットが動き出します。

```
Using Evolution Gym Simulator v2.2.5
Status: Using GLEW 2.2.0
```

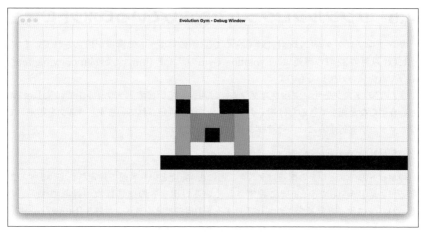

図A-5 実行結果

実行が進むにつれロボットの動きの学習も進んでいき、ロボットが前に動けるようになっていく様子を観察できると思います。ある一定の間隔で（デフォルトでは25回の学習ごとに）学習結果の評価が行われ、報酬が出力され、同時に結果を描画しているウィンドウも更新されます。最初は初期状態の場所から動かなかったロボットが、前に進むように行動が進化していきます。

```
Using Evolution Gym Simulator v2.2.5
Status: Using GLEW 2.2.0
Using Evolution Gym Simulator v2.2.5
Using Evolution Gym Simulator v2.2.5
Using Evolution Gym Simulator v2.2.5
Using Evolution Gym Simulator v2.2.5
Using Evolution Gym Simulator v2.2.5
simulator reward: 0.00718
simulator update controller: iter 0
simulator reward: 0.01052
simulator reward: 0.01052
simulator reward: 0.01052
iteration:    25 elapsed times: 46.910  reward:  0.535  log_std: 0.10094
```

-iオプションで指定した回数の学習が終了するとプログラムが終了します。もし途中で実行終了したい場合は、Ctrl+Cで強制終了してください。

A.5　サンプルプログラムで提供しているロボットの構造

サンプルプログラムには cat.txt も含めて33個のロボットの構造が用意されています。cat.txt 以外の32個の構造は、Evolution Gym のサイト（https://evolutiongym.github.io/）でも提供されているものです。

また32のタスクをサンプルプログラムでは用意しています。デフォルトでは Walker-v0 という平らな地面をできるだけ遠くまで歩くタスクが設定されています。タスクを指定してプログラムを実行するには、-t オプションを使います。

```
$ python run_evogym_ppo.py -t Walker-v0
```

ロボットのデフォルトの構造はタスクごとに default という名前で設定されています。たとえば、Walker-v0 で default に設定されているロボットの構造は次の通りです。その他、31のタスクごとに設定されているロボットの構造はオンライン付録5（https://oreilly-japan.github.io/OpenEndedCodebook/app5/）や Evolution Gym のサイト（https://evolutiongym.github.io/）を参照してください。

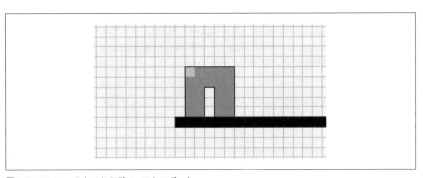

図A-6　Walker-v0 タスクのデフォルトロボット

その他のオプションはオンライン付録5を参照してください。また PPO アルゴリズムに関する詳細は本書のメイントピックではないため、詳しくは参考文献を参照してください[30]。

A.6　結果を可視化する

実行結果は、out/evogym_ppo/ 以下の、-n オプションで指定した実験名のディレクトリに保存されます。-n オプションをしていない場合は、-t オプションのタスク名と -r オプションのロボット名をつなげた「タスク名_ロボット名」というディレクトリに保存されます。上記の実行例の場合は、「Walker-v0_default」ディレクトリに保存されます。

結果のファイル構成は次の通りです。history.csv ファイルには、評価イテレーション

（--evaluation-interval）ごとの個体の報酬（reward）が記録されます。

- arguments.json：プログラム実行時の設定が保存される
- controller/：評価イテレーション（--evaluation-interval）ごとのコントローラが
  保存される
- history.csv：評価イテレーションごとの得られた報酬が記録される

また、実行結果は、draw_evogym_ppo.pyプログラムを実行することで、GIF動画とJPG
画像の2つのタイプを出力できます。

たとえば、次のように第1引数にディレクトリ名を指定し、draw_evogym_ppo.pyプログ
ラムを実行すると、history.csvに記録されているすべての個体のGIF画像が、figures/
gif/ディレクトリ以下に作成されます。

```
$ python draw_evogym_ppo.py Walker-v0_default
```

たとえば、次のようなGIF画像が生成されます（実際はGIF動画なので動きます）。

図A-7 結果を示すGIF画像

JPG画像で出力した場合は--save-typeオプション（-st）でjpgを指定します。

```
$ python draw_evogym_ppo.py Walker-v0_default -st jpg
```

すると、GIF動画のときと同じように、history.csvに記録されているすべての個体の
JPG画像が、figures/jpg/ディレクトリ以下に作成されます。

たとえば、次のような画像が作成されます。

図A-8 結果を示すJPG画像

また、特定の個体のGIF画像やJPG画像を作成したいときは、次のように-sオプション
で、個体の識別番号を指定することができます。-sオプションを指定して作成した結果も、
gif/あるいはjpg/ディレクトリに結果が保存されます。たとえば、次は識別番号25の個
体を指定してJPG画像を作成している例です。

```
$ python draw_evogym_ppo.py Walker-v0_default -st jpg -s 25
```

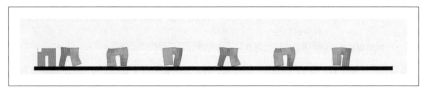

図A-9　識別番号を指定してロボットのJPG画像を生成する

　ロボットが描画されたタイミングのタイムステップを表示するには、`--display-timestep`をオプションで指定します。

```
$ python draw_evogym_ppo.py Walker-v0_default -st jpg -s 25 --display-timestep
```

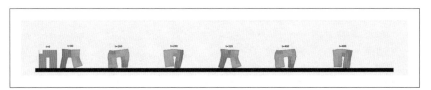

図A-10　タイムステップを表示

　ロボットを描画するタイムステップの間隔を`--timestep-interval`(`-ti`)で変更することもできます。次の例は、デフォルトで設定されているタイムステップ間隔を80から100に変更した場合です。

```
$ python draw_evogym_ppo.py Walker-v0_default -st jpg -s 25 -ti 100 \
--display-timestep
```

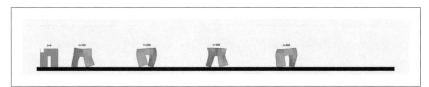

図A-11　タイムステップの間隔を指定して表示

　ロボットの残像を描画することも可能です。`--blur`(`-b`)オプションで描画する残像のタイムステップを指定します。次の例はロボットが描画されるごとに20タイムステップの残像を可視化します。

```
$ python draw_evogym_ppo.py Walker-v0_default -st jpg -s 25 -b 20
```

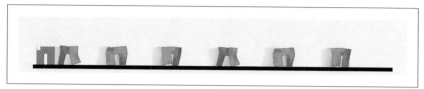

図A-12　ロボットの残像を描画

　残像の残り具合を--blur-temperature (-bt) で調整することも可能です。デフォルトでは0.6が設定されています。1.0に近いほどスッキリと消え、0.0に近いほどしつこく残ります。次の例は、最もスッキリとさせた (-bt 1.0) 残像の場合です。

```
$ python draw_evogym_ppo.py Walker-v0_default -st jpg -s 25 -b 20 -bt 1.0
```

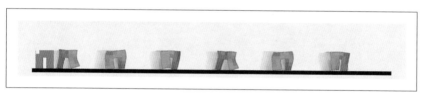

図A-13　ロボットの残像を調整

　その他、draw_evogym_ppo.pyプログラムに用意されているオプションはオンライン付録5を参照してください。

参考文献

[1] M. Agaba et al., "Giraffe genome sequence reveals clues to its unique morphology and physiology," *Nature Communications*, 7(11519), 2016.

[2] B. Baker et al., "Emergent Tool Use from Multi-Agent Interaction," arXiv preprint arXiv:1909.07528, 2019.

[3] Bhatia et al., "Evolution Gym: A Large-Scale Benchmark for Evolving Soft Robots," *In Proceedings of NeurIPS*, pp. 2201-2214, 2021.

[4] J. C. Brant and K. O. Stanley, "Diversity preservation in minimal criterion coevolution through resource limitation," *In Proceedings of GECCO '20*, pp. 58-66, 2020.

[5] J. C. Brant and K. O. Stanley, "Minimal Criterion Coevolution: A New Approach to Open-Ended Search," *In Proceedings of GECCO '17*, pp. 67-74, 2017.

[6] N. Cheney et al., "Unshackling Evolution: Evolving Soft Robots with Multiple Materials and Powerful Generative Encoding," *In Proceedings of GECCO '13*, pp. 167-174, 2013.

[7] A. Cully, J. Clune, D. Tarapore, and J.-B. Mouret, "Robots that can adapt like animals," *Nature*, 521(7553), pp. 503-507, 2015.

[8] A. Ecoffet, J. Huizinga, J. Lehman, K. O. Stanley, and J. Clune, "Go-Explore: a New Approach for Hard-Exploration Problems," arXiv preprint arXiv:1901.10995, 2019.

[9] P. R. Grant, B. Rosemary Grant, "なぜ・どうして種の数は増えるのか: ガラパゴスのダーウィンフィンチ," 巌佐 庸 (翻訳), 山口 諒 (翻訳), 共立出版, 2017.

[10] J. Lehman and K. O. Stanley, "Abandoning Objectives: Evolution through the Search for Novelty Alone," *Evolutionary Computation Journal*, 19(2), pp. 189-223, 2011.

[11] J. Lehman et al., "Evolution through Large Models," arXiv preprint arXiv:2206.08896, 2022.

[12] C. Mora, D. P. Tittensor, S. Adl, A. G. Simpson, and B. Worm, "How Many Species Are There on Earth and in the Ocean?" *PLoS Biology*, 9(8), e1001127, 2011.

[13] J.-B. Mouret and J. Clune, "Illuminating search spaces by mapping elites," arXiv preprint arXiv:1504.04909, 2015.

[14] S. Nakano, K. D. Fausch, and S. Kitano, "Flexible niche partitioning via a foraging mode shift: A proposed mechanism for coexistence in stream-dwelling charrs," *Journal of Animal Ecology*, 68(6), pp. 1079-1092, 1999.

[15] I. Omelianenko, "*Hands-On Neuroevolution with Python: Build high-performing artificial neural network architectures using neuroevolution-based algorithms.*", Packt Publishing, 2019.

[16] J. K. Pugh, L. B. Soros, and K. O. Stanley, "Quality Diversity: A New Frontier for Evolutionary Computation," *Frontiers in Robotics and AI*, 3(216), 2016.

[17] M. Roopin and N. E. Chadwick, "Benefits to host sea anemones from ammonia contributions of resident anemonefish," *J. Exp. Mar. Biol. Ecol.*, 370, pp. 27-34, 2009.

[18] J. Secretan et al., "Picbreeder: Evolving Pictures Collaboratively Online," *CHI*, pp. 1759-1768, 2008.
[19] K. O. Stanley, "Compositional pattern producing networks: A novel abstraction of development," *Genetic Programming and Evolvable Machines*, 8(2), pp. 131-162, 2007.
[20] K. O. Stanley and J. Lehman, *"Why Greatness Cannot Be Planned: The Myth of the Objective,"* Springer, 2015.
[21] K. O. Stanley et al., "A Hypercube-Based Indirect Encoding for Evolving Large-Scale Neural Networks," *Artificial Life Journal*, 15(2), pp.185-212, 2009.
[22] S. Sudhakaran, M. Gonzalez-Duque, C. Glanois, M. Freiberger, E. Najarro, and S. Risi, "MarioGPT: Open-Ended Text2Level Generation through Large Language Models," arXiv preprint arXiv:2302.05981, 2023.
[23] R. Wang, J. Lehman, J. Clune, and K. O. Stanley, "POET: open-ended coevolution of environments and their optimized solutions," *In Proceedings of GECCO '19*, pp. 142-151, 2019.
[24] R. Wang, J. Lehman, J. Clune, and K. O. Stanley, "Paired Open-Ended Trailblazer (POET): Endlessly Generating Increasingly Complex and Diverse Learning Environments and Their Solutions," arXiv preprint arXiv:1901.01753, 2019.
[25] R. Wang, J. Lehman, A. Rawal, J. Zhi, Y. Li, J. Clune, and K. O. Stanley, "Enhanced POET: openended reinforcement learning through unbounded invention of learning challenges and their solutions," *In Proceedings of the 37th International Conference on Machine Learning (ICML'20)*, pp. 9940-9951, 2020.
[26] 長谷川英祐, "アリの行動と化学物質," 化学と生物, 43(12), pp. 817-824, 2005.
[27] https://huggingface.co/spaces/multimodalart/mariogpt
[28] https://openai.com/blog/emergent-tool-use/
[29] https://scholar.google.se/citations?user=6Q6oO1MAAAAJ
[30] https://spinningup.openai.com/en/latest/algorithms/ppo.html
[31] https://twitter.com/joelbot3000/status/1538770905119150080
[32] http://umdb.um.u-tokyo.ac.jp/DKankoub/Publish_db/2006babj/09-15.html
[33] https://www.uber.com/en-JP/blog/enhanced-poet-machine-learning/
[34] https://www.uber.com/en-JP/blog/poet-open-ended-deep-learning/
[35] https://www.youtube.com/watch?v=dXQPL9GooyI
[36] https://www.patreon.com/posts/midjourney-tree-73655681
[37] https://www.youtube.com/watch?v=lyZorMEvmjM
[38] L. Helms and J. Clune, "Improving HybrID: How to best combine indirect and direct encoding in evolutionary algorithms," *PLoS ONE* 12(3): e0174635, 2017.

索　引

著者紹介

岡 瑞起 (おか みずき)

筑波大学准教授。博士 (工学)。IPA未踏IT人材発掘・育成事業PM。人工生命研究会主査。株式会社ブランクスペース最高技術責任者。人工生命技術、大規模言語モデルを使ったデータ分析・生成・活用の研究を行う。大学での研究をベースに、新しい技術の社会実装と、これまでにない視座を持ち込み、革新的な価値の提供に力をいれている。コミュニティを活性化するアルゴリズムの開発、オープンエンドなアルゴリズムの研究開発などを行っている。著書に『ALIFE | 人工生命 ─ より生命的なAIへ』(ビー・エヌ・エヌ)『作って動かすALife ─実装を通した人工生命モデル理論入門』(オライリー・ジャパン) がある。

web：https://websci.cs.tsukuba.ac.jp
note：https://note.com/mizuki_oka
X (旧Twitter)：@miz_oka

齊藤 拓己 (さいとう たくみ)

筑波大学大学院・博士後期課程在籍。エンジニア/研究者。専門は進化的アルゴリズム、機械学習、深層学習。オープンエンドなアルゴリズムの開発に注力。
GitHub：https://github.com/sttkm/

嶋田 健志 (しまだ たけし)

主にWebシステムの開発に携わるフリーランスのエンジニア。共著書に『Pythonエンジニア養成読本』(技術評論社)、監訳書に『Pythonではじめるデータラングリング』、『PythonとJavaScriptではじめるデータビジュアライゼーション』、『Head First Python 第2版』、『Head Firstはじめてのプログラミング』、『SQLクックブック 第2版』、『SQLではじめるデータ分析』、共訳書に『初めてのPerl 第7版』、技術監修書に『PythonによるWebスクレイピング 第2版』。訳書に『マイクロフロントエンド』(以上オライリー・ジャパン)。
Github：https://github.com/TakesxiSximada

査読協力

橋本 康弘 (はしもと やすひろ)、小島 大樹 (こじま ひろき)、佐藤 寛紀 (さとう ひろき)、朝倉 卓人 (あさくら たくと)、鈴木 駿 (すずき はやお)、藤村 行俊 (ふじむら ゆきとし)、新井 翔太 (あらい しょうた)、赤池 飛雄 (あかいけ ひゆう)

カバーの説明

　表紙の動物はブラシウサギ（英語名 brush rabbit、学名 Sylvilagus bachmani）です。北米西部（カナダのブリティッシュコロンビア州南部から米国カリフォルニア州南部）にかけての北米西部沿岸地域に生息する「ワタオウサギ」の一種です。

　体長約30 ～ 40センチ、体重約400 ～ 700グラムの小型のウサギです。灰褐色の毛皮、長い耳、短い脚、そしてブラシのような短い尾が特徴的です。

　主に夜行性で、昼間は低木の茂みや地面に掘った穴などに隠れています。草や木の葉、樹皮、果実などをエサとします。

　他の種類のウサギと比べると繁殖力は低いものの、それでも1年間に数回出産し、1回に数匹の仔ウサギを産みます。生後1年ほどで成熟し、寿命は3 ～ 4年です。